中等职业学校工业和信息化精品系列教材

网·络·技·术

无线局域网(WLAN)技术与应用教程

项目式微课版

白秉旭 张运嵩 丁天燕◎主编

杨勇华◎副主编

人民邮电出版社

北京

图书在版编目（CIP）数据

无线局域网（WLAN）技术与应用教程 : 项目式微课版 / 白秉旭，张运嵩，丁天燕主编. -- 北京 : 人民邮电出版社，2024.3
中等职业学校工业和信息化精品系列教材
ISBN 978-7-115-63294-4

Ⅰ. ①无… Ⅱ. ①白… ②张… ③丁… Ⅲ. ①无线电通信－局域网－中等专业学校－教材 Ⅳ. ①TN926

中国国家版本馆CIP数据核字(2023)第237970号

内 容 提 要

本书基于华为公司的无线技术和无线产品，系统、全面地介绍无线局域网（WLAN）的基本概念和组网技术。全书包含项目知识储备、项目技能储备和 7 个项目，其中，项目知识储备部分介绍了无线网络的基本概念，项目技能储备部分讲解了如何连接和登录无线设备，项目内容包括 SOHO WLAN 组建、校园 WLAN 组建、校园 WLAN 射频资源管理、校园 WLAN 漫游部署、校园 WLAN 安全性部署、校园 WLAN 可靠性部署和校园 WLAN 规划。

本书既可作为中等职业学校计算机网络技术等专业的相关课程的教材，也可作为广大计算机爱好者自学 WLAN 组网技术的参考用书。

◆ 主　　编　白秉旭　张运嵩　丁天燕
　副 主 编　杨勇华
　责任编辑　郭　雯
　责任印制　王　郁　焦志炜

◆ 人民邮电出版社出版发行　　北京市丰台区成寿寺路 11 号
　邮编　100164　　电子邮件　315@ptpress.com.cn
　网址　https://www.ptpress.com.cn
　大厂回族自治县聚鑫印刷有限责任公司印刷

◆ 开本：889×1194　1/16
　印张：17.75　　2024 年 3 月第 1 版
　字数：364 千字　　2024 年 3 月河北第 1 次印刷

定价：59.80 元

读者服务热线：(010)81055256　印装质量热线：(010)81055316
反盗版热线：(010)81055315
广告经营许可证：京东市监广登字 20170147 号

前 言

自意大利无线电工程师马可尼在20世纪初首次将无线电应用于通信领域起，无线通信技术深刻改变着人类的生活和生产方式。在计算机网络领域，以无线局域网（WLAN）为代表的无线网络以灵活、低成本、易扩展等特点在社会经济生活的各个方面得到了广泛的应用。随之而来的是企业对无线网络相关技术人才的迫切需求。本书以培养掌握WLAN基本概念和组网技术的人才为目标，以华为公司的无线产品为平台，内容包括无线网络基础知识、无线射频和频段基本概念、WLAN相关标准和关键技术、WLAN组网设备和组网模式、CAPWAP隧道协议、WLAN认证和加密技术、WLAN漫游技术和WLAN可靠性技术等。本书以“理实一体、学做结合”的理念为指导，按照WLAN知识体系的逻辑关系设计全书结构，采用项目教学和情景式教学的方法组织内容。全书共7个项目，每个项目都有引例描述，旨在让读者迅速进入学习情境，激发读者的学习兴趣。每个项目包括若干任务，每个任务都可以作为教学设计中的一个教学模块来实施。任务由任务陈述、知识准备、任务实施、拓展知识和拓展实训5部分组成。其中，任务陈述部分给出明确的任务目标；知识准备部分通过丰富的示例和图表详细介绍完成任务目标所需的知识与技能；任务实施部分通过精心设计的大量实验，指导读者逐步实现任务需求，实验大多选自华为公司官方WLAN认证资料，并根据实际需要进行适当扩充和删减；拓展知识部分介绍了一些与任务相关的辅助知识，作为读者自学的补充材料；拓展实训部分要求读者按照要求完成实训内容，以实现知识目标和能力目标。每个项目还附有适量的练习题，以方便读者检验学习效果。

本书采用情景式教学的方法设计案例，一方面让读者在真实情景中感受无线网络的应用场景和现实问题；另一方面让读者以项目管理的方法开展学习，在项目管理和任务实施中提高应用理论知识解决实际问题的能力，同时培养项目管理能力、团队沟通与协作能力，增强质量意识。

本书坚持立德树人和德技并修的根本原则，在设计情景案例时融入“素质素养教育”元素，注重培养读者的职业素养和职业精神，并促使其形成优秀的品格和正确的价值观，包括保持求知欲、进取心，敬畏法律，崇尚劳动等。

本书配套了丰富的数字化学习资源，包括微课视频、课程标准、教学课件及练习题答案解析等。针对书中重难点，读者登录人邮教育社区即可观看相关知识点的详细讲解。本书的参考学时为64学时，具体见学时分配表。

学时分配表

项目	课程内容	学时
	项目知识储备	10
	项目技能储备	6
项目 1	SOHO WLAN 组建	6
项目 2	校园 WLAN 组建	8
项目 3	校园 WLAN 射频资源管理	8
项目 4	校园 WLAN 漫游部署	6
项目 5	校园 WLAN 安全性部署	6
项目 6	校园 WLAN 可靠性部署	8
项目 7	校园 WLAN 规划	6
学时总计		64

本书由白秉旭、张运嵩、丁天燕任主编，由杨勇华任副主编。由于编者水平有限，书中难免存在疏漏和不足之处，殷切希望广大读者批评指正。同时，恳请读者发现问题后及时与编者联系，以便尽快更正，编者将不胜感激，编者邮箱为 zyunsong@qq.com。读者也可加入人邮网络技术教师交流群（QQ 群号：159528354）与编者进行联系。

编　者

2023 年 5 月

本书常用图标

无线控制器（AC）

无线接入点（AP）

笔记本电脑（STA）

接入交换机（Switch）

汇聚交换机（Switch）

核心交换机（Switch）

路由器（Router）

服务器

认证服务器

无线电波

互联网

目 录

项目知识储备

0.1 无线网络基础

0.1.1 无线网络发展历史

现如今，我们每天都在享受无线网络带来的巨大便利。在家里，我们不必再纠结台式计算机放在哪里比较合适。借助无线路由器，我们可以在客厅、卧室、厨房随时随地接入无线网络，享受无线网络带来的便利。出门在外，不管是在机场、火车站，还是在酒店、咖啡馆，我们首先做的往往是连接无线网络。借助无线网络，我们可以完成在有线网络中能完成的事情，如上网、玩游戏、聊天、开视频会议等。甚至在地球之外，乘坐“神舟十二号”载人飞船进入我国首个空间站的 3 位宇航员（聂海胜、刘伯明、汤洪波）也可以使用先进的无线通信技术与家人进行视频通话。近年来，随着我国无线通信技术和物联网技术的不断发展，工程师持续升级和改进设计方案，采用全新的信息技术，让我国空间站有了“移动 Wi-Fi”。毫不夸张地说，作为普通用户，我们对无线网络的依赖已远超有线网络。无线网络的应用如图 0-1 所示。

图 0-1　无线网络的应用

无线网络采用了无线通信技术，在一定范围内实现无线终端的网络连接和数据传输，是无线通信技术和计算机网络技术相结合的产物。无线网络并不是随着有线网络的产生而自然产生的。事实上，无线网络的诞生和发展经历了漫长的过程，如图 0-2 所示。

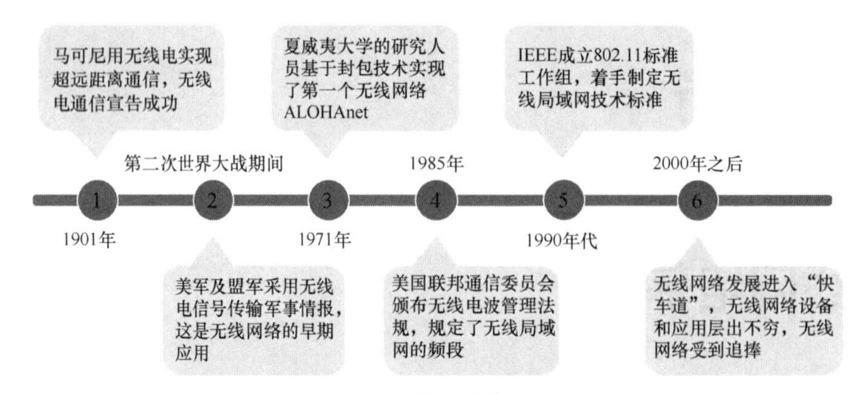

图 0-2 无线网络发展历史

1. 无线电的诞生

1901 年 12 月 12 日，意大利无线电工程师古列尔莫·马可尼（Guglielmo Marconi）用大功率发射电台实现了横跨大西洋的超远距离通信，人类历史上首次横跨大西洋的无线电通信宣告成功，如图 0-3 所示。马可尼跨海无线电通信成功的消息很快传遍全球，世人为之震惊。各国政府随后纷纷跟进，投入巨资研究无线电通信技术，人类的通信方式也开始发生巨变。

图 0-3 马可尼进行无线电实验

2. 无线网络的早期应用

1943 年，加尔文制造公司（1947 年更名为摩托罗拉公司）设计出世界上首个背负式调频步话机 SCR-300，供美国通信兵使用，如图 0-4 所示。与此同时，加尔文制造公司开始规模化生产早先设计的手持式电台 SCR-536，如图 0-5 所示。无线电通信技术和加密技术在美军及盟军的军事情报传递中发挥了重要作用。当时的人们可能没想到，在战争结束几十年后，无线电通信技术会重新定义人类的生活和生产方式。

图 0-4 背负式调频步话机 SCR-300

图 0-5 手持式电台 SCR-536

3. 无线局域网的雏形

真正意义上的无线局域网在 1971 年才算正式诞生。1971 年，为了解决美国夏威夷群岛之间的通信问题，夏威夷大学的研究人员发起了一个研究计划，即采用无线电替代线缆以克服当地地理环境带来的网络布线困难，搭建一个基于分组交换技术的无线网络。研究人员将这个项目命名为 ALOHAnet。

ALOHAnet 可以算是相当早期的无线局域网。ALOHAnet 使分散在夏威夷 4 个小岛上的 7 个校园中的计算机可以利用无线电与位于瓦胡岛上的中心计算机进行通信。中心计算机与远程工作站采用星形拓扑连接，能实现双向数据通信，如图 0-6 所示。

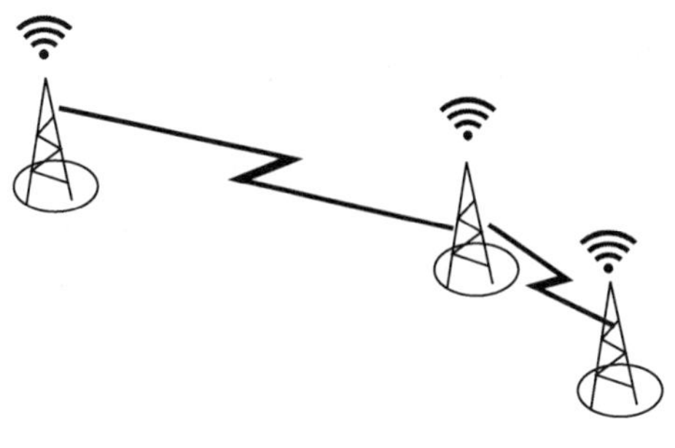

图 0-6　ALOHAnet

4. ISM 频段

1985 年，美国联邦通信委员会（Federal Communications Commission，FCC）颁布了无线电波管理法规，为无线局域网分配了两种频段，从而促进了无线局域网的应用和发展。无线局域网使用的是其中的免许可证频段，即工业、科学和医疗（Industrial Scientific and Medical，ISM）频段，许多工业、科学和医疗设备的发射频率均集中于该频段，如图 0-7 所示。

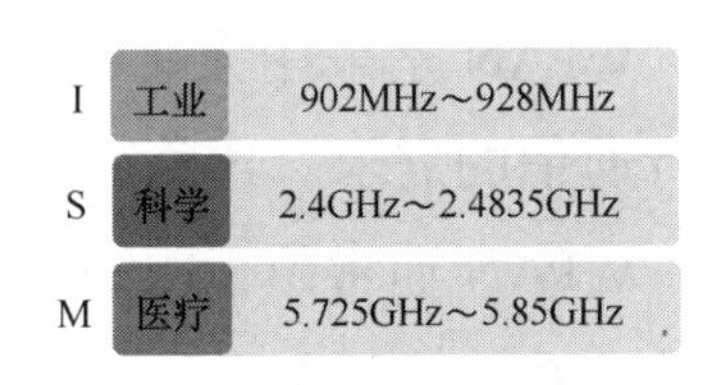

图 0-7　ISM 频段

5. 无线局域网标准化

为了使各厂商的技术和产品相互兼容，促进无线网络的良性发展，电气电子工程师学会（Institute of Electrical and Electronics Engineers，IEEE）成立了 IEEE 802.11 标准工作组，负责制定无线局域网通信标准。1997 年，IEEE 802.11-1997 标准（简称 IEEE 802.11 标准）正式发布，成为无线局域网发展史上的又一里程碑。随着用户需求的不断增加及应用场景的多元化，IEEE 又陆续推出了一系列无线局域网标准，如 802.11b、802.11a、802.11g、802.11n、802.11ac 和 802.11ax 等，如图 0-8 所示。这些标准的发布极大地提高了无线局域网产品的标准化程度和兼容性。

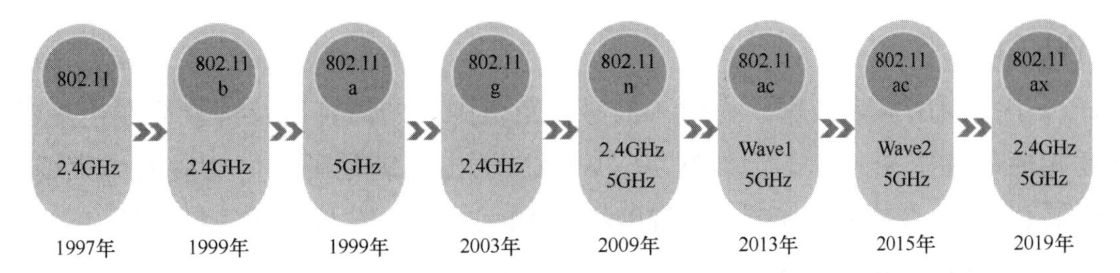

图 0-8　IEEE 802.11 标准演进历程

0.1.2 无线网络分类

无线网络有多种分类方式。和有线网络类似，根据网络覆盖范围的不同，无线网络可分为无线个人区域网（Wireless Personal Area Network，WPAN）、无线局域网（Wireless Local Area Network，WLAN）、无线城域网（Wireless Metropolitan Area Network，WMAN）和无线广域网（Wireless Wide Area Network，WWAN），如图 0-9 所示。

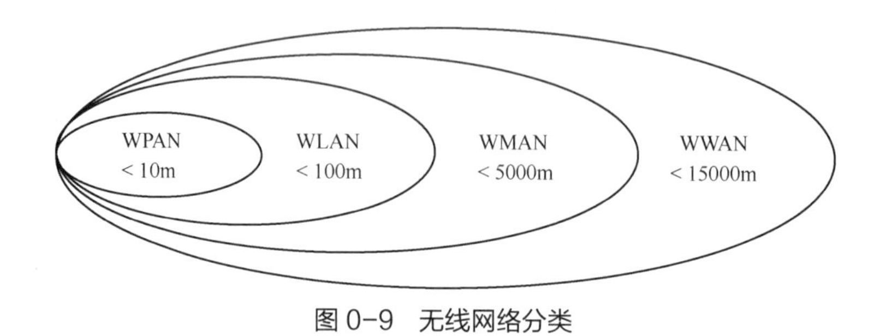

图 0-9 无线网络分类

1. WPAN

WPAN 是采用无线通信技术连接的个人网络，主要用于满足与附近几米范围内的终端进行通信的需求。这些终端建立临时的点对点连接，不需要任何中心管理设备。在网络构成上，WPAN 通常位于网络末端，能有效解决“最后几米电缆”的问题，如手机和蓝牙耳机的连接。在传输频率上，WPAN 工作在 2.4GHz 频段（简称 2.4G 频段）。WPAN 设备具有价格低、体积小、便携、操作简单和功耗低等优点。WPAN 的应用场景如图 0-10 所示。

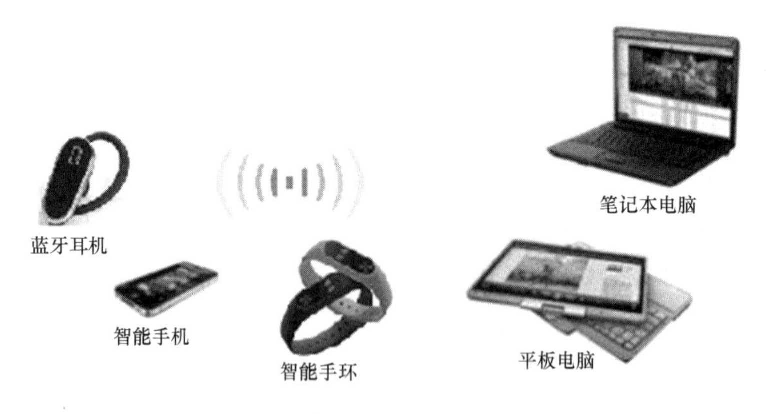

图 0-10 WPAN 的应用场景

2. WLAN

WLAN 是指利用射频技术，将射频信号覆盖范围内的计算机及智能终端连接起来，构成能够互相通信和资源共享的无线网络。WLAN 的出现满足了人们摆脱有线束缚的需求，使用户能够真正实现随时随地接入宽带网络。WLAN 具有安装灵活、扩展性好、管理与维护简单、移动性和保密性强等诸多优点，能够有效支持办公场景下的语音、视频等大带宽业务。WLAN 的应用场景如图 0-11 所示。

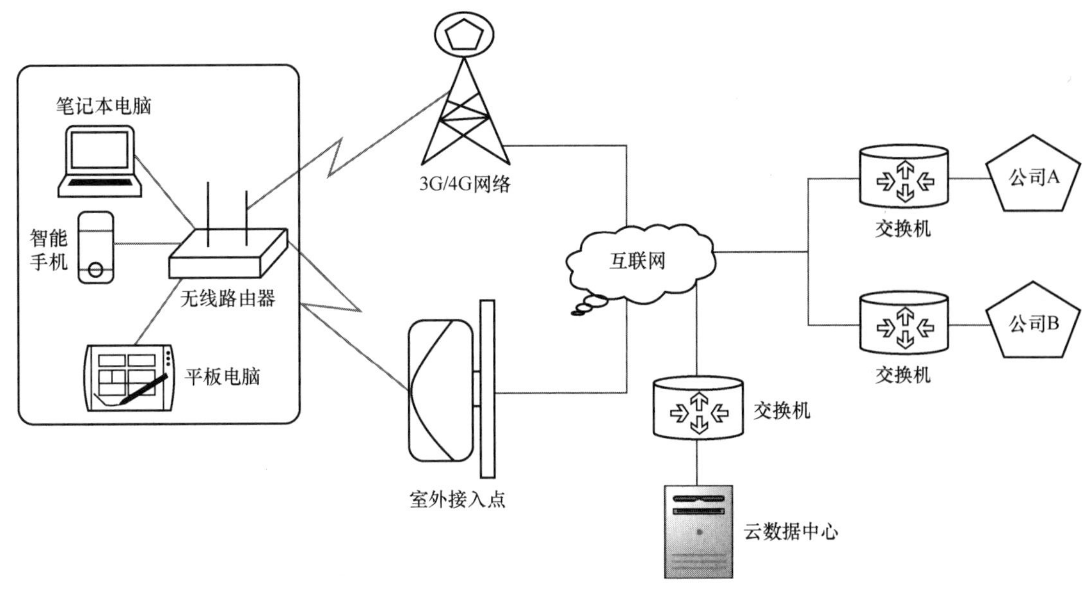

图 0-11 WLAN 的应用场景

3. WMAN

WMAN 是在 WLAN 的基础上搭建的覆盖范围更大的无线网络，主要用于解决城域网的宽带接入问题。无法使用数字用户线（Digital Subscriber Line，DSL）或有线宽带接入技术的用户，可以把 WMAN 作为 DSL 和线缆的无线扩展技术，从而实现无线宽带的接入。WMAN 的应用场景如图 0-12 所示。

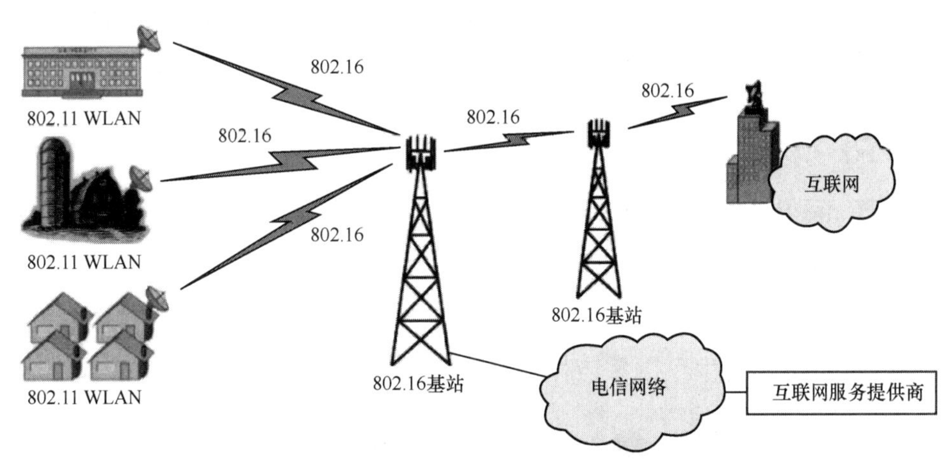

图 0-12 WMAN 的应用场景

4. WWAN

WWAN 也被称为移动宽带网络，是一种提供远程互联网接入功能的高速数字蜂窝网络，使用户可以在高速移动中享受宽带接入服务。WWAN 主要使用 4G、5G 及卫星通信等技术实现数据传输。和 WLAN 相比，WWAN 的覆盖范围要大得多，传输距离可达 100km ～ 1000km。WWAN 的应用场景如图 0-13 所示。

图 0-13 WWAN 的应用场景

需要说明的是，随着无线技术的不断发展和进步，不同类型的无线网络相互融合，各种无线网络的界线越来越模糊。因此，不能简单地以覆盖范围严格划分无线网络。

0.1.3　无线传输技术

无线网络可使用多种频段实现不同类型的无线通信，其中涉及多种无线传输技术，如图 0-14 所示。以下简要介绍几种常见的无线传输技术。

1. 红外线技术

红外线是波长为 760nm ～ 1mm 的电磁波，频率介于微波和可见光之间，是一种人眼不可见的光线。红外线通信采用的红外线波长为 850nm ～ 900nm。红外线通信的特点是传输距离较短，不能穿透坚硬的物体，适用于点对点的直线数据传输。例如，常见的家用红外线遥控器、教学中广泛使用的红外线激光笔等。

2. 蓝牙技术

蓝牙技术是一种在设备间进行短距离通信的无线电技术，能在手机、蓝牙耳机、PC 等众多设备之间进行无线数据交换。蓝牙设备工作于全球通用的 2.4G 频段。蓝牙技术主要用于小范围内的移动设备间的连接，传输距离较短，一般在 10m 以内。蓝牙技术弥补了红外线技术的缺陷，可穿透墙壁等障碍物，在各种设备间实现灵活、安全、低成本、低功耗的语音和数据通信。

3. Home RF 技术

家用射频（Home Radio Frequency，Home RF）技术是专门为家庭用户设计的，工作在 2.4G 频段，能在 100m 的范围内提供最大可达 2Mbit/s 的数据传输速率。但是，Home RF 技术与 IEEE 802.11b 不兼容，并占据了与 IEEE 802.11b 和蓝牙技术相同的 2.4G 频段，所以它在应用范围上有很大的局限性，更多应用于家庭网络。

图 0-14　无线传输技术及其应用

4. RFID 技术

射频识别（Radio Frequency Identification，RFID）技术是自动识别技术的一种，通过无线射频信号进行非接触双向数据通信，从而达到识别目标和数据交换的目的。RFID 技术被认为是 21 世纪最具发展潜力的信息技术之一。RFID 技术应用广泛，典型的应用场景有门禁系统、闸机、生产线自动化、物料管理等。最典型的应用当属我们早已熟知的我国第二代居民身份证。日常生活中，不管是在银行办理业务，还是入住酒店，只要涉及刷身份证的场景，其实都会用到 RFID 技术。

5. GSM、UMTS、LTE 和 5G

全球移动通信系统（Global System for Mobile Communications，GSM）、通用移动通信系统（Universal Mobile Telecommunications System，UMTS）、长期演进（Long Term Evolution，LTE）都属于无线广域网的范畴，也就是我们平时所说的 2G、3G、4G，主要用于移动运营商进行大范围的无线网络覆盖。如今，第五代移动通信技术（5G）在我国已进入大规模商用阶段。5G 具有高速率、低时延、广覆盖等优势，不仅会进一步提升移动互联网的用户体验，还可满足未来海量物联网设备的联网需求，其发展空间极其广阔。

0.1.4 无线网络组织

为了规范无线网络的搭建和运行，各国的通信监管机构都制定了专门的规章制度，用以规范无线网络的通信频率、发射功率和传输方式等。另外，为了促进无线设备的标准化，提高产品兼容性，世界上几个重要的行业组织也制定了一系列无线通信协议，这些通信协议必须符合各国通信监管机构的相关规定。本小节简要介绍几个和无线网络相关的政府机构和行业组织，重点说明其职能及其与无线网络相关的主要成果。

1. 工业和信息化部无线电管理局

工业和信息化部无线电管理局（国家无线电办公室，简称无线电管理局）是主管我国无线电管理工作的职能机构。无线电管理局的主要职责如下：编制无线电频谱规划；划分、分配与指配无线电频率；依法监督管理无线电台（站）；协调和管理卫星轨道位置；协调处理军地间无线电管理相关事宜；负责无线电监测、检测和干扰查处，协调处理电磁干扰事宜，维护空中电波秩序；依法组织实施无线电管制；负责涉外无线电管理工作。在我国生产的无线电发射设备或向我国以外的国家或地区出口的无线电发射设备，均须经无线电管理局对其进行型号核准，核发“无线电发射设备型号核准证”。

2. FCC

FCC 成立于 1934 年，负责监管美国各州与国际的无线电、电视、电话、卫星和电报通信。前文说过，在 WLAN 领域，FCC 于 1985 年颁布的无线电波管理法规为 WLAN 分配了两种频段，即专用频段和免许可证的 ISM 频段。无线设备在免费的 ISM 频段上通信不需要

FCC 的许可证。这部法规为 WLAN 的发展扫清了障碍，对 WLAN 的发展具有重要的意义。

3. ETSI

欧洲电信标准组织（European Telecommunications Standards Institute，ETSI）是成立于 1988 年的一个非营利性电信标准化组织，负责制定可以在欧洲或者更广范围使用的通信标准，致力于研究在欧洲和世界各地应用的电信、广播和信息技术。ETSI 下属的宽带无线电接入网络小组制定的 HiperLAN 是目前 WLAN 领域的两个典型标准之一（另一个是 IEEE 802.11 系列标准）。HiperLAN 具有高传输速率、高安全性、自动频率分配等特点，但由于技术过于复杂，不利于推广，远没有 IEEE 802.11 系列标准流行。

4. IEEE

IEEE 成立于 1963 年，由美国无线电工程师学会和美国电气工程师学会合并而成。在计算机网络领域，IEEE 通过 802 项目制定了大量的局域网标准。其中，广为人知的是 IEEE 802.3 标准工作组制定的以太网标准和 IEEE 802.11 标准工作组制定的 WLAN 标准。如今，说到有线局域网一般指的是以太网，而 IEEE 802.11 系列标准也成了 WLAN 标准的代名词。

5. Wi-Fi 联盟

1999 年，无线以太网兼容性联盟（Wireless Ethernet Compatibility Alliance，WECA）成立，其宗旨是检验基于 IEEE 802.11b 标准的 WLAN 产品的互操作能力，并在市场中推广该标准。2000 年，WECA 采用“Wi-Fi”作为其技术工作的专有名称，同时宣告了 Wi-Fi 联盟（Wi-Fi Alliance）的成立。Wi-Fi 联盟负责对无线设备进行认证测试及 Wi-Fi 商标授权，其主要目的是在全球范围内推广 Wi-Fi 产品的兼容认证，发展基于 IEEE 802.11 系列标准的 WLAN 技术。Wi-Fi 联盟组织实施的 Wi-Fi 认证（Wi-Fi CERTIFIED）是国际公认的产品认证标准，表示无线产品在互操作性和安全性等方面达到了行业公认的标准。当某个产品通过 Wi-Fi 认证测试时，便会被授权使用 Wi-Fi CERTIFIED 标志，如图 0-15 所示。

图 0-15　Wi-Fi 标志

Wi-Fi 这个术语经常被人们误认为是无线保真（Wireless Fidelity）的简称。事实上，Wi-Fi 一词没有任何实际意义，也没有英文全称，只是 Wi-Fi 联盟的商标。使用“Wi-Fi”是因为它比“IEEE 802.11”更容易记忆。时至今日，Wi-Fi 已成为 IEEE 802.11 无线网络的代名词。另外，普通用户也常常混淆 Wi-Fi 与 WLAN 这两个概念。可以这样简单理解它们的关系：IEEE 802.11 系列标准是 WLAN 的一种标准，而 Wi-Fi 是 IEEE 802.11 系列标准的一种实现。在日常交流中，如果没有特别需要，不用特意区分 WLAN、Wi-Fi 和 IEEE 802.11 系列标准的区别。

6. WAPI 产业联盟

无线局域网鉴别和保密基础结构（WLAN Authentication and Privacy Infrastructure，WAPI）是我国首个在计算机宽带无线网络通信领域自主创新并拥有知识产权的安全接入技术标准。WAPI 产业联盟成立于 2006 年，是由 WLAN 的产品研制企业和团体组成的民间社团组织及产业合作平台。WAPI 产业联盟以 WAPI 安全协议为基础，致力于整合及协调产业、社会资源，提升联盟成员在 WLAN 相关领域的研发、制造和服务水平。

0.2 无线射频

0.2.1 电磁波概述

在电磁学理论中，变化的电场会产生磁场，变化的磁场也会产生电场。电磁波又称电磁辐射，是由同相振荡且互相垂直的电场与磁场在空间中以波的形式传播产生的，其传播方向垂直于电场与磁场构成的平面，能有效地传递能量和动量。

电磁波是波的一种，和机械波（如声波、水波、地震波等）一样，具有振幅、周期、频率、波长和相位等几个重要的参数。

1. 振幅

电磁波的振幅表示电磁波的强度或功率，在数值上等于电磁波振动时离开平衡位置的最大距离，如图 0-16 所示。在 WLAN 中，信号强度通常指信号功率，用于表示发送信号和接收信号的振幅大小。例如，无线接入点的发射功率是 50mW，指的是发送信号的振幅。通过现场勘测得到的信号强度，其实指的是接收信号的振幅。信号的振幅越大，越容易被接收设备识别和接收。对于传输距离要求较高的无线通信，如调幅电台，往往需要传输高达 50000W 的窄带信号。而对于室内的 WLAN 场景，发射功率一般为 1mW ～ 100mW。

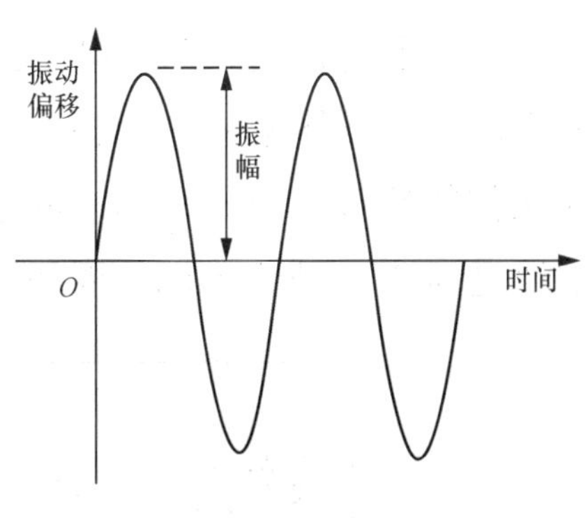

图 0-16　电磁波振幅

2. 周期和频率

电磁波完成一次全振动经过的时间称为周期，单位为秒（s），如图 0-17（a）所示。频率是指电磁波在单位时间内完成周期性变化的次数，单位为赫兹（Hz）。周期和频率互为倒数。如果用 T 和 f 分别表示周期和频率，则有 $f=1/T$。显然，周期越长，频率越低；周期越短，频率越高。电磁波的频率越高，能量越大，直射能力也就越强。同时，频率越高的电磁波在传输过程中能量衰减也越快，因此传输距离越短。图 0-17（b）所示为一段高频波（上）和一段低频波（下）。

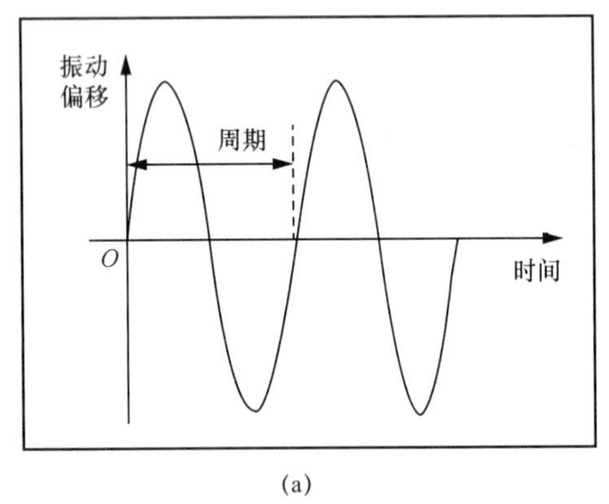

(a)

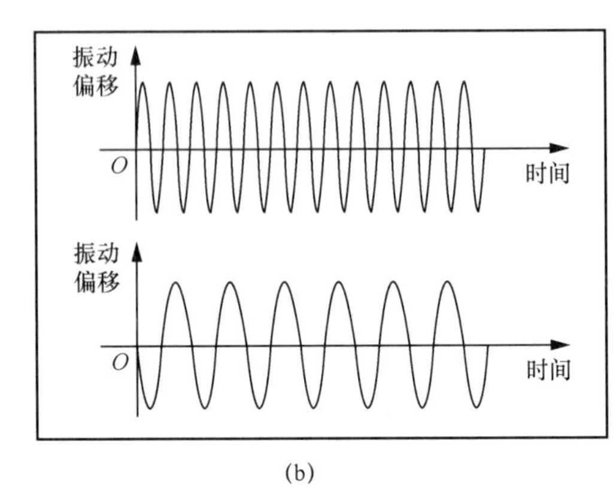

(b)

图 0-17　电磁波周期和频率

3. 波长

电磁波由很多前后相继的波峰和波谷组成，两个相邻的波峰或波谷之间的距离称为波长，如图 0-18 所示。电磁波的波长是信号在一个周期内的传播距离。如果用 c、f、γ 分别表示光速、频率和波长，那么这三者的关系是 $\gamma = c/f$。也就是说，波长和频率成反比：频率越低，波长越长；频率越高，波长越短。电磁波的波长范围非常大。例如，无线电波的波长可达上万千米，而伽马射线（γ 射线）的波长比原子半径还短。

4. 相位

对单个电磁波而言，相位表示某一时刻电磁波在其振动循环中的位置，即该时刻电磁波处于波峰、波谷还是它们之间的某个位置，如图 0-19 所示。通常用度（°）或弧度（rad）作为相位的单位。将一个周期的电磁波划分为 360 等份，每一份称为 1°。波形循环一次即表示经过 360°，或 2π rad。度和弧度的换算关系是 1rad ≈ 57.3°。

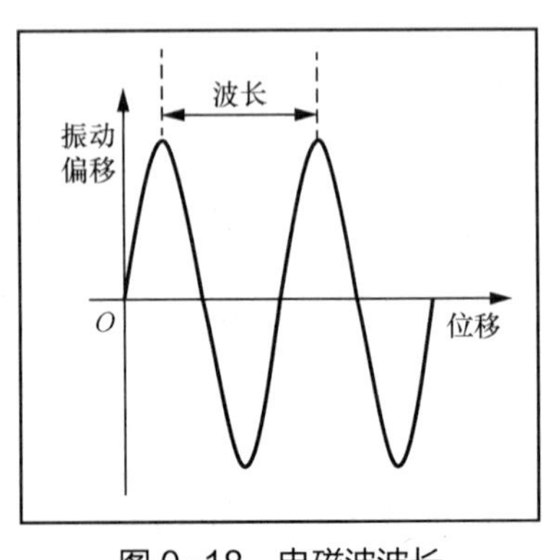

图 0-18　电磁波波长

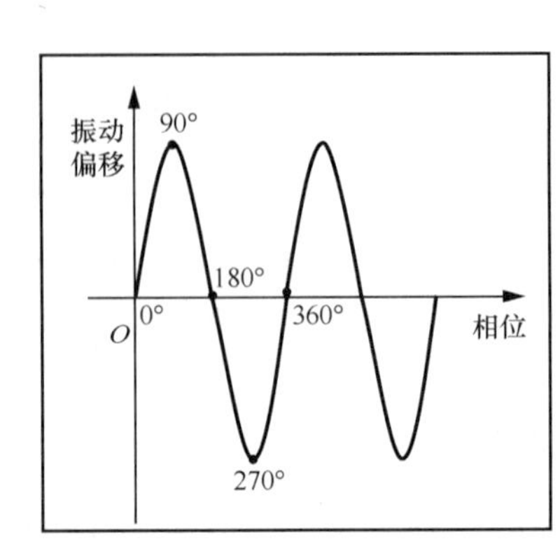

图 0-19　电磁波相位

相位也可以用来表示两个信号或波之间的关系。对于两个频率相同的信号，如果在同一时刻两个信号均处于波峰位置，则称它们为同相信号，同相信号是精确对齐的。如果同一时刻两个信号没有精确对齐，则称它们为异相信号。例如，将 0° 作为信号传播的起始位置，如果一个信号（主信号）在 0° 时开始传播，而另一个信号在 90° 时开始传播，则称二者为 90° 异相；同理，如果另一个信号从 180° 开始传播，则称二者为 180° 异相，如图 0-20 所示。

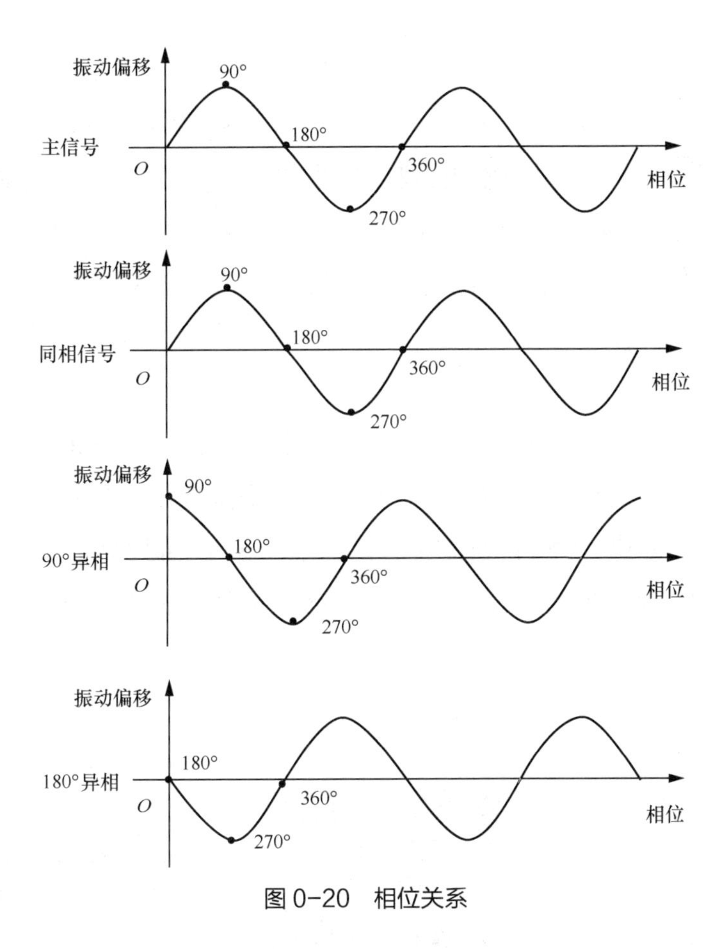

图 0-20　相位关系

0.2.2　电磁波频谱

频率的分布就是频谱。电磁波频谱包含所有可能的波长或频率的电磁辐射，如图 0-21 所示。我们之前多次提到的“频段”的概念，其实指的就是电磁波的频率范围。如果按照频率对频谱进行分段，则可得到不同的频段。同样，按照波长来划分频谱可得到波段。由电磁波频率和波长的关系可知，频段和波段这两种划分方式可以相互转换。

电磁波的频率范围非常大，跨度达几十个数量级。按照频率从高到低的顺序排列，可将电磁波依次分为伽马射线、X 射线（伦琴射线）、紫外线、可见光、红外线、微波和无线电波。下面简要介绍不同类型电磁波的特点和应用。

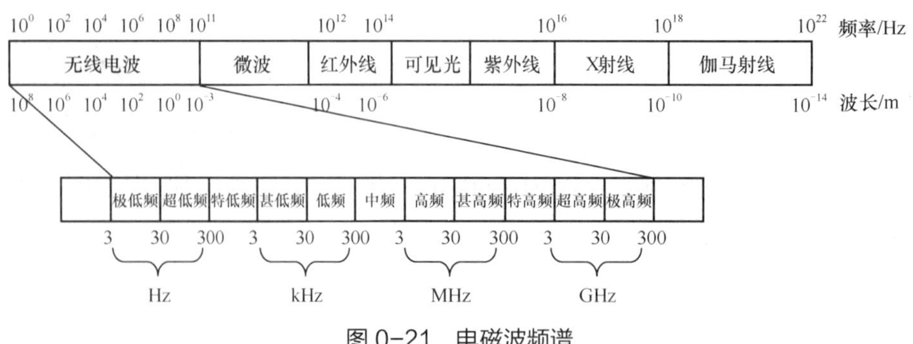

图 0-21 电磁波频谱

（1）伽马射线。伽马射线是波长为 10^{-14}m ～ 10^{-10}m 的电磁波。伽马射线从原子核内发出，具有很强的穿透力。伽马射线对生物体的破坏性很强，医学上常用伽马射线治疗肿瘤。

（2）X 射线。X 射线的波长为 0.01nm ～ 10nm。X 射线是原子的内层电子由一个能态跳至另一个能态或电子在原子核电场内减速时所发出的。随着 X 射线技术的发展，它的波长范围也不断朝两个方向扩展：在长波段已与紫外线有所重叠，在短波段已进入伽马射线波长范围。

（3）紫外线。紫外线的波长比可见光要短，波长为 10nm ～ 380nm。紫外线的化学效应最强，自然界的紫外线光源主要是太阳。紫外线具有杀菌作用，因此可在医院利用紫外线消毒。紫外线照射人体能促进人体合成维生素 D，维生素 D 可以防止人患佝偻病和骨质疏松症，生活中经常听到的“晒太阳补钙”说的就是这个道理。注意，长时间的紫外线照射可能导致患皮肤癌。

图 0-22 展示了伽马射线、X 射线及紫外线的典型应用。

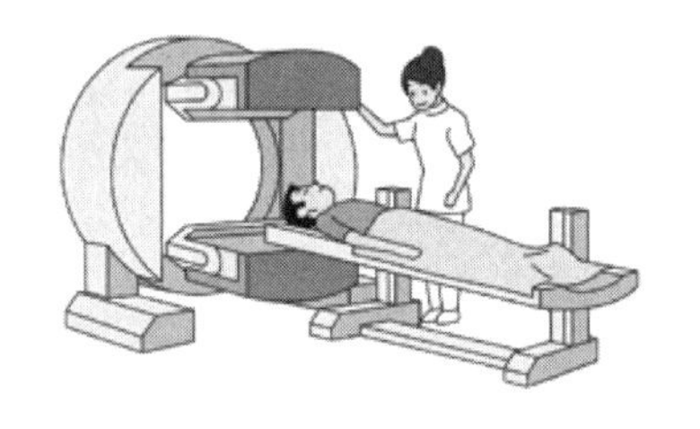
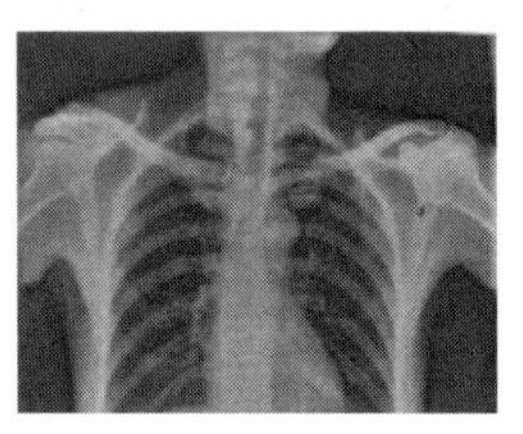

图 0-22 伽马射线、X 射线及紫外线的典型应用

（4）可见光。可见光是人眼能感知的电磁波，波长为 400nm ～ 760nm。我们平时看到的红、橙、黄、绿、蓝、靛、紫等颜色的光就处于可见光波段。在电磁波频谱上从可见光向两边扩展，波长比它长的是红外线，比它短的是紫外线。红外线和紫外线都是不可见的光，只能利用特殊仪器观测。

（5）红外线。红外线的波长比可见光的要长，波长为 760nm ～ 1mm。红外线的热效应显著。前文已介绍过红外线传输技术，这里不赘述。

（6）微波。微波的波长为 1mm ～ 1m，是毫米波、厘米波与分米波的统称。微波频率比一般的无线电波频率高，通常也称为超高频无线电波。微波具有易于集聚成束的特性，通过抛物状天线能把微波能量集中于一束，防止信号被窃取，减少信号干扰。微波还具有直线传播的特性，可以用来在无阻挡的自由空间中传输高频信号。日常生活中，在微波炉中加热食品是微波的典型应用。

（7）无线电波。无线电波是波长大于 1mm 的电磁波，即频率在 300GHz 以下的电磁波。无线电波的频率下限没有统一规定，一般将频率为 3Hz ～ 300GHz 的电磁波称为无线电波。电视、无线电广播和手机等使用的就是这个波段的电磁波。和无线电波相关的一个概念是射频。一般将频率为 300kHz ～ 300GHz、具有远距离传输能力的高频电磁波称为射频电波，简称射频或射电。WLAN 使用的是 2.4G 频段和 5GHz 频段（简称 5G 频段）的无线电波。在本书的其余部分，统一使用射频表示无线电波，在非必要情况下不对无线电波和射频进行严格区分。可见光、微波和无线电波的典型应用如图 0-23 所示。

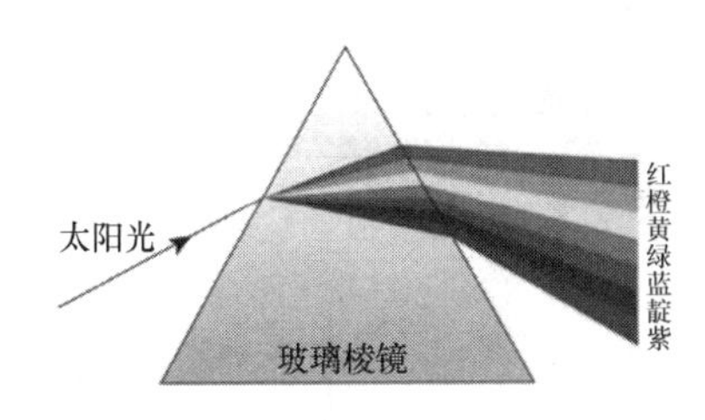

图 0-23　可见光、微波和无线电波的典型应用

另外，从图 0-21 的下半部分还可以看到，无线电波按频率由低到高还可以进一步分为极低频、超低频、特低频、甚低频、低频、中频、高频、甚高频、特高频、超高频和极高频。至于每种无线电波的频率、波长和用途，这里不展开讨论。感兴趣的读者可以自行查找相关资料，进行深入学习。

0.2.3　射频传播特性

电磁波只有在同种均匀的介质中才能沿直线传播，在不均匀的介质中会产生折射。不同频率的电磁波在同一种介质中传播时，频率越高，折射率越大，传播速率越小。同频率的电磁波在不同介质中的传播速率并不相同，还会展现出不同的传播特性，包括吸收、反射、散射、折射、衍射、损耗、增益和多径等。

1. 吸收

吸收是指射频信号在传播时，遇到能吸收其能量的介质，导致信号衰减的现象。吸收是最常见的射频传播特性之一，如图 0-24 所示。大部分介质能吸收射频信号的能量，只是吸收的程度不同。一般来说，材质的密度越大，吸收的能量越多，射频信号的衰减越严重。例如，在建筑物中，木材和石膏板的吸收程度比较低，混凝土墙则能显著吸收射频信号。

2. 反射

反射是指射频信号在传播过程中，到达另一种介质的表面时改变传播方向又返回原介质的现象，如图 0-25 所示。射频信号遇到水、玻璃及其他许多介质的表面都会发生反射。反射是最重要的射频传播特性之一，在组建 WLAN 时尤其要考虑射频信号的反射。当射频信号发生反射时，新的波将从反射点生成。反射出来的波还有可能遇到障碍物而继续反射。如果这些波全部到达接收方，则会出现一种称为“多径”的现象。多径现象会影响接收信号的强度和质量，甚至导致信号丢失。

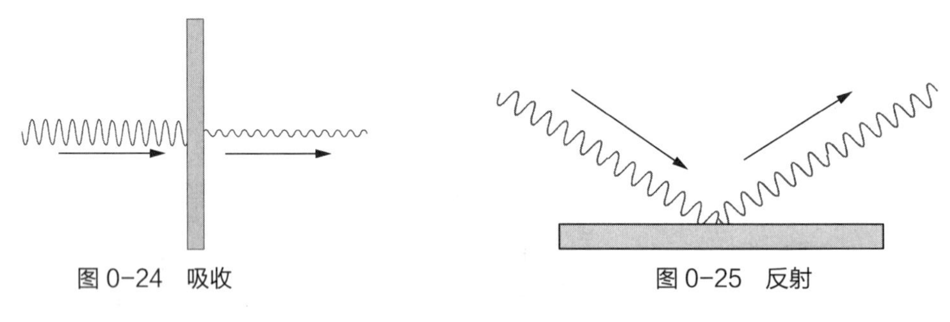

图 0-24 吸收　　　　图 0-25 反射

3. 散射

散射是指射频信号在传播过程中，遇到粗糙、不均匀的介质或由非常小的颗粒组成的介质时，偏离原来的方向而分散传播的现象，如图 0-26 所示。散射很容易被描述成多路反射。当射频信号的波长大于信号将要通过的介质时，多路反射就会发生。

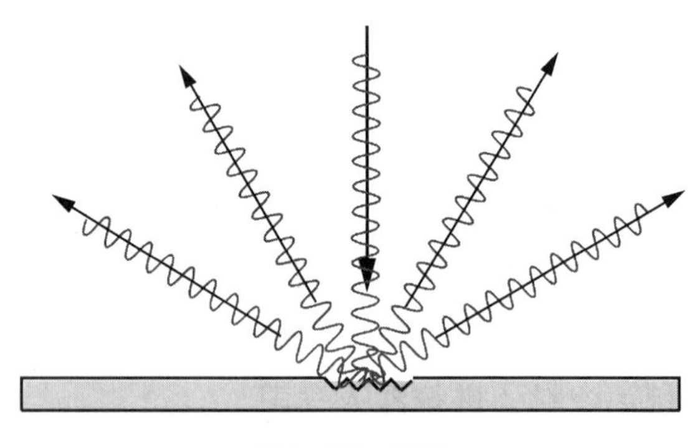

图 0-26 散射

4. 折射

折射是指射频信号在传播过程中，从一种介质射入另一种介质时，传播方向发生改变的现象，如图 0-27 所示。反射和散射是射频信号遇到介质表面时反弹，而折射则是射频信号穿过介质表面进入另一种不同的介质。水蒸气、空气温度变化和空气压力变化是引发折射的 3 个重要原因。在室内，玻璃或其他介质会使射频信号发生折射。在室外，射频信号通常会向地球表面发生轻微折射，大气的变化也可能导致射频信号远离地球。因此，在搭建室外无线网络时，可能需要将折射现象作为网络优化的一个要素。

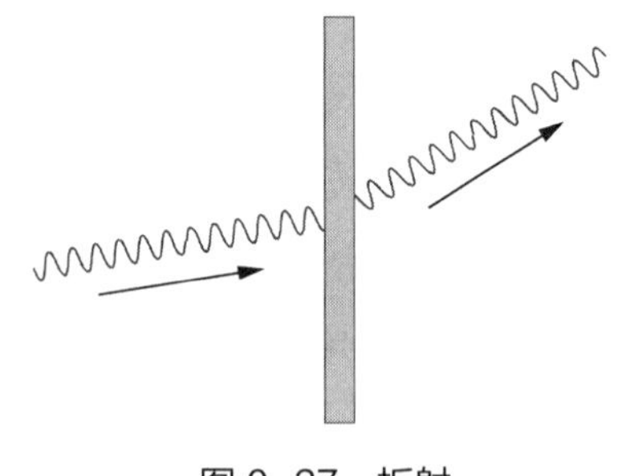

图 0-27 折射

5. 衍射

电磁波衍射是指电磁波遇到障碍物时偏离直线传播的物理现象，如图 0-28 所示。如果障碍物具有多个密集分布的孔隙，则会产生较为复杂的衍射强度分布。这是波的不同部分以不同的路径传播到观察者的位置，发生波的叠加而形成的现象。

6. 损耗

损耗也称为衰减，是指射频信号在线缆或空气中传播时，信号强度或振幅减小的现象，如图 0-29 所示。导致射频信号出现衰减的因素是多重的，通常可以归结为电缆信号衰减、自由空间路径衰减、外界障碍物、外部噪声或干扰等几个方面。

图 0-28 衍射

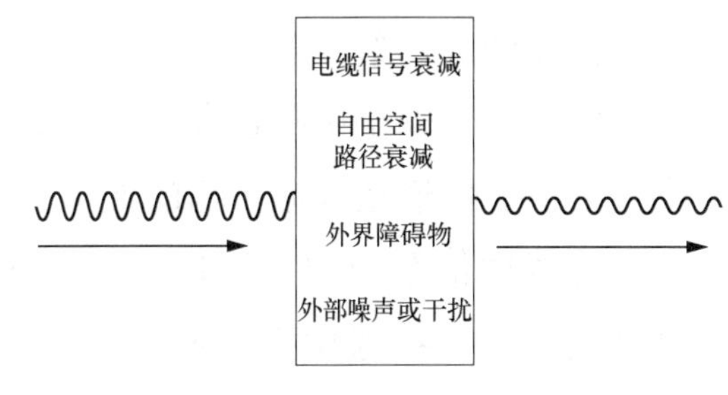

图 0-29 损耗

7. 增益

增益也称为放大。与衰减相反，增益是指射频信号振幅增大或信号增强的现象，如图 0-30 所示。信号增益通过天线模块来实现。天线模块可以使用外部电源来增大发射和接收的信号强度，这种增益称为有源增益。天线模块也可以不使用外部电源，通过把射频信号集中而产生增益效果，这种增益称为无源增益。

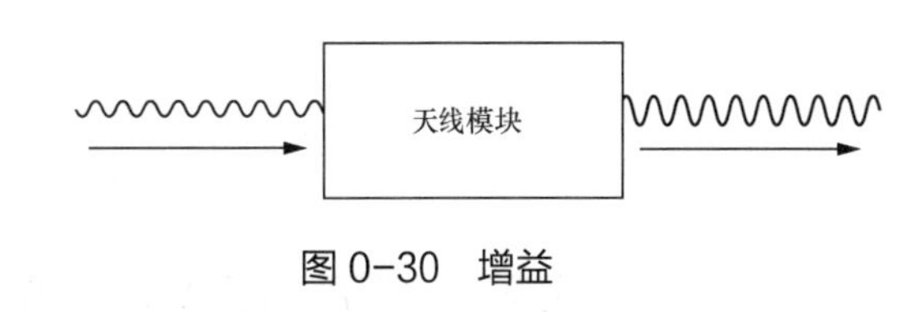

图 0-30 增益

8. 多径

多径是指两路或多路信号经由不同路径同时或相隔极短时间到达接收端，如图 0-31 所示。射频信号在传播过程中，由于反射、散射、折射和衍射等产生多路信号，多路信号到达接收端后进行叠加。由于存在相位差，多路信号叠加后可能导致信号衰减、增益或遭到破坏。

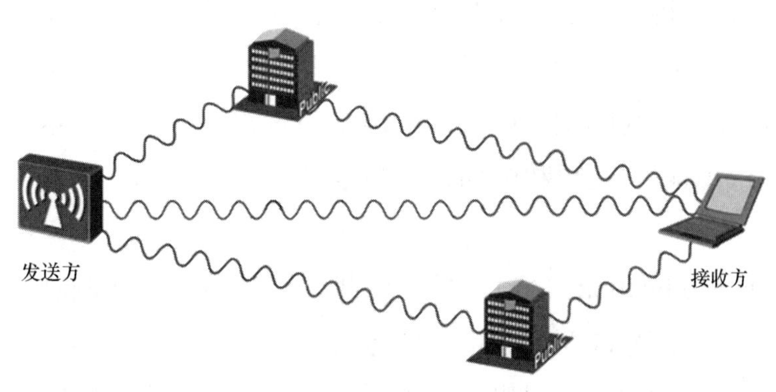

图 0-31 多径

0.2.4 射频工作原理

本小节从数据传输的角度出发简要介绍在无线通信系统中，数据在产生、发送和接收的整个过程中涉及的重要概念。

1. 无线通信系统模型

无线通信系统模型如图 0-32 所示。除了采用无线信道传输数据之外，无线通信系统和有线通信系统在系统模型上是相同的。信源产生原始数据，发射设备对其进行加工处理后，将其经由信道传输至接收设备。接收设备对接收到的数据进行相应的处理，才能最终将数据传输到信宿。信道是数据传输的通道，发射设备和接收设备使用接口和信道连接。

在有线通信系统中，接口和信道很好理解，因为设备的接口是可见的，连接的线缆也是可见的。对无线通信系统而言，接口是不可见的，因此称为空中接口，简称空口。空口是无线设备上虚拟的逻辑接口。不管是有线信道还是无线信道，在传输数据时都可能受到各种噪声的干扰。如何避免或降低噪声对正常信号的干扰，是设计通信系统时应该优先考虑的问题。

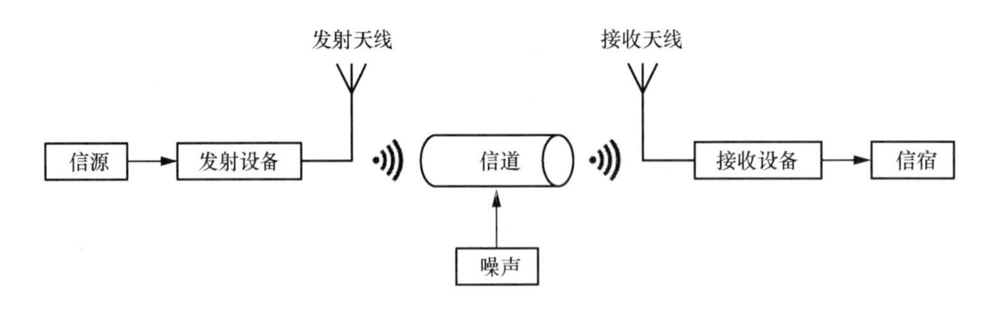

图 0-32　无线通信系统模型

2. 载波、调制与解调

一般来说，信源输出的原始信号频率较低，信号频谱从零频附近开始，称为基带信号。基带信号不适合在信道中直接传输。为了有效传输基带信号，人们引入了载波的概念。载波是特定频率的无线信号。将基带信号加载到载波上，用基带信号（调制信号）控制载波信号的振幅、频率或相位等参数，生成已调信号的过程，称为调制。接收端从已调信号中“分离”出调制信号的过程，称为解调。调制和解调是一对相反的过程。根据被控制的载波参数的不同，可将调制分为调幅、调频和调相，如图 0-33 所示。

（1）调幅

调幅（Amplitude Modulation，AM）是指使载波信号的振幅随调制信号的瞬时变化而变化。也就是说，使用调制信号改变载波信号的振幅，使得载波信号包含调制信号的信息，然后通过天线把调制后的载波信号发射出去。到了接收端，接收设备根据载波信号的振幅变化将调制信号解调出来。

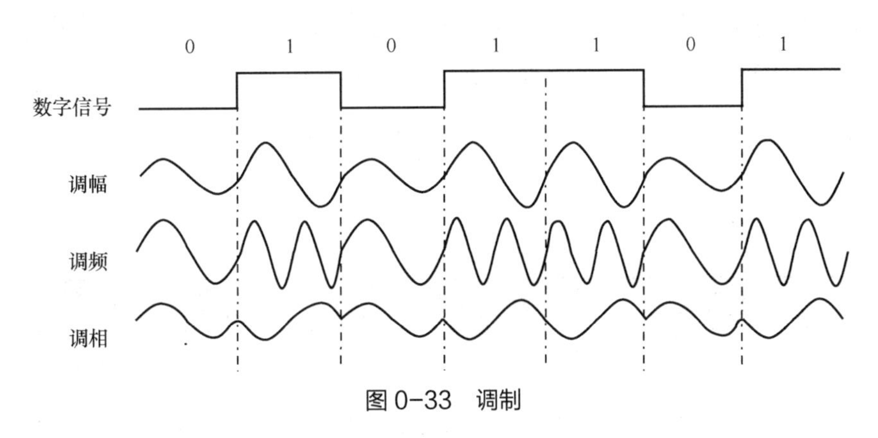

图 0-33 调制

（2）调频

调频（Frequency Modulation，FM）是指使载波信号的频率随调制信号的变化而变化，即用调制信号改变载波信号的频率。已调信号频率变化的大小由调制信号的大小决定，频率变化的周期由调制信号的频率决定。已调信号的振幅保持不变。从波形上看，已调信号就像一个压缩不均匀的弹簧。

（3）调相

调相（Phase Modulation，PM）是指使载波信号的相位对其参考相位的偏离值随调制信号的瞬时值成比例变化，即使载波信号的初始相位随基带数字信号变化而变化。例如，数字信号 1 对应相位 180°，数字信号 0 对应相位 0°。

载波是无线通信的基础，一般要求载波信号的频率远远高于调制信号的带宽，否则已调信号会发生混叠，使传输信号失真。

0.3 WLAN 频段与信道

0.3.1 WLAN 传输频段

WLAN 使用特定频率的电磁波传输数据。前文提到，电磁波的频率分布形成电磁波频谱，而 WLAN 使用的电磁波属于无线电波。生活中无线电波无处不在，如果随意使用频谱资源，则会产生严重的设备干扰问题。为了规范无线电波的使用，减小无线设备之间的相互干扰，通常以频段的形式把某个范围的频率分配给特定应用，使应用只能在这个频率范围内工作。每种应用所需的带宽不同，无线通信协议除了要定义允许使用的频段外，还要对频段做进一步规划，将其划分为若干个频率范围，每个频率范围就是信道。顾名思义，信道是传输数据的通道，无线信道就是空间中无线电波传输数据的通道。无线电波在某个信道上使用特定频率范围的电磁波传输数据。

为了促进 WLAN 的应用和发展，FCC 于 1985 年颁布的无线电波管理法规分配了两种频段。一种是专用频段，目的是避开拥挤的蜂窝电话和个人通信频段，采用更高的频率；另一种是免许可证频段，即免费的 ISM 频段，如图 0-34 所示。ISM 频段具体包括以下几个子频段。

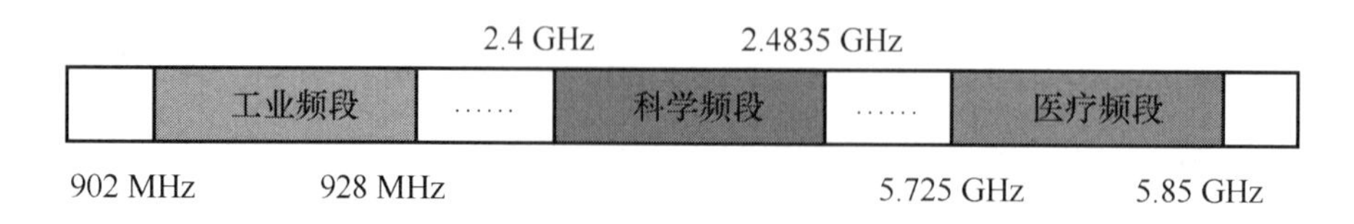

图 0-34 ISM 频段频率

- 工业频段。这一频段在各国的规定并不统一，在美国为 902MHz ～ 928MHz，欧洲则将部分 900MHz 频段用于 GSM。工业频段的引入避免了在 2.4G 频段附近工作的各种无线通信设备的相互干扰。
- 科学频段。2.4GHz ～ 2.4835GHz 频段是各国共同的科学频段，因此 WLAN、蓝牙、ZigBee 等都可以工作在该频段。
- 医疗频段。该频段的频率是 5.725 GHz ～ 5.85GHz。

1997 年 1 月，国际标准化组织（International Organization for Standardization，ISO）核准了 WLAN 可以使用 ISM 频段中的 2.4G 频段（2.4GHz ～ 2.4835GHz）和 5G 频段（5.725 GHz ～ 5.85GHz）。

除了 ISM 频段外，FCC 还定义了免许可证的国家信息基础设施（Unlicensed National Information Infrastructure，UNII）频段，其中包括低频段 UNII-1（5.150GHz ～ 5.250GHz）、中频段 UNII-2（5.250GHz ～ 5.350GHz）、高频段 UNII-3（5.725GHz ～ 5.825GHz），这 3 个频段的带宽都是 100MHz。如果没有特别说明，则本书所称的 5G 频段均指 5.150GHz ～ 5.350GHz 和 5.725GHz ～ 5.85GHz 两个频段。该频段既包括 UNII 频段，又包括医疗频段。

免费的频段降低了无线网络的使用成本，但同时带来了多种无线技术使用相同频段而产生的同频干扰问题。另外，各个国家和地区允许使用的 ISM 频段并不相同，具体实施时需要依照当地法律和法规的要求。

0.3.2 2.4G 频段信道划分

在 2.4G 频段中，IEEE 802.11 系列标准（IEEE 802.11b 标准除外）定义了 13 条重叠的信道，每个信道的带宽是 20MHz，相邻信道的中心频率相隔 5MHz。2.4G 频段信道划分如图 0-35 所示。在图 0-35 中，每个信道均用其中心频率表示。需要说明的是，IEEE 802.11b 标准推出比较早，且应用广泛，它定义的信道带宽是 22MHz。因此，在传统上认为 2.4G 频段只有 1、6 和 11 号信道是非重叠信道。但是该标准已经淡出 WLAN，因此在不考虑兼容性时，通常也可以认为 1、5、9 和 13 号信道是非重叠信道。

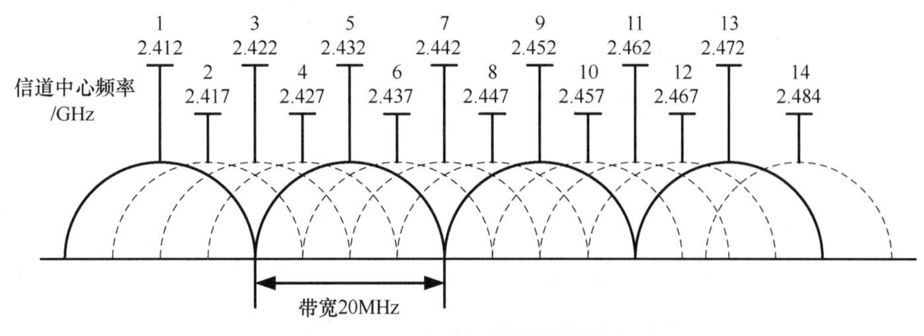

图 0-35　2.4G 频段信道划分

另外，各个国家和地区对 2.4G 频段信道的使用情况也有所不同。例如，美国和加拿大只开放了 1 ～ 11 号信道，我国、欧洲各国和澳大利亚则开放了 1 ～ 13 号信道。图 0-35 中还显示了 14 号信道，其中心频率为 2.484GHz，目前只有日本等少数国家允许使用该信道。所以，一般说 2.4G 频段定义了 13 条信道，而不是 14 条信道。

0.3.3　5G 频段信道划分

除了 WLAN 设备外，微波炉、无绳电话、蓝牙设备和 ZigBee 设备等也工作于 2.4G 频段。随着越来越多的家用及商用无线产品工作于 2.4G 频段，该频段越来越拥挤，有些厂商转而使用 5G 频段。相比于 2.4G 频段，5G 频段的频率资源显然更加丰富，在 5G 频段上可以定义多达 24 条 20MHz 带宽的独立信道。5G 频段信道划分如图 0-36 所示。这些信道互不重叠，因此不会有信道干扰。5G 频段的传输速率、传输距离和抗干扰能力都比 2.4G 频段强很多。

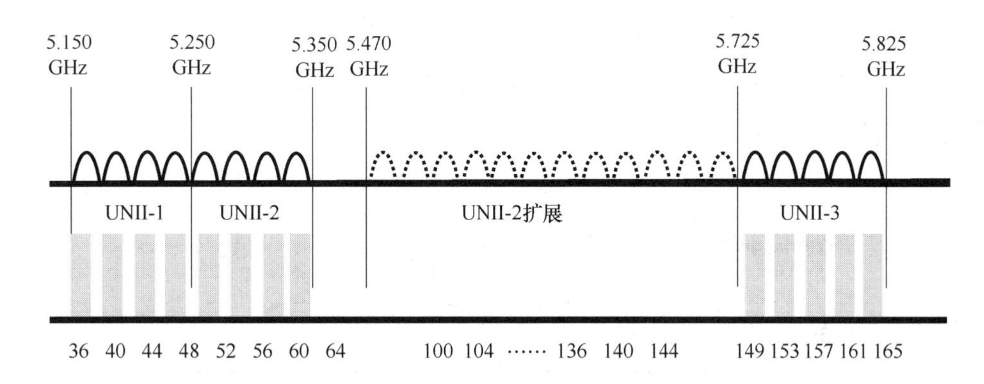

图 0-36　5G 频段信道划分

各个国家和地区开放的 5G 频段信道各不相同。目前，我国在 5G 频段开放的信道有 13 条，分别是位于 UNII-1 频段的 36、40、44、48 号信道，位于 UNII-2 频段的 52、56、60、64 号信道，以及位于 UNII-3 频段的 149、153、157、161 和 165 号信道，如表 0-1 所示。

表 0-1 我国 5G 频段信道使用情况

信道编号	频段 /GHz	中心频率 /MHz	说明
36	5.150 ～ 5.250（UNII 低频段）	5180	仅室内
40		5200	仅室内
44		5220	仅室内
48		5240	仅室内
52	5.250 ～ 5.350（UNII 中频段）	5260	仅室内
56		5280	仅室内
60		5300	仅室内
64		5320	仅室内
149	5.725 ～ 5.825（UNII 高频段）	5745	开放使用
153		5765	开放使用
157		5785	开放使用
161		5805	开放使用
165	5.815 ～ 5.835	5825	开放使用

0.3.4 信道绑定

IEEE 802.11n 标准引入了信道绑定技术，通过将两条相邻的 20MHz 信道绑定成一条 40MHz 信道，提供更大的带宽，获得两倍于 20MHz 信道的信息吞吐量，使传输速率成倍提高，2.4G 频段信道绑定如图 0-37 所示。通俗的理解是，信道绑定就像拓宽马路，马路变宽后车辆的通行能力自然就提高了。实际应用中，绑定的两个信道分为主信道和辅信道。所有的控制和管理帧都通过主信道传输。数据传输既能工作在 40MHz 带宽模式，又能工作在 20MHz 带宽模式。在划分信道时，原 20MHz 信道之间都会预留一小部分带宽以避免相互干扰。当采用信道绑定技术工作在 40MHz 带宽模式时，预留的这部分带宽也会被利用起来，从而进一步提高信息吞吐量。

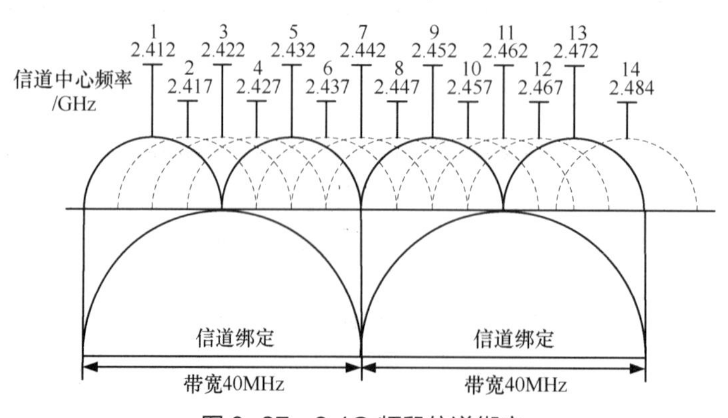

图 0-37 2.4G 频段信道绑定

40MHz 带宽模式虽然可以获得更高的频谱利用率，但是这种模式对 2.4G 频段有限的频谱资源来说显得有些不切实际。因为在 2.4G 频段中只有 4 条非重叠信道，所以最多只能绑定两个互不干扰的 20MHz 信道。例如，将信道 1 和信道 5 绑定，将信道 9 和信道 13 绑定。5G 频段具有丰富的频谱资源，有足够的互不重叠的信道来实现 40MHz 信道的绑定，因此目前主要在 5G 频段进行信道绑定，如图 0-38 所示。

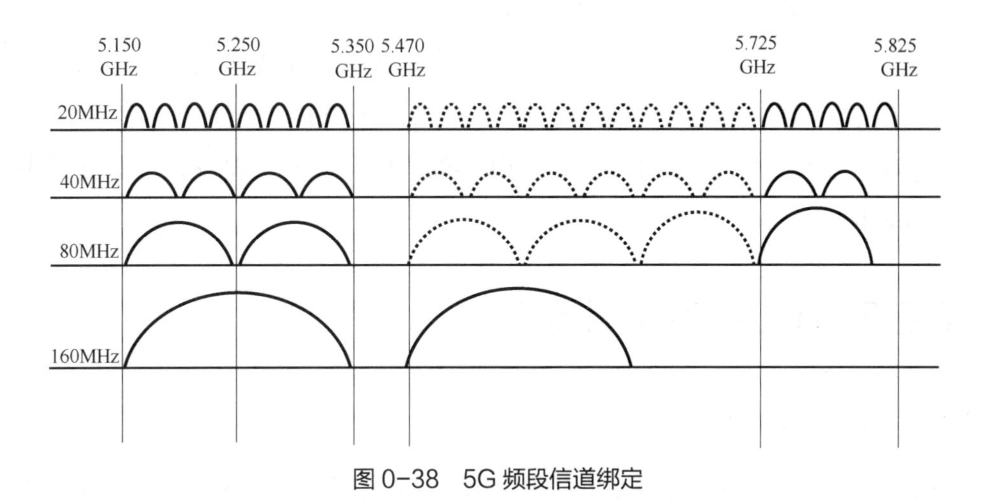

图 0-38　5G 频段信道绑定

在 5G 频段进行信道绑定时，除了可以将两条相邻的 20MHz 信道绑定成一条 40MHz 信道外，还可以将两条相邻的 40MHz 信道绑定成一条 80MHz 信道，甚至将两条相邻的 80MHz 信道绑定成一条 160MHz 信道。还有一种被称为“80MHz+80MHz”的信道绑定模式，它是指将两条不相邻的 80MHz 信道绑定在一起。该信道绑定模式可以在 5G 频段内划分出 3 个以上的非重叠信道，能够用于蜂窝网络信道规划，更加贴近实际无线网络部署的需要。

0.4　熟悉 WLAN 相关标准

0.4.1　WLAN 标准概述

目前有两个主要的 WLAN 标准，分别是由 IEEE 制定的 IEEE 802.11 系列标准，以及由 ETSI 下属的宽带无线电接入网络小组制定的 HiperLAN 系列标准。后者技术复杂，远没有前者流行。因此，现在提到的 WLAN 标准一般指的是 IEEE 802.11 系列标准。

1. IEEE 802.11 标准命名规范

1990 年，IEEE 802 标准化委员会成立了 IEEE 802.11 工作组负责制定 WLAN 标准，工作组下设的任务组负责对工作组制定的现有标准进行补充和完善。工作组为每个任务组分配了一个字母并添加到数字之后加以区分，如 IEEE 802.11a、IEEE 802.11b 等。为避免混淆，将部分字母闲置不用。例如，字母 o 和 I 分别容易与数字 0 和 1 混淆，因此并未使用。如果所有字母都已被使用，则为任务组分配两个字母，如 IEEE 802.11ac、IEEE 802.11ax 等。目前，除保留字母外，IEEE 802.11 已经将其余英文字母使用完毕。

2. Wi-Fi 名称的由来

正如前文所述，Wi-Fi 是 WECA 为了推广 IEEE 802.11 系列标准和相关产品，聘请商标公司创造的名称，和大众熟知的高保真度没有任何关系。

2018 年，Wi-Fi 联盟发起“Generational Wi-Fi”（Wi-Fi 世代）营销计划，即在“Wi-Fi”后添加一个整数以表示某个 IEEE 802.11 标准。例如，Wi-Fi 4、Wi-Fi 5 和 Wi-Fi 6 分别表示 IEEE 802.11n 标准、IEEE 802.11ac 标准和 IEEE 802.11ax 标准。Wi-Fi 联盟没有为 Wi-Fi 4 之前的标准分配新名称。

0.4.2 IEEE 802.11 系列标准

1. IEEE 802.11-1997

1997 年 6 月，IEEE 802.11 工作组发布了具有里程碑意义的第一代 WLAN 标准——IEEE 802.11-1997 标准，有时也不严格地简称为 IEEE 802.11 标准，它主要用于解决办公场所或住宅等布线困难的区域中的无线用户接入问题。该标准详细定义了从物理层到介质访问控制（Medium Access Control，MAC）层的 WLAN 通信协议，如图 0-39 所示。在物理层，IEEE 802.11-1997 标准主要定义了红外线、直接序列扩频（Direct Sequence Spread Spectrum，DSSS）和跳频扩频（Frequency Hopping Spread Spectrum，FHSS）3 种传输技术。在 MAC 层，IEEE 802.11-1997 标准引入了带冲突避免的载波感应多路访问（Carrier Sense Multiple Access with Collision Avoidance，CSMA/CA）协议，以及请求发送 / 允许发送（Request To Send/ Clear To Send，RTS/CTS）机制等重要技术。IEEE 802.11 工作组后续推出的诸多标准也以这些技术为基础。

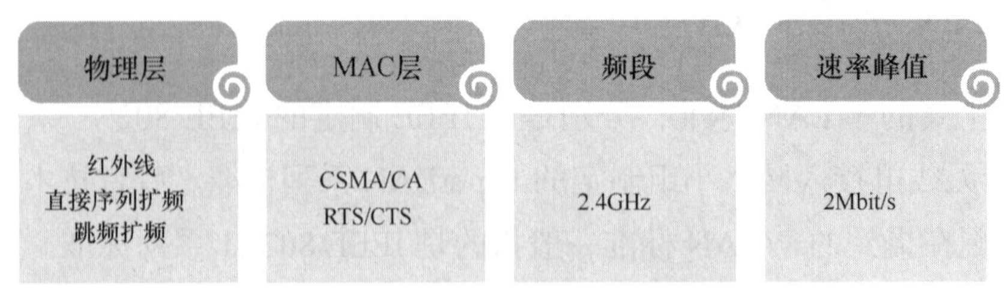

图 0-39 IEEE 802.11-1997 技术参数

IEEE 802.11-1997 标准工作于 2.4G 频段，支持的最高传输速率为 2Mbit/s。由于在传输速率和传输距离上无法满足用户的实际需要，加之当时需要无线网络连接的设备数量也不多，因此 IEEE 802.11-1997 很快被 IEEE 802.11b 标准取代，并未获得大规模的市场应用。

2. IEEE 802.11b

1999 年 9 月，IEEE 802.11b 标准被正式推出。IEEE 802.11b 标准是 IEEE 802.11-1997 标准的修订版。IEEE 802.11b 标准采用补码键控（Complementary Code Keying，CCK）的调制方式，信号带宽可以获得扩频处理增益。IEEE 802.11b 标准将数据最高传输速率提高到 11Mbit/s，与有线网络中的 10Base-T 标准处于同一水平，将传输距离扩展到 50m ～ 150m。不管是在传输速率还是传输距离上，IEEE 802.11b 标准都扩大了 WLAN 的应用领域，同时改善了 WLAN 的用户体验。

IEEE 802.11b 标准工作在 2.4G 频段的 ISM 频段上，被多数厂商采用，而且相关产品早在 2000 年年初就进入了市场，这些因素使得 IEEE 802.11b 标准得到了广泛的应用。

3. IEEE 802.11a

与 IEEE 802.11b 标准同期发布的 IEEE 802.11a 标准也是 IEEE 802.11-1997 标准的修订版，其特点如图 0-40 所示。IEEE 802.11a 工作于 5G 频段，最高传输速率为 54Mbit/s。IEEE 802.11a 标准最大的贡献和亮点是在物理层采用正交频分复用（Orthogonal Frequency Division Multiplexing，OFDM）技术，不仅能够减少子载波间的相互干扰、对抗多径衰落，还具有较高的频谱利用率。

图 0-40　IEEE 802.11a 标准的特点

高频段射频信号衰减较快，因此，在相同的发射功率下，IEEE 802.11a 标准的有效覆盖范围比 IEEE 802.11b 标准的小，穿透能力也不如 IEEE 802.11b。从实际应用来看，5GHz 组件的研制进度较慢，因此 IEEE 802.11a 相关产品进入市场的时间晚于 IEEE 802.11b。虽然 IEEE 802.11a 标准的传输速率高于 IEEE 802.11b，带宽也更大，但 IEEE 802.11g 标准的推出削弱了 IEEE 802.11a 标准的带宽和速率优势。

4. IEEE 802.11g

发布于 2003 年的 IEEE 802.11g 标准是 IEEE 802.11b 标准的升级版，其特点如图 0-41 所示。IEEE 802.11g 标准兼容 IEEE 802.11b 标准，且相比 IEEE 802.11a 标准更具优势。IEEE 802.11g 标准保留了 IEEE 802.11b 标准采

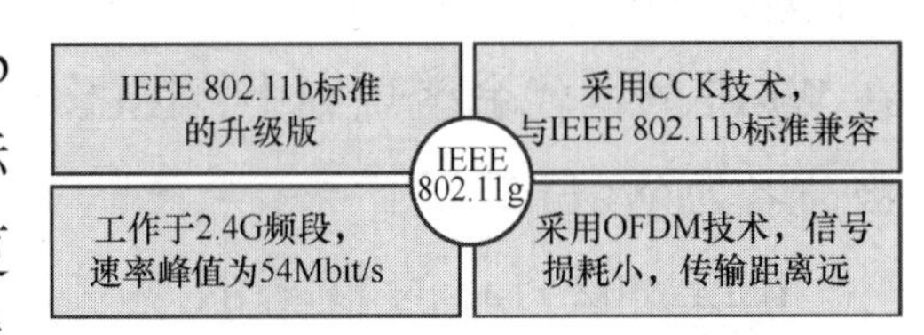

图 0-41　IEEE 802.11g 标准的特点

用的 CCK 技术，因此可以与 IEEE 802.11b 产品保持兼容。和 IEEE 802.11b 一样，IEEE 802.11g 也工作于 2.4G 频段，但将最高传输速率提高到了 54Mbit/s。同时，IEEE 802.11g 采用了和 IEEE 802.11a 相同的 OFDM 调制技术。IEEE 802.11g 工作于较低的 2.4G 频段，采用 OFDM 调制时信号损耗较小，因此能够比 IEEE 802.11a 设备覆盖更远的距离。

5. IEEE 802.11n（Wi-Fi 4）

IEEE 802.11 工作组于 2002 年成立了高吞吐量（High Throughput，HT）任务组以研究制定新一代标准，该任务组于 2009 年正式发布了基于多输入多输出（Multiple-Input Multiple-Output，MIMO）-OFDM 的 IEEE 802.11n 标准，其特点如图 0-42 所示。该标准最显著的特征是在传输速率上较之前的标准有了巨大的突破。IEEE 802.11n 采用双频工作模式，既可工作于 2.4G 频段，又可工作于 5G 频段，同时向下兼容 IEEE 802.11b 和 IEEE 802.11g。当工作于 2.4G 频段时，其最高传输速率是 450Mbit/s；当工作于 5G 频段时，其最高传输速率是 600Mbit/s。

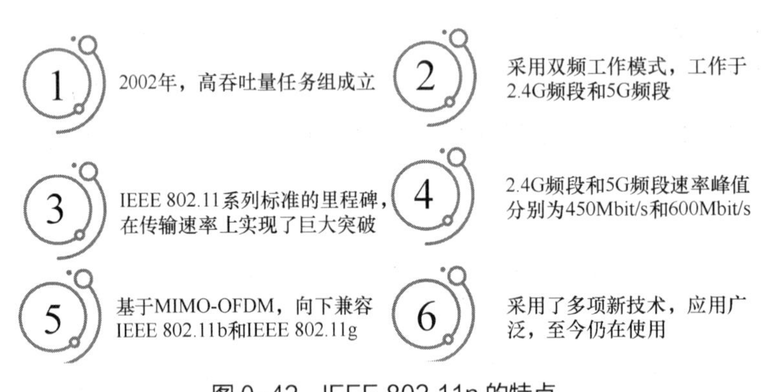

图 0-42　IEEE 802.11n 的特点

IEEE 802.11n 采用了多项新技术，带来了全新的用户体验，极大地推动了 WLAN 的发展，也使得 Wi-Fi 的概念深入人心。直到现在仍然有大量的终端设备使用 IEEE 802.11n。

6. IEEE 802.11ac（Wi-Fi 5）

IEEE 802.11 系列标准具有连续性和前瞻性。在 IEEE 802.11n 标准尚未正式发布之时，IEEE 802.11 工作组就启动了 IEEE 802.11ac 的标准化工作。经过 5 年的修改完善，IEEE 802.11ac 标准于 2013 年年底正式发布，其特点如图 0-43 所示。IEEE 802.11ac 的设计目标是甚高吞吐量（Very High Throughput，VHT）。IEEE 802.11ac 工作在 5G 频段，最高传输速率可达 6.9Gbit/s。从 IEEE 802.11ac 开始，WLAN 的传输速率正式迈入“千兆时代”。在 Wi-Fi 的世代命名规则中，IEEE 802.11ac 被命名为 Wi-Fi 5。

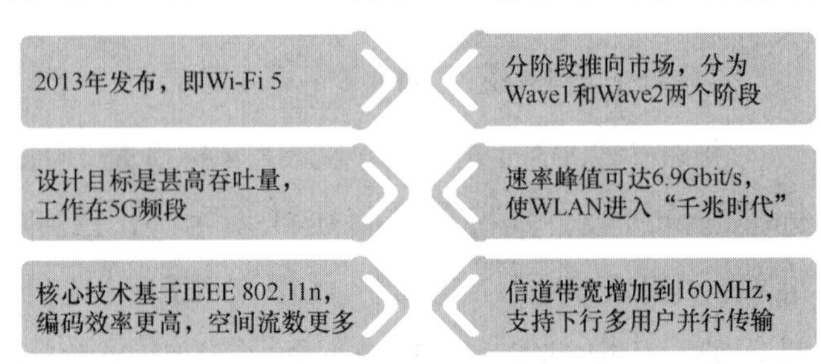

图 0-43　IEEE 802.11ac 的特点

IEEE 802.11ac 的核心技术主要基于 IEEE 802.11n。在 IEEE 802.11n 的基础上，

IEEE 802.11ac 将编码调制方式从 64-QAM 提升至 256-QAM，编码效率得以提高。IEEE 802.11ac 进一步将支持的空间流数从 4 增加到 8，将信道带宽从 40MHz 增加到 160MHz。IEEE 802.11ac 还定义了下行多用户 - 多输入多输出（Down Link Multi-User Multiple-Input Multiple-Output，DLMU-MIMO）技术，支持下行多用户并行传输。

IEEE 802.11ac 进行了众多的技术革新，如果将这些革新一次性推向市场，则可能需要较长的产品研发时间，不利于 IEEE 802.11ac 的推广。因此，Wi-Fi 联盟将其分为 IEEE 802.11ac Wave1 和 IEEE 802.11ac Wave2 两个阶段。这样既能让 IEEE 802.11ac 快速走向市场，满足迅速增长的流量需求，又能保证 IEEE 802.11ac 的持续演进，使 IEEE 802.11 系列标准始终具有强大的市场竞争力。

7. IEEE 802.11ax（Wi-Fi 6）

2019 年发布的 IEEE 802.11ax 是最新的 IEEE 802.11 标准，又被称为高效率无线局域网（High Efficiency WLAN，HEW），也被称为 Wi-Fi 6。IEEE 802.11ax 也采用双频工作模式，既可工作于 2.4G 频段，又可工作于 5G 频段，同时向下兼容 IEEE 802.11a/b/g/n/ac。在 2.4G 频段上，IEEE 802.11ax 的最高传输速率是 1.15Gbit/s；在 5G 频段上，其最高传输速率是 9.6Gbit/s。

为了实现更大的带宽和更高的传输速率，IEEE 802.11ax 采纳了 IEEE 802.11ac 的大部分技术。另外，IEEE 802.11ax 重新定义了正交频分多址（Orthogonal Frequency Division Multiple Access，OFDMA）调制与复用技术，使用 1024-QAM 调制方式，支持更窄的子载波间隔。IEEE 802.11ax 还引入了上行 MU-MIMO 技术，以便在传输速率达到 10Gbit/s 量级的同时，进一步提升高密度场景下的吞吐量和服务质量。

表 0-2 所示为 IEEE 802.11 系列标准的主要技术参数。

表 0-2　IEEE 802.11 系列标准的主要技术参数

标准	发布年份	频段	物理层技术	编码方式	空间流数	信道带宽 / MHz	最高传输速率
IEEE 802.11	1997	2.4G 频段	IR、FHSS 和 DSSS	—	—	20	2Mbit/s
IEEE 802.11b	1999	2.4 G 频段	DSSS/CCK	—	—	22	11Mbit/s
IEEE 802.11a	1999	5 G 频段	OFDM	—	—	20	54Mbit/s
IEEE 802.11g	2003	2.4 G 频段	OFDM	64-QAM	—	20	54Mbit/s

续表

标准	发布年份	频段	物理层技术	编码方式	空间流数	信道带宽 / MHz	最高传输速率
IEEE 802.11n（Wi-Fi 4）	2009	2.4 G 频段、5 G 频段	OFDM、DSSS/CCK	64-QAM	4	20、40	2.4G 频段：450Mbit/s。5G 频段：600Mbit/s
IEEE 80211 ac Wave1（Wi-Fi 5）	2013	5 G 频段	OFDM、SU-MIMO	64-QAM	4+4	20、40	3.74Gbit/s
IEEE 802.11ac Wave2（Wi-Fi 5）	2015	5 G 频段	OFDM、下行 MU-MIMO	256-QAM	8	20、40、80、160、80+80	6.9Gbit/s
IEEE 802.11ax（Wi-Fi 6）	2019	2.4 G 频段、5 G 频段	OFDM、下行 MU-MIMO、上行MU-MIMO	1024-QAM	4+8	20、40、80、160、80+80	2.4G 频段：1.15Gbit/s。5G 频段：9.6bit/s

0.4.3 IEEE 802.11n 新技术

相比于较早的 IEEE 802.11 a/b/g 标准，IEEE 802.11n 在传输速率上实现了巨大的突破，这主要归因于 IEEE 802.11n 采用了众多新技术。下面分别介绍 IEEE 802.11n 在物理层和 MAC 层引入的新技术。

1. 物理层引入的新技术

（1）MIMO-OFDM

在介绍 MIMO 技术之前，需说明空间流的概念。在图 0-32 所示的无线通信系统模型中，发射天线和接收天线通过无线信道传输数据。空间流就是在发射天线和接收天线之间建立的一次信号传输。一般情况下，一个发射天线和一个接收天线之间可以建立一个空间流。例如，发送设备有 4 个天线，接收设备也有 4 个天线，那么可以同时建立 4 个空间流。发射天线发出去的各个空间流通过不同的路径到达接收天线，接收天线能够区分来自不同空间方位的空间流。根据发射天线和接收天线的数量的不同，可分为单输入单输出、单输入多输出、多输入单输出和多输入多输出 4 种传输形式，如图 0-44 所示。

IEEE 802.11n 采用 MIMO 技术，在发射天线和接收天线间建立多个并行信道，对数据进行分段并通过并行信道同时传输，在接收天线上进行数据重组。这样可以在不增加带宽的情况下，成倍提高数据传输速率和频谱利用率。在 IEEE 802.11n 标准中，最高传输速率随空间流数线性变化，因此空间流数是确定最高传输速率的重要参数。例如，1 个独立空间流最高传输速率可达 150Mbit/s，2 个就可以达到 300Mbit/s。IEEE 802.11n 设备最多支持 4 个空间流，因此最高传输速率是 600Mbit/s。

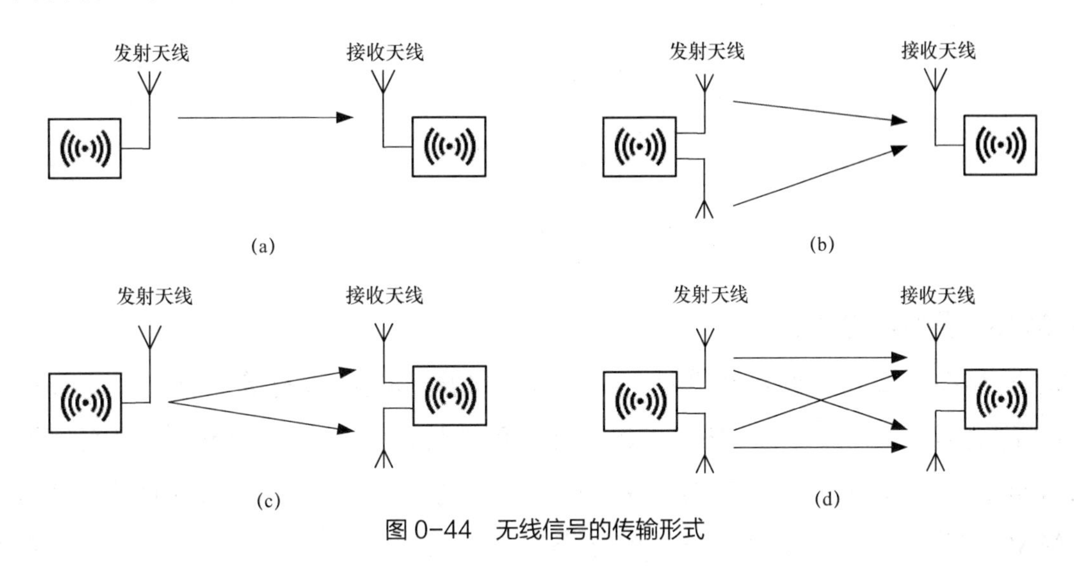

图 0-44　无线信号的传输形式

IEEE 802.11n 还将 MIMO 与 OFDM 技术相结合，将高速率数据流调制成多条并行传输的低速率子数据流，并在不同的子信道中传输，以减少子载波之间的干扰。

（2）信道绑定

信道绑定是指将相邻的两条信道绑定成一条信道，获得两倍的带宽和吞吐量，成倍地提高传输速率。默认情况下，IEEE 802.11n 的单信道带宽为 20MHz，在 20MHz 模式下可提供 56 个子载波（其中，52 个子载波可用）。IEEE 802.11n 引入了信道绑定技术，支持绑定两条信道以形成 40MHz 带宽的传输信道。在 40MHz 模式下，每条信道所含的子载波数量也从 52 个增加到 108 个。

（3）前向纠错码

前向纠错（Forward Error Correction，FEC）是指通过在原始数据（有效数据）中增加冗余数据以提高通信系统纠错能力的方法。在无线通信系统中，发送端对原始数据进行编码，加入一定的冗余数据用于 FEC。如果因为信号衰减、干扰等因素导致数据传输错误，则接收端可以通过 FEC 恢复原始数据。增加冗余数据会增加数据传输量，但提高的纠错能力可以在一定程度上抵消这部分额外开销。

（4）短 GI

由于多径效应的影响，无线信号可能通过多条路径到达接收端，这形成了码间干扰。因此，IEEE 802.11 a/b/g 要求在发送信息符号（Information Symbol）时，必须保证信息符号之间存在 800ns 的时间间隔，这个间隔被称为保护间隔（Guard Interval，GI），如图 0-45 所示。默认情况下，IEEE 802.11n 仍然使用 800ns 的 GI，但是当多径效应的影响不严重时，可以将 GI 缩短为 400ns，称为短 GI。这个改进可以使 IEEE 802.11n 的传输速率提高 11% 左右。

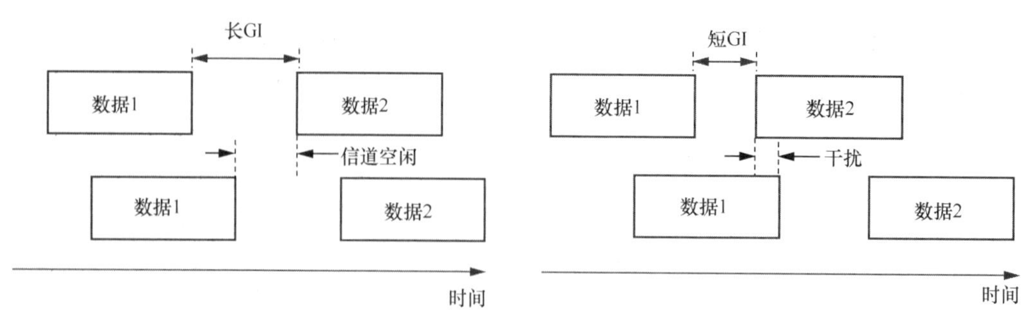

图 0-45　保护间隔的影响

2. MAC 层引入的新技术

MAC 层存在一些固定的系统开销，如帧头、帧尾和确认信息等。有时，这些多余的开销会显著降低传输速率。例如，IEEE 802.11g 的理论传输速率是 54Mbit/s，但实际传输速率只有 22Mbit/s，一半以上的速率被浪费掉。如果只是通过引入新技术提高物理层的传输速率，而不对 MAC 层进行改进，那么物理层的速率提升会受到限制。所以 IEEE 802.11n 除了在物理层引入新技术外，还在 MAC 层采用帧聚合、块确认等技术来提高 MAC 层的处理效率。

（1）帧聚合

IEEE 802.11n 引入了两种帧聚合技术，即 MAC 服务数据单元（MAC Service Data Unit，MSDU）聚合和 MAC 协议数据单元（MAC Protocol Data Unit，MPDU）聚合，如图 0-46 所示。这两种类型的聚合在逻辑上分别位于 MAC 层的顶端和底端。帧聚合的核心思想是将多个目的地相同的数据帧聚合成一个物理层报文，减少资源（如帧头和帧尾）消耗。

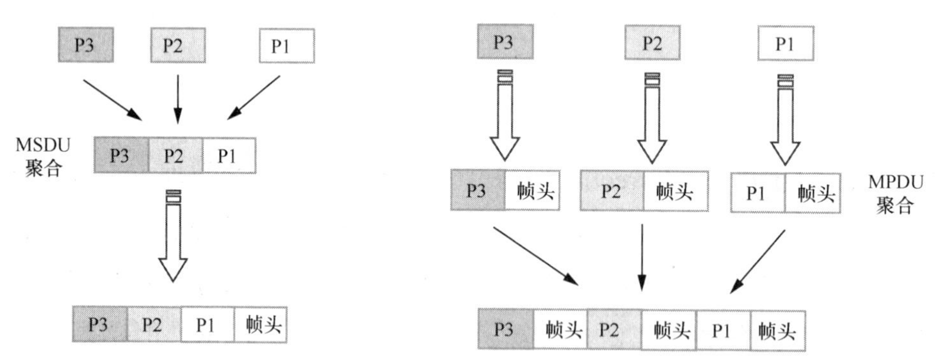

图 0-46　MAC 层帧聚合技术

（2）块确认

为保证数据传输的可靠性，IEEE 802.11n 标准规定接收端每收到一个单播数据帧，必须回复肯定应答（Acknowledgement，ACK）帧予以确认，发送端只有收到 ACK 帧后才能继续发送数据。块确认是指使用一个 ACK 帧完成对多个数据帧的确认，这样就能减少 ACK 帧的数量，如图 0-47 所示。块确认技术实际是在 IEEE 802.11e 中引入的，IEEE 802.11n 对其进行了增强，增强后的机制包括立即块确认和延迟块确认。

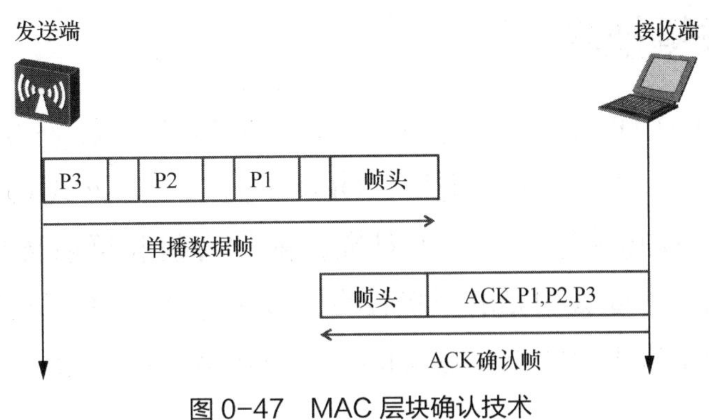

图 0-47 MAC 层块确认技术

0.5 WLAN 关键技术

0.5.1 WLAN 标准体系结构

ISO 推荐的开放系统互连（Open System Interconnection，OSI）参考模型将计算机网络通信协议体系分为 7 层，局域网标准主要包括最下面的两层，即物理层和数据链路层。数据链路层分为逻辑链路控制（Logical Link Control，LLC）层和 MAC 层两个子层。WLAN 标准集中于物理层和 MAC 层。物理层标准和传输介质的物理特性相关，涉及工作频段、调制编码方式、最高传输速率等内容；MAC 层标准则主要负责信道接入、寻址、数据帧校验、错误检测、安全、漫游和同步等内容。图 0-48 所示为 IEEE 802.11 系列标准和 OSI 参考模型的对应关系及物理层和 MAC 层的关键技术。

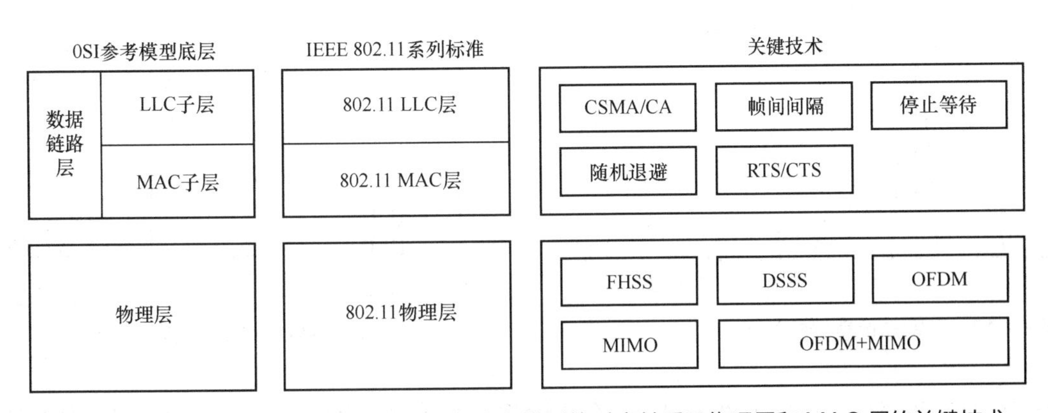

图 0-48 IEEE 802.11 系列标准和 OSI 参考模型的对应关系及物理层和 MAC 层的关键技术

下面分别详细介绍物理层和 MAC 层的关键技术。其中，MAC 层的关键技术是学习的重点，需要读者熟练掌握。

0.5.2 物理层关键技术

前文说过，IEEE 802.11 系列标准在物理层主要定义了红外线、DSSS 和 FHSS 这 3 种传输技术，IEEE 802.11a 在物理层引入了 OFDM 技术。红外线技术采用接近可见光的 850nm ～ 950nm 的红外线传输数据，无须对准，依靠直射和反射传播的红外线进行通信。红外线具有较强的方向性，受太阳光的干扰较大，很难穿透墙壁，即使遇到玻璃也会显著衰减。因此红外线一般用于近距离的点对点通信，并未被 WLAN 标准广泛使用。

1. 扩频技术

带宽（又称频宽）是指能够有效通过信道的最大频带宽度，用于表示信道传输数据的能力。带宽的大小依据要传送的信息量而定。需要传送的信息量越大，带宽也就越大。带宽与信息量的关系如图 0-49 所示。例如，IEEE 802.11 系列标准定义的信道带宽为 20MHz（而在 IEEE 802.11b 中其为 22MHz），电视信号包含音频和视频，需要 4500kHz 的带宽，而调频广播信号只需要 175kHz 的带宽承载高品质的音频。

射频传输方式主要分为窄带（Narrow-Band）传输和扩频传输（Spread Spectrum Transmission）两类，如图 0-50 所示。窄带传输是指用极窄的带宽发送数据。窄带信号占据的频率范围极窄，针对相应频率范围的干扰信号很容易影响窄带信号。扩频传输是指采用超出实际所需的带宽发送数据。由于扩频信号占据的频率范围很大，一般来说，干扰信号很难影响到扩频信号，除非干扰信号也扩展到与扩频信号相同的频率范围。

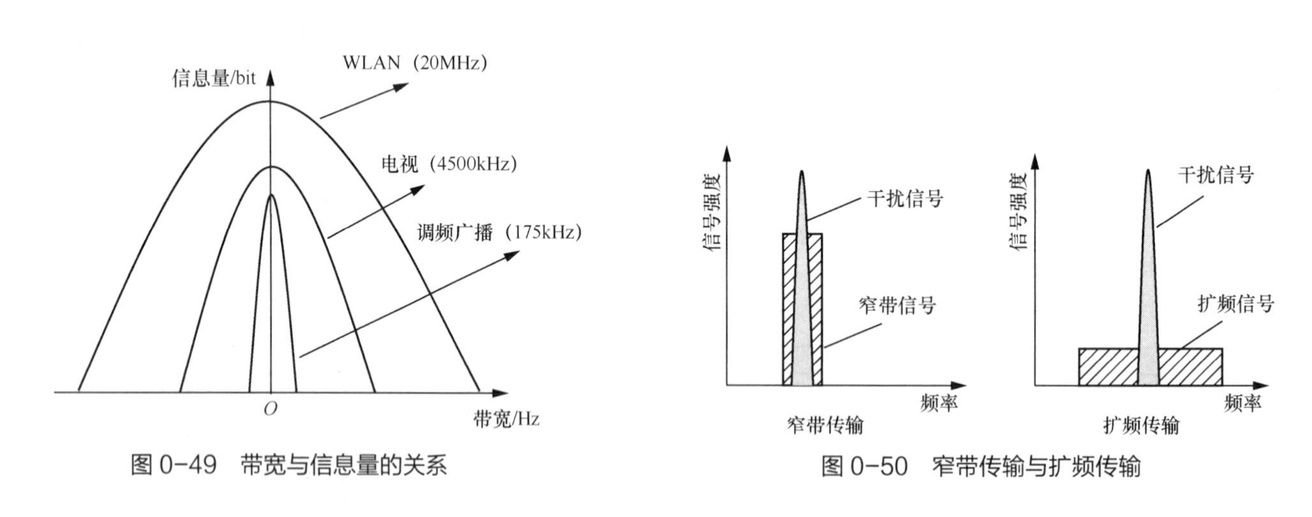

图 0-49 带宽与信息量的关系

图 0-50 窄带传输与扩频传输

扩频的工作原理是在发送端利用数学函数将扩频信号功率分散至较大的频率范围，在接收端进行反向操作，将扩频信号还原为窄带信号。扩频通信系统一般要进行 3 次调制和相应的解调。3 次调制依次为信息调制（编码）、扩频调制和射频调制，与之相应的解调分别为信息解调（解码）、解扩调制和射频解调。相比于一般的数字通信系统，扩频通信系统增加了扩频调制和解扩调制两部分。

扩频技术有多种实现方案，WLAN 主要使用 DSSS 和 FHSS。

（1）DSSS

DSSS 对待发送数据使用高码率的扩频码序列进行编码调制，从而扩展信号的频谱。在接收端，用相同的扩频码序列对扩频信号进行解扩，将其还原为原始数据。DSSS 的工作过程如图 0-51 所示。扩频技术中经常使用伪随机噪声（Pseudorandom Noise，PN）序列以产生类似于随机信号的功能。

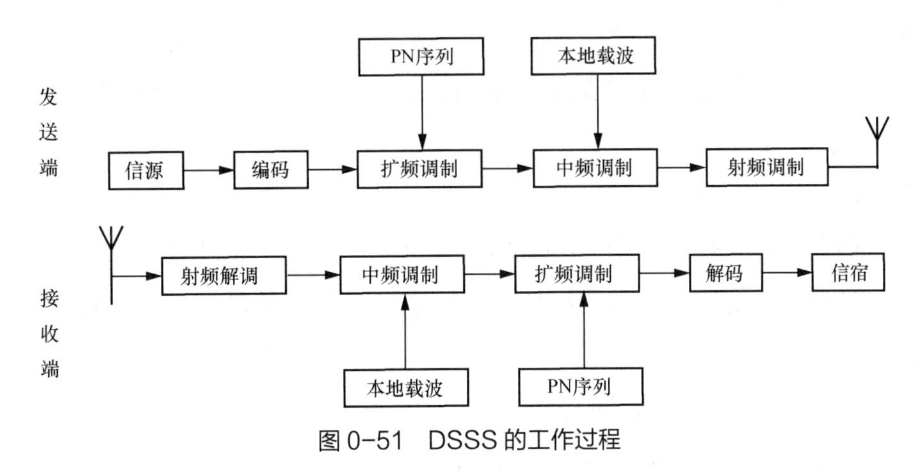

图 0-51　DSSS 的工作过程

DSSS 系统具有明显的优势。采用 DSSS 技术的扩频信号频带利用率高、频谱密度较低、带宽较大，具有很强的抗截获、防侦查、防窃听及抗多径干扰能力。

（2）FHSS

FHSS 采用伪随机噪声序列改变载波频率，使载波频率以某种随机样式不断随机跳变，每个子信道只进行瞬间的传输。FHSS 的工作过程如图 0-52 所示。干扰信号的频率一般不会随载波频率的变化而变化，因此这种通信方式比较隐蔽。一般来说，跳频速率越高，抗干扰性越好，但通信设备的复杂度和成本也越高。只要通信双方按照固定的算法产生相同的 PN 序列，就可以把扩频信号还原成原始信号。

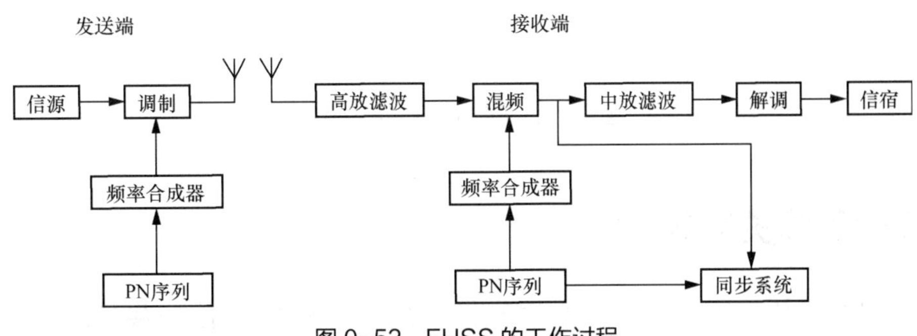

图 0-52　FHSS 的工作过程

FHSS 系统具有码分多址和频带共享的组网通信能力，容易与目前的窄带系统兼容，可以提高频谱利用率，具有较强的抗多径干扰和抗衰落能力。DSSS 在可靠性要求较高的应用中具有优势，而 FHSS 在低成本的应用中较占优势。

2. OFDM 与 OFDMA

（1）OFDM

OFDM 是一种特殊的多载波调制技术，其基本原理是在频域内将一个信道分成许多正交子信道，在每个子信道上使用一个子载波进行调制，将高速数据信号转换成并行的低速子数据流。子载波相互正交，频谱相互重叠，具有较高的频谱利用率。OFDM 还能减少子载波间的相互干扰，对抗多径衰落。

在 OFDM 模式下，用户是通过时间片区分的。在每一个时间片上，一个用户占据完整的子信道（子载波）。在该用户释放某个子信道后，下一个用户才能使用该子信道。OFDM 的工作模式如图 0-53（a）所示。

（2）OFDMA

OFDMA 也通过不同的频率区分不同的用户。但是与 OFDM 相比，OFDMA 的频谱利用率有很大提升。OFDMA 实现了多个用户同时进行数据传输的功能，增加了空口效率，大大减少了应用延迟。

OFDMA 在频域上将无线信道划分为多个子信道，子信道又被分为若干个固定大小的时频资源块，称为资源单元（Resource Unit，RU），如图 0-53（b）所示。在 OFDMA 模式下，用户的数据承载在每一个 RU 上，每个用户可以占用一组或多组 RU 以实现满足不同带宽需求的业务。在每个 RU 上，多个用户可以同时发送数据，从而减少用户的排队等待时延。OFDMA 特别适用于传输大量小数据包的多用户场景，如物联网或语音等。

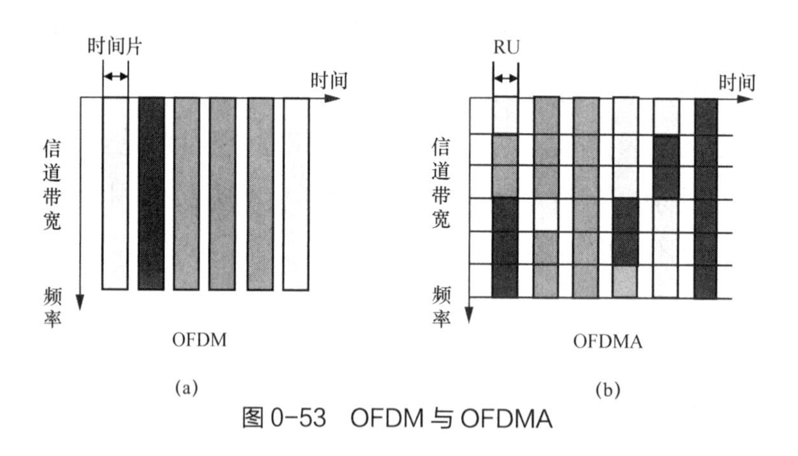

图 0-53　OFDM 与 OFDMA

0.5.3　MAC 层关键技术

在广播通信网络中，多个站点（通信实体、用户、网络设备）共享通信信道（总线）。如果它们同时向信道发送数据，则会引起信道访问冲突。因此，必须制定相应的标准为各站点合理分配信道使用权，即控制站点何时使用信道，这也是 MAC 层协议要解决的基本问题。

1. 以太网 MAC 层技术

以太网（有线局域网）使用带冲突检测的载波监听多路访问（Carrier Sense Multiple Access with Collision Detection，CSMA/CD）机制实现站点对信道的竞争访问。CSMA/CD 的工作方式可以概括为“先听后发、边听边发、冲突停止、随机延迟重发”，其工作流程如图 0-54 所示。站点在发送数据前，先监听信道是否空闲。如果信道已被占用，则等待信道空闲时再发送数据（先听后发）。在开始发送数据后，发送站点要继续监听至少数据传输一个往返的时间（边听边发），并判断是否发生冲突。如果发生冲突，则立即停止发送数据（冲突停止），并发送一个加强的阻塞（Jam）信号告知共享信道上的其他站点发生了冲突。此后，等待一个随机的时间，在信道空闲时再重新发送之前未发送完的数据（随机延迟重发）。

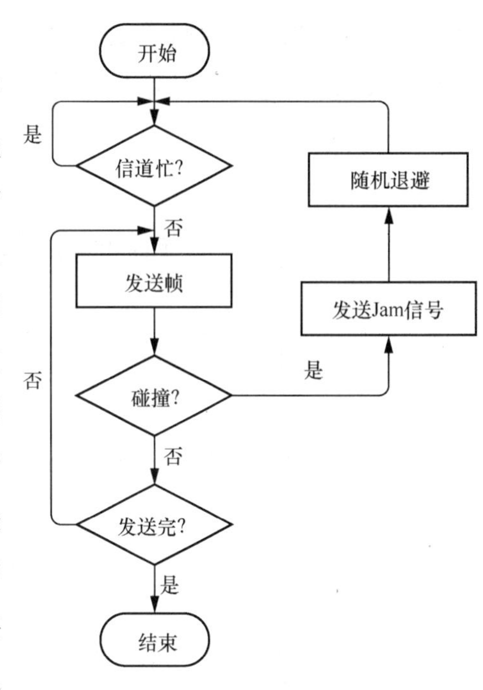

图 0-54　CSMA/CD 的工作流程

2. CSMA/CA

（1）DCF 和 PCF

和以太网采用电缆或光纤作为传输介质不同，无线网络的传输介质是空气。WLAN 常被称为“无线以太网”，尽管传输介质不同，但都采用共享信道，都要解决信道访问冲突问题。无线介质和有线介质有很大的差异。在无线介质上，传输距离和其他环境因素对无线电波的影响很大，更容易发生数据传输错误。由于距离因素，不是每个站点都能检测到其他站点发送的无线电波，因此监听载波是不可靠的。另外，无线网络中的站点没有同时进行数据发送和接收的能力，因此无法在发送数据时检测冲突。这些因素都要求 WLAN 采用和以太网不一样的信道控制方法。IEEE 802.11 系列标准提供了两种协调站点访问信道的方式，即分布式协调功能（Distributed Coordination Function，DCF）和点协调功能（Point Coordination Function，PCF）。

DCF 使用 CSMA/CA 机制使每个站点通过竞争的方式获取信道使用权。PCF 使用集中控制的信道接入算法，用类似轮询的方法把信道使用权轮流分配给各站点，从而避免信道冲突。基于竞争的分布式信道接入机制实现起来更简单，在实际应用中也表现出可靠和强大的一面，能够满足一般网络应用的基本需求。因此，DCF 在 IEEE 802.11 系列标准中是必选的，PCF 是可选的。业界普遍采用 DCF 方式。

（2）CSMA/CA 的工作流程

DCF 的核心是 CSMA/CA。和 CSMA/CD 类似，CSMA/CA 也要求发送站点在发送数据前监听信道状态。当信道空闲时，发送站点就等待一段随机时间，并在此时间段内继续监听信道。如果等待时间结束后信道仍为空闲，则发送站点发送数据。CSMA/CA 的工作流程如图 0-55 所示。

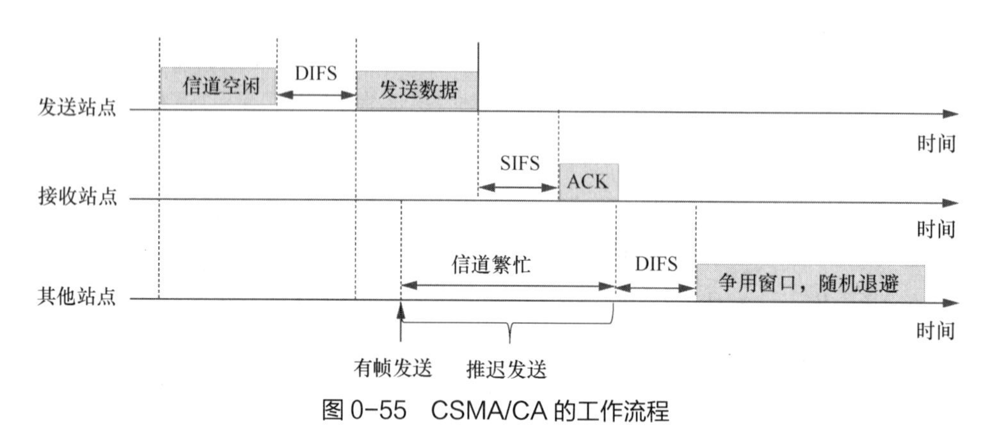

图 0-55 CSMA/CA 的工作流程

注意：图 0-55 中 DIFS 和 SIFS 的含义将在后文中介绍。

CSMA/CA 的基础是载波监听。WLAN 有两种载波监听方式，即物理载波监听（Physical Carrier Sense，PCS）和虚拟载波监听（Virtual Carrier Sense，VCS）。PCS 是 IEEE 802.11 系列标准在物理层提供的监听方式，通过检测接收到的信号能量判断是否有其他站点正在使用信道。当信号能量低于（或高于）一定阈值时，就说明信道是空闲（或繁忙）的。VCS 在 MAC 层实现。发送站点将其占用信道的时间“通知”给其他站点，以便其他站点在这段时间内停止发送数据。“虚拟”的意思是接收站点没有真正检测物理信道，而是收到通知后暂时不发送数据，达到监听信道的效果。这里所说的“通知”是指发送站点在其 MAC 帧的 Duration（持续时间）字段中写入该帧传输结束后还要占用信道多长时间（以 μs 为单位，包括接收站点发送 ACK 帧的时间）。当接收站点检测到 MAC 帧的 Duration 字段时，会设置一个网络分配向量（Network Allocation Vector，NAV）计时器并开始倒计时。在 NAV 的值减少为 0 之前，接收站点一直认为信道是繁忙的。需要注意的是，PCS 和 VCS 是同时进行的，只有两种方式都认为信道未被占用时才能判断信道是空闲的。

（3）停止等待

尽管 CSMA/CA 引入了冲突避免机制，但并不能保证完全避免冲突。当冲突发生时，由于站点无法进行冲突检测，因此不能判断数据是否发送成功。针对这个问题，CSMA/CA 采用了停止等待协议加以解决。发送站点发送完一个单播帧后，要等到接收站点返回确认帧（即 ACK 帧）才能继续发送下一帧，这叫作链路层确认。如果单播帧遭到破坏而校验失败，那么接收站点不会回复 ACK 帧，发送站点自然也就收不到 ACK 帧。还有一种可能是 ACK 帧未能成功地到达发送站点，如图 0-56 所示。不管是哪种原因，只要发送站点没有收到 ACK 帧，即单播帧未得到确认，发送站点就认为发生了冲突，于是重传该单播帧。

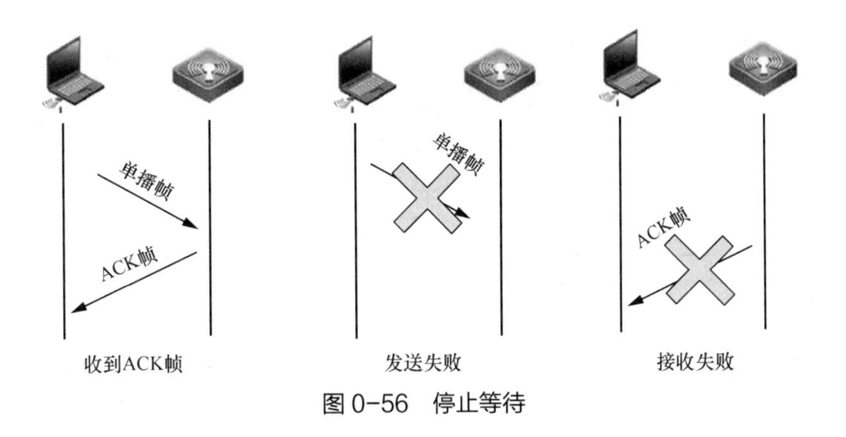

图 0-56 停止等待

（4）帧间空隙

为了尽量避免冲突，IEEE 802.11 系列标准规定站点在完成一帧的发送后，必须等待一段很短的时间才能发送下一帧，这段时间称为帧间空隙（Inter-Frame Space，IFS），如图 0-57 所示。帧间空隙的长度取决于要发送的帧的类型。高优先级帧使用的帧间空隙是短的帧间空隙（Short IFS，SIFS）。这类帧等待的时间较短，如 ACK 帧。低优先级帧使用的是分配的帧间空隙（Distributed IFS，DIFS），等待时间较长。

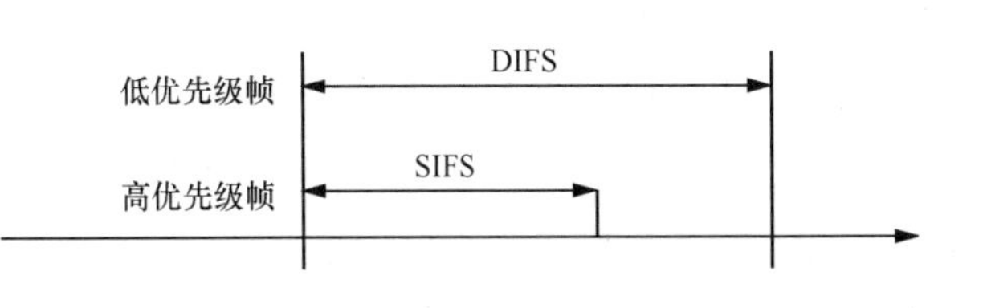

图 0-57 帧间空隙与帧的类型

（5）随机退避机制

按照 IEEE 802.11 系列标准的规定，当站点发送第一个 MAC 帧时，若检测到信道空闲，则在等待 DIFS 后可以发送第一帧（如果当时信道仍是空闲的）。如果不是第一帧，则不仅必须等待一个 DIFS，还要执行相应的退避算法确定退避时间，并在等待退避时间后再次接入信道。这时，站点就进入了争用窗口阶段。

站点根据退避时间设置退避计时器，并定期减小其值。当退避计时器的值减小到 0 时，站点就可以发送数据。若在退避计时器的值尚未减小到 0 时，信道转变为繁忙状态（被其他站点占用），则冻结退避计时器的值，重新等待信道变为空闲，然后经过 DIFS 后重新启动退避计时器（从剩余的值开始计时）。

以图 0-58 为例，共有 4 个站点竞争访问信道。STA3 的退避计时器的值最先减小到 0，于是立即发送数据。在 STA3 发送数据的过程中，其他几个站点检测到信道繁忙，就冻结各自的退避计时器，等待信道变为空闲。当 STA3 发送数据结束后，信道变为空闲，又经过 DIFS，其他站点重启退避计时器，从各自剩余的值开始倒计时。此时 STA4 的退避计时器的值最先减小到 0，于是 STA4 获得信道使用权，开始发送数据。同样，在 STA4 发送数据期间，STA1 和 STA2 冻结其退避计时器，一直等到信道再次变为空闲后，STA1 和 STA2 按照相同的规则争用信道。在上述过程中，冻结退避计时器操作非常关键，其目的是使协议对所有站点更加公平。

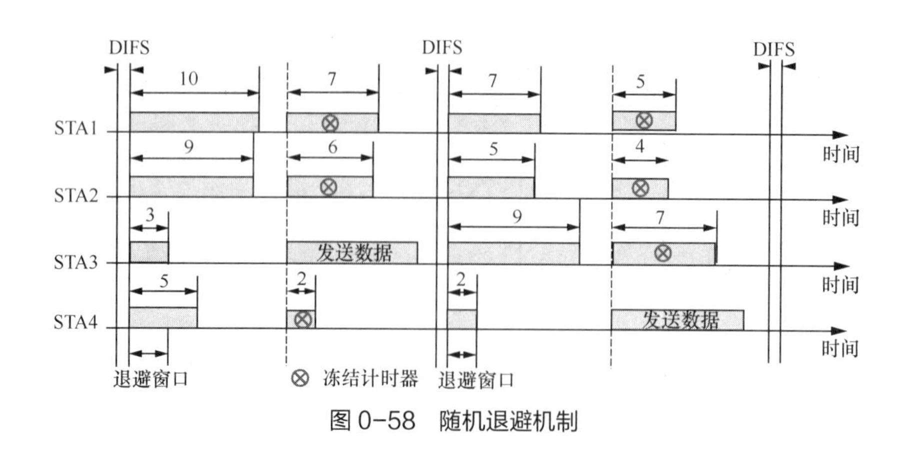

图 0-58 随机退避机制

3. RTS/CTS

在 WLAN 中，由于传输距离和信号衰减等因素，有时站点并不能收到其他站点的射频信号。在图 0-59（a）所示的网络中，STA2 可以和 STA1、STA3 直接通信，但 STA1 和 STA3 不在彼此的覆盖范围内，无法直接通信。另外，STA1 和 STA3 的覆盖范围存在重叠（STA2）。WLAN 中经常出现两个终端在彼此的覆盖范围之外，但其覆盖范围又存在重叠的情况，这样的终端互为隐藏节点（Hidden Node）。如果 STA1 和 STA3 同时向 STA2 发送数据，则将导致在 STA2 上产生冲突。为了解决无线网络中的隐藏节点问题，DCF 提供了可选的 RTS/CTS 机制。

RTS/CTS 的工作原理如图 0-60 所示。发送站点在等待 DIFS 后，先发送一个 RTS 帧以申请对信道的占用，收到 RTS 帧的其他站点通过设置 NAV 来保持沉默（不发送数据）。一旦收到 RTS 帧，接收站点就在等待一个 SIFS 之后立即回复一个 CTS 帧，告诉发送站点其已准备好接收数据。双方在成功交换一对 RTS/CTS 帧后才开始真正交换数据。与 RTS 帧一样，CTS 帧也会令附近的站点保持沉默。RTS/CTS 机制能保证多个互不可见的发送站点（互为隐藏节点）向一个接收站点同时发送数据时，只有收到接收站点回复的 CTS 帧的站点能够发送数据，从而避免发生冲突。

在图 0-59（b）中，STA1 和 STA3 互为隐藏节点。STA1 发送一个 RTS 帧预约对信道的访问。STA2 收到 RTS 帧后，回复一个 CTS 帧。STA1 收到 CTS 帧后准备开始发送数据。同时，STA3 也收到 CTS 帧，得知 STA2 准备接收其他站点的数据，因此保持沉默。这样，STA3 虽然没有收到 STA1 的 RTS 帧，但通过 STA2 回复的 CTS 帧也达到了监听信道的目的，避免了信道冲突。

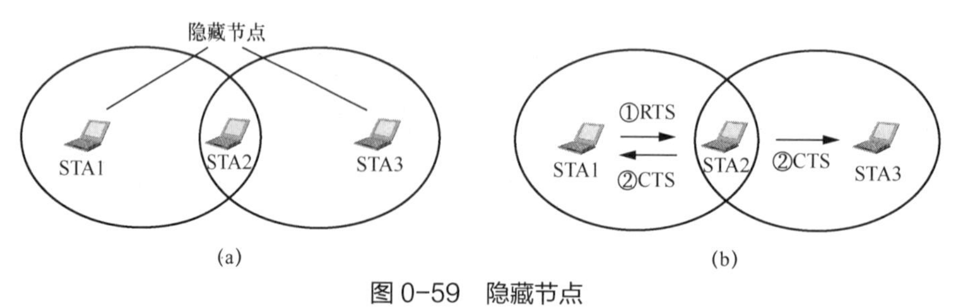

图 0-59 隐藏节点

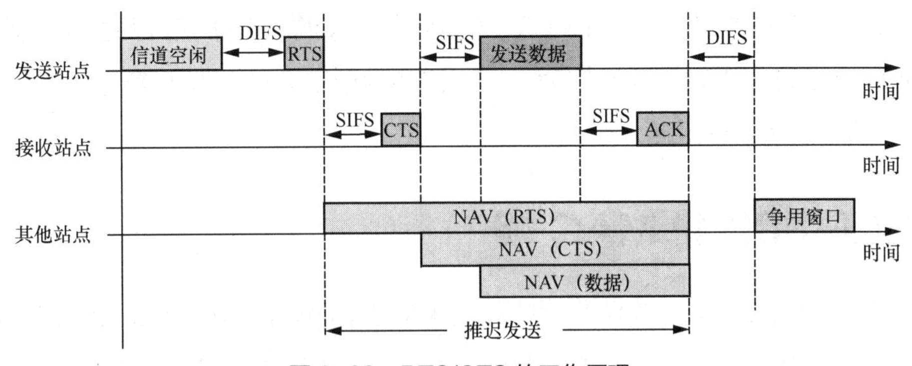

图 0-60　RTS/CTS 的工作原理

和隐藏节点相对的是暴露节点。暴露节点是指在发送者的通信范围之内而在接收者通信范围之外的节点，如图 0-61 所示。STA3 在 STA2 的通信范围内，在 STA1 的通信范围外，STA2 和 STA3 互为暴露节点。假设当 STA2 向 STA1 发送数据时，STA3 也希望向 STA4 发送数据。根据 CSMA/CA 协议可知，STA3 监听信道，它将监听到 STA2 正在发送数据，于是错误地认为它此时不能向 STA4 发送数据，但实际上它的发送不会影响 STA1 的数据接收，这就会导致暴露节点问题的出现。RTS/CTS 也可以解决这个问题。STA2 发送 RTS 帧预约对信道的访问，STA1 收到 RTS 帧后向 STA2 返回 CTS 帧。STA3 只收到 STA2 的 RTS 帧而没收到 STA1 的 CTS 帧，因此可以向 STA4 发送数据。

从表面上看，引入 RTS/CTS 机制增加了网络传输的开销，因为收、发站点在传输实际数据前要通过一对 RTS/CTS 帧进行“握手”。实际上，这种交互方式可以有效解决隐藏节点问题，因为站点只有在信道预约成功后才能发送数据。另外，RTS 帧和 CTS 帧很短，因此涉及 RTS 帧和 CTS 帧的碰撞仅持续很短的时间。一旦 RTS 帧和 CTS 帧握手成功进行，那么后续的数据帧和 ACK 帧应当能够无碰撞地传输。相反，如果不使用 RTS/CTS 机制，一旦发生碰撞而导致数据重发，那么浪费的信道资源会更多。

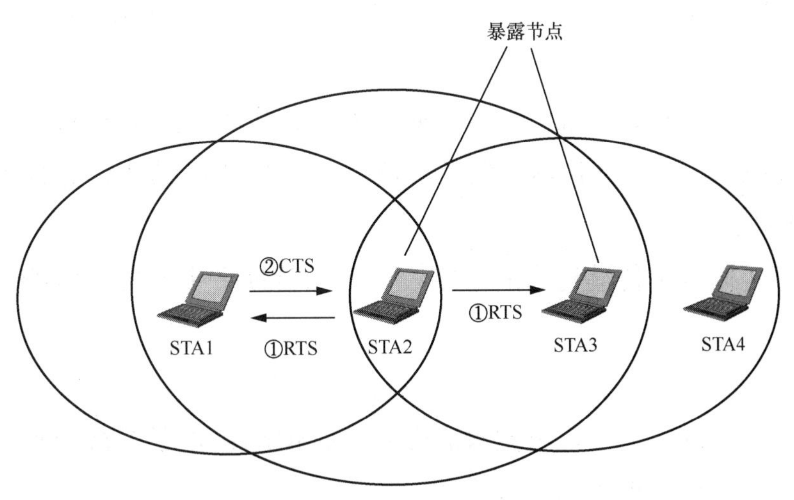

图 0-61　暴露节点

在 IEEE 802.11 系列标准中，RTS/CTS 机制是可选的。用户可以通过设置一个数据传输的上限值来调整 RTS/CTS 机制的行为。一旦数据帧长度大于该上限值，就立即启动 RTS/CTS 机制，否则直接传送数据帧。

0.5.4 IEEE 802.11 MAC 帧

在 OSI 参考模型中，数据链路层使用的协议数据单元（Protocol Data Unit，PDU）称为帧或 MAC 帧，前文已多次提到这个概念。IEEE 802.11 系列标准中的 MAC 帧与以太网 IEEE 802.3 中的 MAC 帧有所不同。本小节将详细介绍 IEEE 802.11 MAC 帧的格式与类型。

1. IEEE 802.11 MAC 帧格式

IEEE 802.11 系列标准中的 MAC 帧按功能的不同可分为数据帧、控制帧和管理帧三大类。不管是哪种类型的 MAC 帧，其格式都包括三大部分，如图 0-62 所示。其中，下方的数字表示字段的长度，单位是字节。

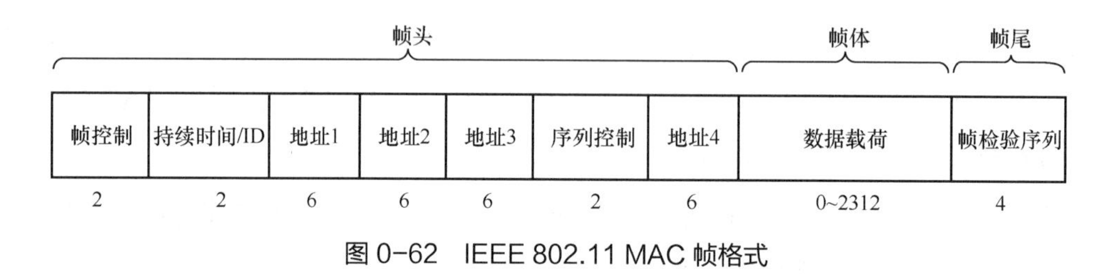

图 0-62 IEEE 802.11 MAC 帧格式

（1）MAC 帧首部，即帧头。帧头最大长度为 30 字节（IEEE 802.11n 中帧头最大长度为 36 字节）。帧头包含帧控制、持续时间 /ID、地址及序列控制等信息，MAC 帧的复杂性集中体现于帧头。

（2）MAC 帧数据，即帧体。帧体是 MAC 帧的数据部分，负责传输上层协议的有效载荷（Payload）。帧体长度可变，最大长度为 2312 字节（IEEE 802.11n 中帧体最大长度为 7955 字节）。

（3）帧检验序列（Frame Check Sequence，FCS），即帧尾。帧尾包含一个 4 字节的循环冗余校验（Cyclic Redundancy Check，CRC）码，可由帧头和帧体计算得到，用于接收端校验 MAC 帧是否出现错误。

帧头包含许多影响数据传输行为的子字段，下面就帧头中重要字段的含义和功能进行详细介绍。

（1）帧控制

帧控制（Frame Control）字段虽然只有 2 字节，但却包含了丰富的帧控制信息，包括帧类型、子类型、分段标记和重传标记等。

（2）持续时间 /ID

持续时间 /ID（Duration/ID）字段长度为 2 字节，最高位为 0 时表示正在进行的传输还要持续多长时间，即还要继续占用信道多长时间。收到该帧的站点通过更新 NAV 等待信道变为空闲。持续时间最长不能超过 32767（$2^{15}-1$）μs。如果一个 PS-Poll 帧（一种控制帧）设置了最高两位，则剩下的 14 位表示该帧的关联标识符（Association ID，AID）。

（3）地址

IEEE 802.11 MAC 帧最特殊的地方就是它包含 4 个 MAC 地址（Address）。WLAN 中的网络节点按功能及位置的不同分为 4 类，即源端、传输端（发送站点）、接收端（接收站点）和目的端。与之对应的 4 类地址分别为源地址（SA）、传输端地址（TA）、接收端地址（RA）和目的地址（DA）。地址 4 字段只在某些类型的帧中才出现。各个地址字段的内容及含义取决于帧控制字段中 To DS 和 From DS 两个子字段的值。这里不深入介绍字段之间的相互关系，感兴趣的读者可以查阅相关资料自行学习。

（4）序列控制

序列控制（Sequence Control）字段占 2 字节，包括序列编号和片段编号两个子字段，分别占 12 位和 4 位。序列编号是指 MAC 帧的编号，片段编号表示 MAC 帧分片后各个片段的编号。重传的帧的序列编号和片段编号都不改变。这两个编号能够帮助接收端区分是新传的帧还是因为差错而重传的帧，方便接收端对重传的帧进行筛选，并丢弃重复帧以保证帧的正确性。

2. IEEE 802.11 MAC 帧类型

（1）数据帧

当帧类型字段值为“10”时，表示该帧为数据帧，不同的子类型标识不同类型的数据帧。数据帧中，0000 ～ 0111 的子类型是在最初的 IEEE 802.11 标准中引入的，1000 ～ 1111 则是在 IEEE 802.11e 标准中引入的。需要注意的是，数据帧中 4 个地址字段的意义与 To DS 及 From DS 有关，且地址 4 字段只在 To DS 及 From DS 均为 1 时才出现。

（2）控制帧

当帧类型字段值为“01”时，表示该帧为控制帧，不同的子类型标识不同类型的控制帧。控制帧的作用是协助站点交换数据报文，提高数据传输的可靠性，如常见的 RTS 帧、CTS 帧、ACK 帧等。

RTS 帧用于对信道进行预约，收到 RTS 帧的站点在指定的时间内不发送数据。RTS 帧的格式如图 0-63 所示。接收端地址表示接收 RTS 帧的站点的地址，该站点为后续数据帧或管理帧的直接接收方。发送端地址表示发送 RTS 帧的站点的地址。持续时间字段值以 μs 为单位，表示接下来要占用信道多长时间。

CTS 帧是对 RTS 帧的回复，表示接收站点已做好接收数据的准备，同时令附近的站点保持沉默。CTS 帧的格式如图 0-64 所示。CTS 帧的接收端地址即之前 RTS 帧的发送端地址。

持续时间字段值等于 RTS 帧的持续时间字段值减去 CTS 帧的时长，再减去一个 SIFS。

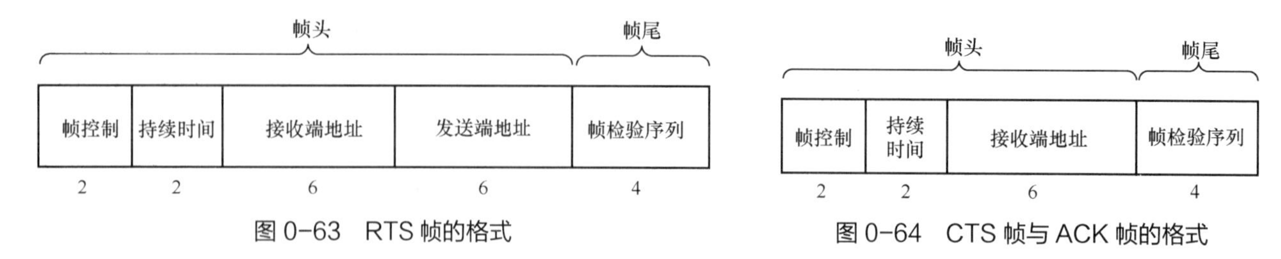

图 0-63 RTS 帧的格式

图 0-64 CTS 帧与 ACK 帧的格式

ACK 帧是对收到的帧的确认，格式与 CTS 帧相同，如图 0-64 所示。其接收端地址从所要应答的帧的地址 2 字段复制而来。

（3）管理帧

当帧类型字段值为“00”时，表示该帧为管理帧，不同的子类型标识不同类型的管理帧。管理帧负责无线站点与无线接入点之间的交互、认证、关联等管理工作。管理帧的格式如图 0-65 所示。管理帧的格式与帧的子类型无关，且地址字段不随帧的子类型改变而改变。帧体部分由每个管理帧子类型定义的固定字段和信息元素组成，且它们只能以特定的顺序出现。

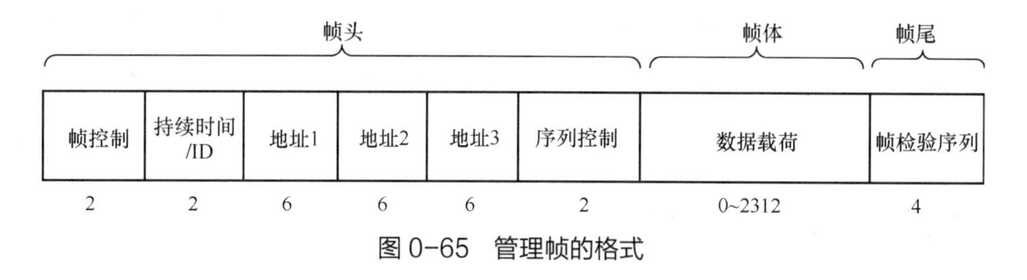

图 0-65 管理帧的格式

0.6 WLAN 组网设备

0.6.1 无线工作站

无线工作站（Wireless Station）就是无线智能终端，泛指所有通过无线网卡连接到无线网络的计算机或其他智能终端。常见的无线工作站有 PC、平板电脑、智能手机、无线打印机等。无线工作站接入无线网络离不开网卡的支持，网卡又称为网络适配器。在以太网中，终端设备通过有线网卡接入电缆或光纤等有线介质，在 WLAN 中与有线网卡对应的是无线网卡。无线网卡是无线工作站的射频接口，通过自带的天线接收和发送无线信号，实现与无线网络中其他无线设备的连接。和有线网卡相比，无线网卡仅将有线网卡的插口换成了天线。

根据无线网卡的接口类型不同，可将无线网卡分为 PCI 无线网卡、PCMCIA 无线网卡和 USB 无线网卡，如图 0-66 所示。外部设备互连（Peripheral Component Interconnect，PCI）标准接口是一种应用于计算机内部的总线技术。PCI 无线网卡仅适用于台式计算机，直接插在台式计算机主板上，是台式计算机接入无线网络的较好选择。PCMCIA 无线网卡是符合个人计算机存储卡国际协会（Personal Computer Memory Card International Association，PCMCIA）标准的无线网卡，仅适用于 PC。PCMCIA 接口是无线网卡的主要接口，其他接口的无线网卡都是通过转换 PCMCIA 无线网卡而得到的。通用串行总线（Universal Serial Bus，USB）标准接口是目前计算机的主流接口，不管是在台式计算机中还是在 PC 中都是标准配置，使用起来非常方便。这 3 种类型的无线网卡都支持即插即用。

图 0-66　3 种类型的无线网卡

和无线网卡经常混淆的一个概念是“无线上网卡”。虽然二者都是无线终端接入无线网络的必要组件，但在功能上有所不同。无线网卡应用在 WLAN 中，无线上网卡则用于将设备接入移动蜂窝网络（如 4G、5G 网络等）。

0.6.2　无线接入点

无线接入点（Access Point，AP）是 WLAN 的重要组网设备，在功能上和以太网中的接入交换机类似。无线工作站和无线 AP 通过射频信号互相收发数据，无线工作站通过无线 AP 连接到有线网络，进而访问有线网络的各种资源。AP 的划分有多种方式，具体介绍如下。

（1）根据产品类型，可将 AP 分为无线路由器（Wireless Router）和无线 AP，如图 0-67 所示。无线路由器是一种具有无线信号收发功能的转发器，用于将宽带信号通过天线转发给附近的无线工作站，如 PC、智能手机等。无线路由器还具有其他网络管理功能，如动态主机配置协议（Dynamic Host Configuration Protocol，DHCP）服务、网络地址转换（Network Address Translation，NAT）服务、防火墙、MAC 地址过滤等。无线 AP 相当于一台无线接入交换机，用于将无线工作站接入有线网络，是无线网络和有线网络沟通的桥梁。

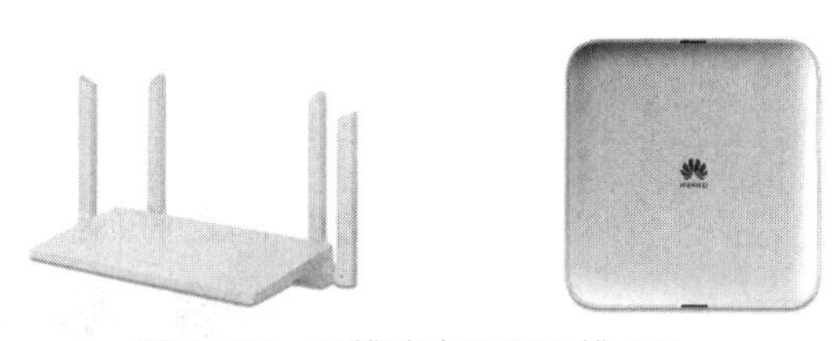

图 0-67　无线路由器和无线 AP

无线路由器一般应用于覆盖面积不大、用户数较少的家庭和公寓式办公楼（Small Office Home Office，SOHO）环境网络，而无线 AP 则主要用于企业等需要大面积覆盖的场所。有时候，无线 AP 也作为包括无线路由器在内的无线接入设备的统称。本书将无线 AP 和无线路由器分开讨论以示二者的区别。另外，无线 AP 通常简称为 AP。如无特殊说明，后文的 AP 均指无线 AP。

（2）根据组网功能，可将 AP 分为“胖”AP（FAT AP）和“瘦”AP（FIT AP）。FAT AP 除了具有基本的射频信号接入功能外，还具有 IP 地址分配、DHCP 服务、安全管理、服务质量（Quality of Service，QoS）、接入控制和负载均衡等网络管理功能。每增加一台 FAT AP，都要进行复杂的网络配置。因此，在大规模无线组网时，FAT AP 的扩展性较差，管理、维护成本较高。FIT AP 可以形象地理解为 FAT AP 的“瘦身”，即仅保留射频信号接入功能，用于实现无线信号和有线信号的转换，而将众多网络管理功能剥离出来，交由无线控制器实现。与 FAT AP 相比，FIT AP 安装起来更简单，管理也非常容易，其所有的网络配置都在无线控制器上进行，FIT AP 可以实现零配置启动。

（3）根据安装方式，可将 AP 分为室内放装 AP、室外放装 AP 和室分 AP。

室内放装 AP 直接安装在室内，用于实现室内的无线信号覆盖，如图 0-68 所示。

图 0-68　室内放装 AP

室内放装 AP 一般适用于面积比较小、用户相对集中的办公室、小型会议室等场所，可根据不同办公环境灵活组网。室内放装 AP 又可根据产品形态的不同分为挂墙式 AP、吸顶式 AP 和面板式 AP 等。

室外放装 AP 多用于用户较多且较为集中的室外大型场所，如体育场、会展中心等。由于室外环境的特殊性，室外放装 AP 一般采用防水、防尘、阻燃外壳设计，具有防水、防雷和抗低温等特点，能够抵抗室外恶劣天气的影响。室外放装 AP 的功率一般比室内放装 AP 的大。室外放装 AP 如图 0-69 所示。

图 0-69　室外放装 AP

室分 AP 即室内分布型 AP，通过馈线（电缆）将无线信号延伸到室内，用于实现室内无线网络覆盖，如图 0-70 所示。例如，在学生宿舍楼的各层走廊安装一个室分 AP，馈线从室分 AP 延伸到每间宿舍，这样每间宿舍都可以接入无线网络，而不用单独安装 AP。

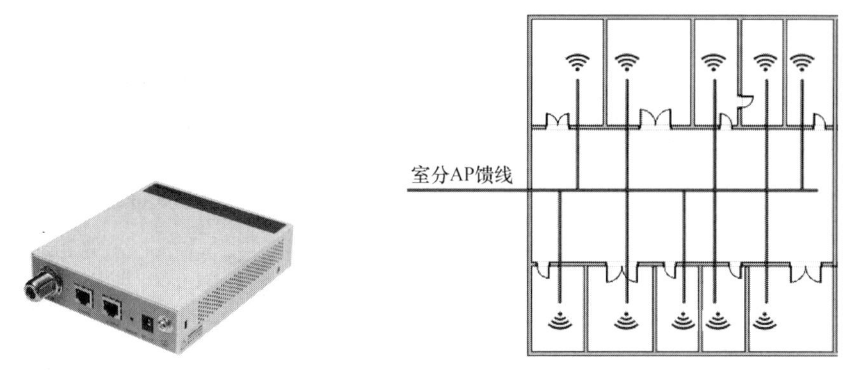

图 0-70　室分 AP

0.6.3　无线控制器

无线接入控制器（Access Controller，AC）简称无线控制器或无线 AC（若无特殊说明，后文中的 AC 均指无线 AC），是组建 WLAN 时用于集中控制 AP 的网络设备，如图 0-71 所示。由于 FIT AP 保留了基本的射频信号接入功能，当采用 FIT AP 组网时，必须使用 AC 以提供 IP 地址分配、DHCP 服务等网络管理功能。这种组网模式称为 FIT AP+AC。在这种组网模式下，所有的网络配置均在 AC 上进行，由 AC 向 FIT AP 下发配置。由于 AC 承担了 AP 的管理任务，网络管理员一般只需要关注 AC，这样可减少管理工作量，增强 WLAN 的扩展性。

图 0-71　无线控制器

0.6.4　天线

无线设备使用天线发射和接收射频信号。在图 0-32 所示的无线通信系统模型中，发送端发射的射频信号通过馈线输送到发射天线，由发射天线以电磁波的形式辐射出去。接收天线接收到电磁波后，再通过馈线将其输送至接收端。电磁波的辐射能力与天线的长度和形状有关。图 0-72 所示为常见的天线产品。

在传播过程中，射频信号容易受到传输距离的影响和其他障碍物的干扰。当两个无线设备相距较远时，随着射频信号能量的减弱，必须借助天线提升射频信号强度，即对射频信号进行增益。增益越大，射频信号的强度提升越大，传输距离也就越远。

天线种类繁多，不同应用场景选用的天线也各不相同。可以按多种方式对天线进行分类。例如，按照外形，天线可分为线状天线和面状天线等；按照用途，天线可分为电视天线和雷达天线等；按照方向性，天线可分为全向天线和定向天线等；按照工作频段，天线可分为短波天线、超短波天线和微波天线等。这里不对各种天线的特性进行逐一介绍，感兴趣的读者可以自行查找相关资料进行拓展学习。

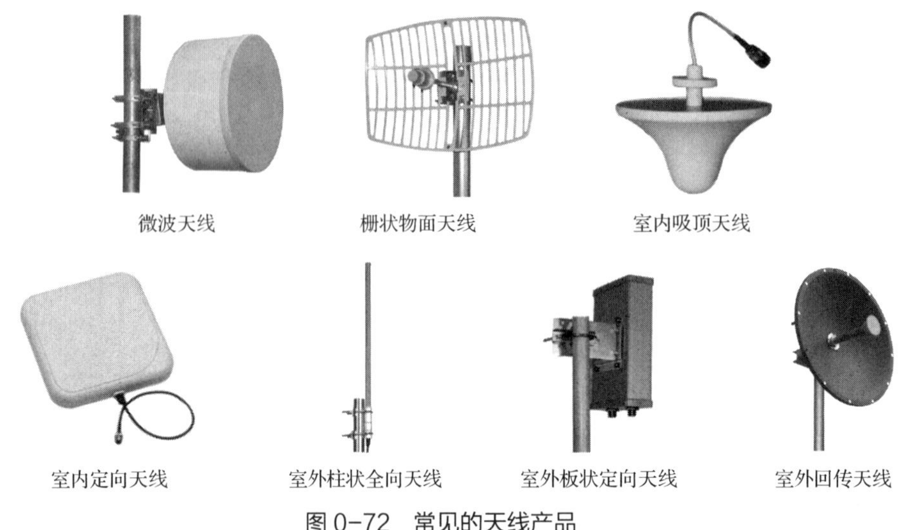

图 0-72 常见的天线产品

0.7 WLAN 结构

0.7.1 WLAN 组成

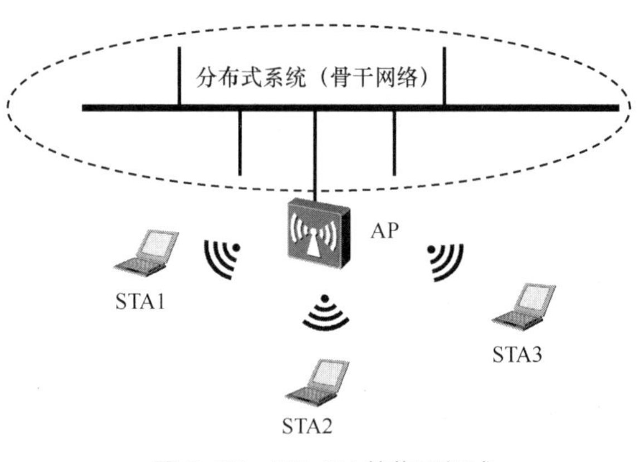

图 0-73 WLAN 的物理组成

WLAN 的物理组成如图 0-73 所示。从物理结构上看，WLAN 的组网元素包括以下几个部分。

（1）无线站点

无线站点即前面提到的无线工作站，通常指 WLAN 中的无线终端，简称站点。站点通常是可以自由移动的，即在无线网络的覆盖区域内改变空间位置。站点是 WLAN 最基本的组成单元。在网络拓扑结构图中，站点通常被标注为“STA”。另外，站点有时还被用来代表无线用户，即使用站点连接 WLAN 的实际用户。本书并不严格区分站点和无线用户，这一点请读者加以注意。

（2）无线传输介质

无线传输介质是 WLAN 中站点与站点之间，或站点与 AP 之间传输数据的物理介质。WLAN 的传输介质是空气，它是射频信号传播的良好介质。IEEE 802.11 系列标准定义了射频信号在空气中传播的物理特性，如工作频段、调制编码方式等。

（3）AP

AP 在功能上类似于蜂窝网络中的基站或以太网中的接入交换机。站点通过 AP 与同一基本服务集（Basic Service Set，BSS）中的其他站点完成通信。BSS 可以简单理解为一个 AP 覆盖范围内的站点的集合。AP 是 WLAN 和分布式系统的桥接点，用于方便站点访问分布式系统。另外，AP 也可以作为 BSS 的控制中心对站点进行管理和控制。

（4）分布式系统

BSS 内的站点通过 AP 相互通信，这里有两个问题需要注意：一是 AP 的覆盖范围有限，限制了 BSS 中站点与站点之间的直接通信距离；二是站点的通信对象往往不在本 BSS，而是分散在网络中相距甚远的其他区域，为了实现这种远距离通信，需要把 AP 连接到一个更大的网络，即把不同区域的 BSS 连接起来，使不同 BSS 中的站点可以相互通信。这个网络是 AP 的上行网络，称为 BSS 的分布式系统（Distribution System，DS），也称为骨干网络。

AP 的上行网络通常是以太网，所以 AP 除了要支持射频信号的收发外，还要通过有线接口连接到上行网络。AP 收到站点的无线报文后，将其转换为有线报文并发送给上行网络，由上行网络转发至另一个 AP，进而转发至目的站点。除了以太网外，AP 的上行网络也可以是无线网络。在无线分布式系统中，AP 和其他工作在网桥模式的 AP 进行无线连接，或者在 AP 上扩展长期演进功能以连接到移动蜂窝网络。

0.7.2 服务集和服务集标识符

逻辑上，通常使用服务集（Service Set，SS）描述 WLAN 的组成。服务集表示一组互相有联系的无线设备的集合。服务集中的无线设备可以直接通信，或者通过 AP 间接通信。服务集可以包含 AP，也可以不包含 AP。每个服务集在 WLAN 中都有一个身份标识，称为服务集标识符（Service Set Identifier，SSID）。

1. BSS

BSS 包含一个 AP 和多个站点。AP 是 BSS 的中心节点，BSS 中的所有站点通过 AP 进行通信。AP 的覆盖范围称为基本服务区（Basic Service Area，BSA）。AP 的位置相对固定，站点分布在 AP 周围。站点可以自由进出 BSA，只有进入 BSA 的站点才可以和 AP 通信。BSS 如图 0-74 所示。

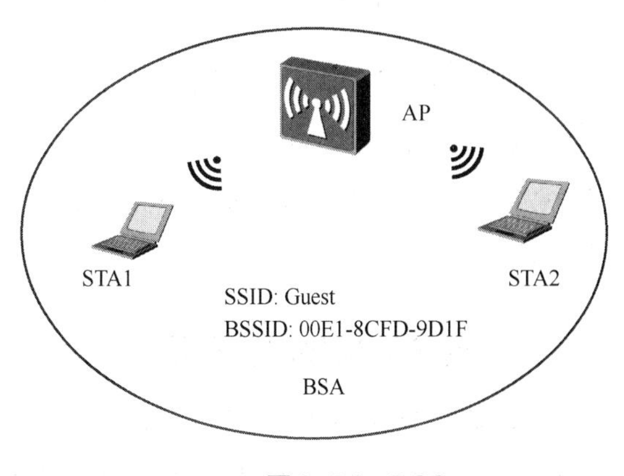

图 0-74 BSS

站点在和 AP 通信前，必须获得 AP 的身份标识以发现 AP，这个身份标识就是 AP 所在的 BSS 的身份标识，称为基本服务集标识符（Basic Service Set Identifier，BSSID）。每个 BSS 都有唯一的 BSSID，用 AP 的 MAC 地址表示。MAC 地址的唯一性保证了 BSSID 各不相同。BSSID 存在于 IEEE 802.11 报文的 MAC 层，用于 AP 转发 MAC 层报文。

使用 AP 的 MAC 地址表示 BSSID 对用户来说不直观、不容易记忆，通常的做法是为 AP 或 BSS 取一个更容易辨识和记忆的字符串名称，即 SSID。可以把 BSSID 和 SSID 的关系理解为身份证号码和名字的关系。前者具有唯一性，后者是用户可以自行设置的，不同的 BSS 可以拥有相同的 SSID。我们平时在手机上搜索到的 Wi-Fi 信号名称就是 SSID。

2. 虚拟 AP

早期的 AP 受到芯片的限制，只能创建一个 BSS，即对外提供单一的逻辑网络。随着 WLAN 用户数量的增加，单一的逻辑网络无法满足不同类型用户的需求，不利于网络管理员进行安全和接入方式的差异化管理。随着技术的发展，现在可以在一个 AP 上创建多个虚拟 AP（Virtual AP，VAP），每个 VAP 对应一个 BSS。这样，只要安装一个 AP 就可以对外提供多个 BSS。VAP 如图 0-75 所示。为每个 BSS 设置不同的 SSID 后，用户就可以搜索并发现多个 WLAN，这也被称为多 SSID。需要说明的是，因为 BSSID 使用 AP 的 MAC 地址表示，所以将 AP 划分为多个 VAP 后，还要为每个 VAP 的 BSS 提供不同的 MAC 地址。

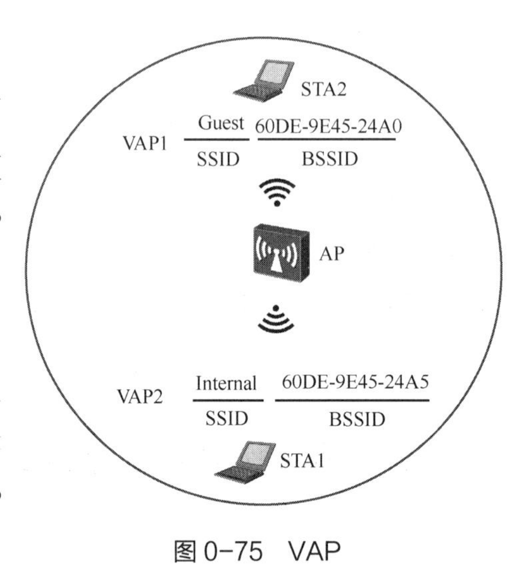

图 0-75 VAP

VAP 简化了 WLAN 的部署，但这并不意味着 VAP 的数量越多越好，在组网时应该根据实际需要进行规划。一方面，增加 VAP 的数量会提高 AP 配置的复杂度。另一方面，VAP 不能等同于真正的 AP。所有的 VAP 共享 AP 的软件和硬件资源，所以 AP 的总容量是不变的，并不会随着 VAP 数量的增加而相应增加。

0.7.3 WLAN 拓扑结构

在计算机网络中，通信节点的物理或者逻辑布局称为拓扑结构。以太网中常见的拓扑结构有总线型拓扑、星形拓扑、环形拓扑或网状拓扑等。与以太网类似，WLAN 的拓扑结构与无线设备的物理和逻辑布局有关。不同应用场景使用的组网模式各不相同，对应了不同的拓扑结构。

1. 基础架构基本服务集

基础架构基本服务集（Infrastructure BSS）包含单个 AP 和多个站点。在这种拓扑结构中，AP 是中心设备，无线站点通过 AP 相互通信。AP 不仅能和无线站点利用射频进行无线通信，还能通过电缆连接有线网络，将无线网络接入有线网络。单个 AP 的覆盖范围有限，通常不超过 100m，因此该结构仅适用于小范围的 WLAN 组网，是日常生活中常见的组网模式。

2. 扩展服务集

扩展服务集（Extended Service Set，ESS）由多个 BSS 构成，BSS 通过分布式系统连接在一起，如图 0-76 所示。从物理构成上看，ESS 是多个 AP 及与之关联的站点的集合，各 AP 通过分布式系统相连。在 ESS 中，各个 BSS 的覆盖范围存在部分重叠。一般来说，若要实现站点的无缝漫游，则重叠覆盖范围至少应保持在总覆盖范围的 15%。

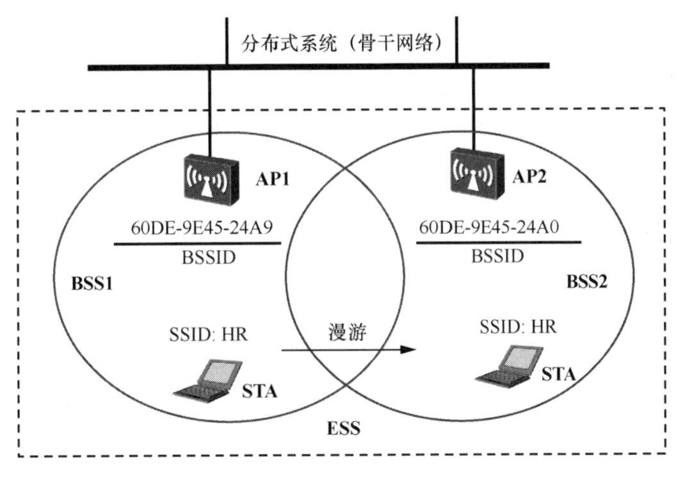

图 0-76　ESS

ESS 的身份标识称为扩展服务集标识符（Extended SSID，ESSID）。ESSID 就是 ESS 的 SSID。ESS 内的每个 AP 都分别组成一个独立的 BSS。虽然可为各个 BSS 设置不同的 SSID，但如果要求 ESS 支持漫游，那么所有 BSS 必须使用相同的 SSID。

表 0-3 所示为与服务集及服务集标识符相关的专业术语。

表 0-3　与服务集及服务集标识符相关的专业术语

术语	描述
BSS	无线网络的基本服务单元，通常由一个 AP 和若干无线站点组成
ESS	由多个使用相同 SSID 的 BSS 组成，用于解决 BSS 覆盖范围有限的问题
SSID	服务集的身份标识，用来区分不同的无线网络
ESSID	一个或一组 BSS 的身份标识，本质上就是 ESS 的 SSID
BSSID	在 MAC 层上用来区分同一个 AP 上的不同 VAP，也可以用来区分同一个 ESS 中的 BSS。使用 AP 的 MAC 地址表示
VAP	在 AP 设备上虚拟出来的业务功能实体。用户可以在一个 AP 上创建不同的 VAP 来为不同的用户群体提供无线接入服务

3. 独立基本服务集

独立基本服务集（Independent BSS，IBSS）没有 AP，仅由无线站点组成，如图 0-77 所示。IBSS 是一种自组织、无中心节点的无线网络组网模式。各站点只要在彼此的信号覆盖范围内就可以直接通信。IBSS 通常是由数量不多的站点为了特定的目的而临时组建的网络，也被称为 Ad-hoc 网络。另外，IBSS 站点之间实现的是点对点直接通信，因此也称点对点网络。

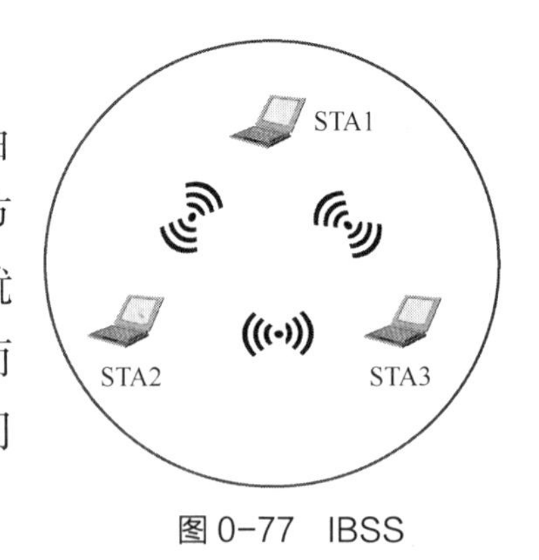

图 0-77 IBSS

4. Mesh 基本服务集

在传统的 WLAN 组网模式中，AP 的上行网络是有线网络。如果部署 WLAN 之前没有有线网络作为基础，则必须先花费一定的时间和成本搭建有线网络。在 WLAN 部署完之后，如果要调整 AP 的位置，则可能还会涉及有线网络的改造。这种组网模式成本高、灵活性差。为了解决这些问题，IEEE 802.11s-2011 定义了一种新的拓扑结构：Mesh 基本服务集（Mesh BSS，MBSS）。采用 MBSS 拓扑结构的 WLAN 称为无线 Mesh 网络（Wireless Mesh Network，WMN）。WMN 只需要安装 AP，组网速度非常快，非常适用于应急通信或有线网络不完善的场合。

在 MBSS 组网模式中，支持 Mesh 功能的 AP 称为 MP（Mesh Point），连接 Mesh 网络和外部网络的节点称为 Mesh 入口点（Mesh Portal Point，MPP），即 Mesh 网关。MPP 可实现 Mesh 网络内部节点和外部网络的通信，如图 0-78 所示。

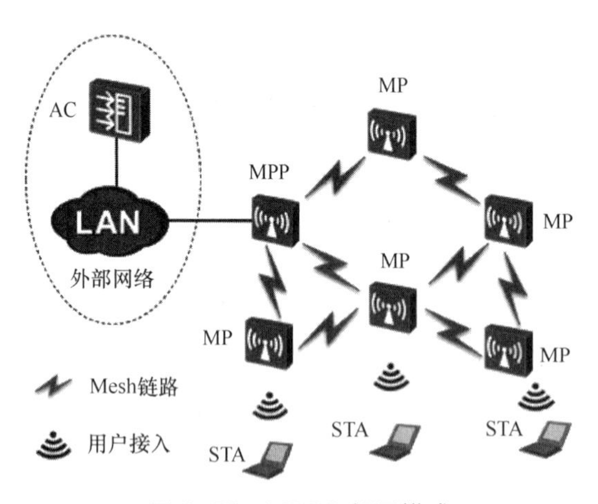

图 0-78 MBSS 组网模式

MBSS 组网模式具有以下优点。

（1）部署快速。Mesh 网络设备安装简单，可以在几小时内完成组网。相比较而言，传统无线网络需要更长的部署时间。

（2）覆盖范围动态变化，组网灵活。Mesh 网络的覆盖范围会随着 Mesh 节点的进入或离开而增大或减小。在实际应用中，可根据需要调整 Mesh 节点的数量，使得组网更加灵活。

（3）健壮性。Mesh 网络是一种对等结构的网络，不会因为某个节点出现故障而影响整个网络。当某个节点出现故障时，报文会通过其他备用路径传送到目的节点。

（4）应用场景多样性。除了企业网、校园网等传统的 WLAN 应用场景外，Mesh 网络还广泛应用于大型仓库、港口码头、轨道交通、应急通信等场景。

（5）性价比高。在 Mesh 网络中，只有 MPP 需要接入有线网络，这使得组网时不用购买大量有线设备，可降低安装成本，同时可减少对有线网络的依赖。

5. 无线分布式系统

一般来说，分布式系统（AP 的上行网络）都是有线网络，但也存在采用无线连接的分布式系统。无线分布式系统（Wireless Distribution System，WDS）通过无线链路连接两个或者多个独立的以太网或者 WLAN，组建一个互通的网络，从而实现数据访问，如图 0-79 所示。WDS 可将有线网络的数据通过无线网络的中继设备传输到另外一个无线网络或有线网络。在传输过程中，无线网络相当于虚拟的网线，因此也称为无线网络桥接。部署 WDS 网络时无须架线挖槽，可以实现快速部署和扩容，对临时、应急等场景提供有力支持。

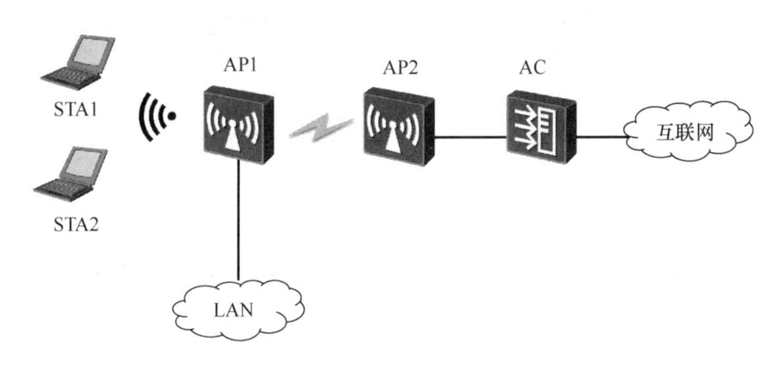

图 0-79　WDS

WDS 的桥接功能通常是一对一的，所以 WDS 至少需要两个功能相同的 AP。但是 WDS 还支持一对多桥接，且桥接的对象可以是无线网络或有线网络。常见的 WDS 组网模式有点对点、点对多点、中继、手拉手、背靠背等。

（1）点对点

WDS 点对点拓扑结构如图 0-80 所示。两个有线（或无线）网络通过 AP 进行 WDS 无线桥接，实现网络互通，部署时两个 AP 工作在相同的信道。

（2）点对多点

点对多点的无线桥接把多个离散的远程网络连接在一起，实现网络互通。在 WDS 点对多点拓扑结构中，一个 AP 作为中心设备，其他 AP 只和中心设备建立无线桥接，分支网络的通信通过中心设备桥接来实现。WDS 点对多点拓扑结构如图 0-81 所示。

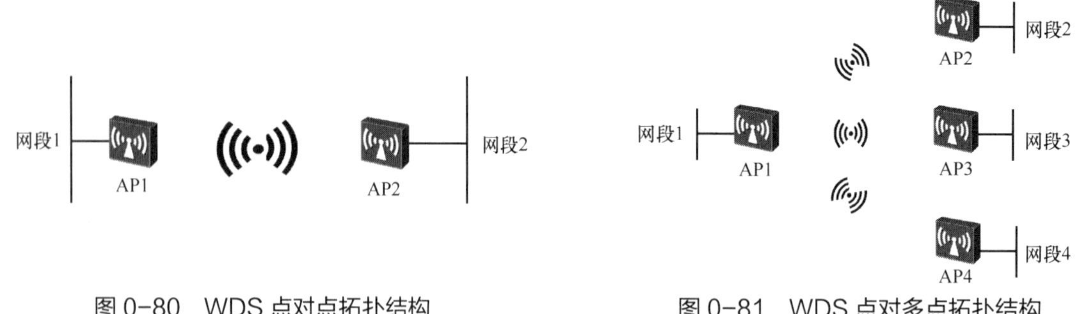

图 0-80　WDS 点对点拓扑结构　　图 0-81　WDS 点对多点拓扑结构

（3）中继

当需要连接的两个有线网络之间有障碍物或传输距离太远时，可以考虑使用 WDS 中继的方法来实现两个网络的连接。中继 AP 在通信路径的中间转发数据，从而扩大网络的覆盖范围。WDS 中继拓扑结构如图 0-82 所示。

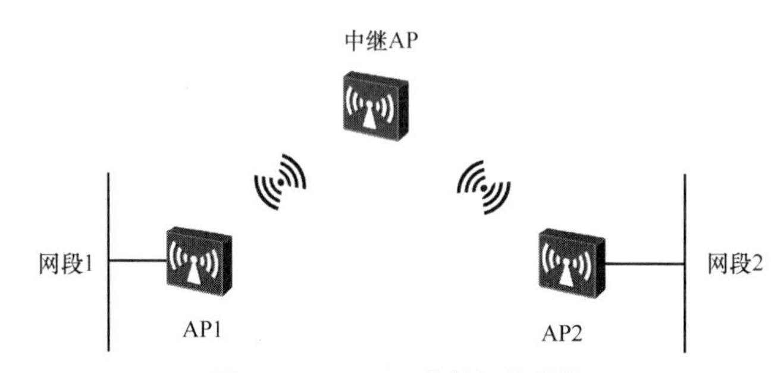

图 0-82　WDS 中继拓扑结构

（4）手拉手

在典型的室内组网场景中，一个 AP 的覆盖效果可能并不理想，无线信号的传播容易受到不规则的布局和墙体等障碍物的影响，导致产生信号盲区。采用 WDS 的手拉手桥接模式，不仅可以有效扩大无线网络的覆盖范围，还可以减少重新布线带来的开销。如果用户对无线网络带宽要求不高，则该模式是合适的选择。WDS 手拉手拓扑结构如图 0-83 所示。

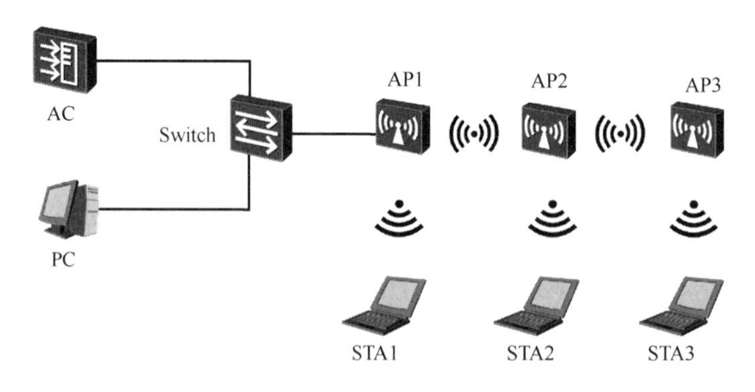

图 0-83　WDS 手拉手拓扑结构

（5）背靠背

背靠背模式是中继模式的扩展，适用于典型的室外组网场景，其拓扑结构如图 0-84 所示。在 WDS 背靠背拓扑结构中，两个 WDS AP 有线级联背靠背组成中继网桥，可以在长距离网络传输中保证无线链路带宽。

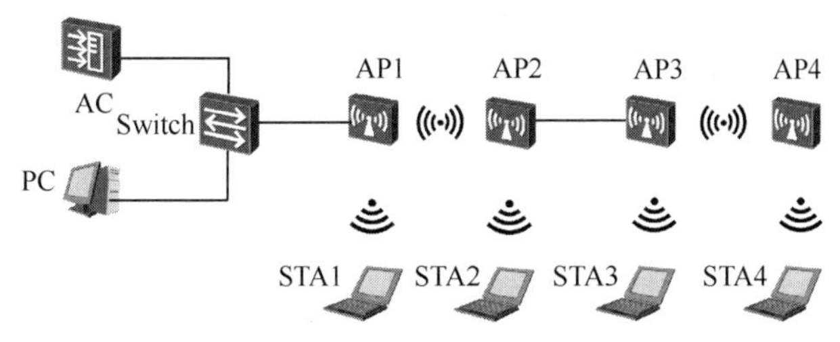

图 0-84 WDS 背靠背拓扑结构

项目练习题

1. 选择题

（1）意大利无线电工程师（ ）最早将无线电应用于通信领域。

A. 马可尼 B. 赫兹 C. 麦克斯韦 D. 法拉第

（2）无线网络的应用最早可以追溯到（ ）。

A. 阿帕网（ARPAnet） B. 用于传输军事情报

C. 夏威夷群岛上的 ALOHAnet D. 施乐（Xerox）公司创建的以太网

（3）WLAN 相比于有线网络的主要优点是（ ）。

A. 安全性高 B. 传输速度快 C. 抗干扰能力强 D. 可移动

（4）WLAN 主要采用（ ）。

A. IEEE 802.3 系列标准 B. HiperLAN 系列标准

C. IEEE 802.11 系列标准 D. IEEE 802.15 系列标准

（5）以下不属于无线网络面临的问题的是（ ）。

A. 无线信号传输易受干扰 B. 无线网络产品标准不统一

C. 无线网络的传输速率一般比有线网络低 D. 无线信号的安全性问题

（6）以下不属于 WPAN 技术的是（ ）。

A. 蓝牙 B. ZigBee C. Wi-Fi D. RFID

（7）在 WLAN 发展过程中发挥重要作用的无线电波管理法规由（ ）颁布。

A. FCC B. ETSI C. IEEE D. Wi-Fi 联盟

（8）蓝牙耳机是（ ）的一种典型应用。

A. WLAN B. WPAN C. WWAN D. WMAN

（9）各种无线通信技术的主要区别在于其使用的电磁波的（ ）。

A. 振幅 B. 相位 C. 波长 D. 频率

（10）下列电磁波中波长最短的是（　　）。

A. 可见光　　B. 红外线　　C. 紫外线　　D. 无线电波

（11）射频信号在传播时遇到能吸收其能量的介质，导致信号衰减的现象称为（　　）。

A. 反射　　B. 吸收　　C. 散射　　D. 折射

（12）（　　）可能导致信号衰减、增益或遭到破坏。

A. 多径　　B. 吸收　　C. 衍射　　D. 增益

（13）在无线通信系统模型中，增加冗余数据以提高传输成功率的操作称为（　　）。

A. 载波　　B. 信源编码　　C. 信道编码　　D. 调制

（14）用基带信号控制载波信号的某些参数生成已调信号的过程，称为（　　）。

A. 载波　　B. 信源编码　　C. 信道编码　　D. 调制

（15）FCC 分配的免费 ISM 频段不包括（　　）。

A. 工业频段　　B. 金融频段　　C. 科学频段　　D. 医疗频段

（16）通常认为，2.4G 频段互不重叠的信道是（　　）。

A. 1、6、11　　B. 2、3、6　　C. 1、7、9　　D. 3、8、15

（17）以下工作于 5G 频段的设备是（　　）。

A. 微波炉　　B. 无绳电话　　C. 雷达　　D. 蓝牙耳机

（18）负责制定 WLAN 标准的组织是（　　）。

A. Wi-Fi 联盟　　B. FCC

C. IEEE 802.11 工作组　　D. ISO

（19）采用“Wi-Fi”作为 IEEE 802.11 系列标准的推广名称，最主要的原因是（　　）。

A. 简单、容易记忆

B. 体现 IEEE 802.11 系列标准的技术特点

C. 为了后续命名的扩展

D. 兼容 IEEE 802.11 工作组其他标准的命名方式

（20）下列不是第一代 WLAN 标准 IEEE 802.11-1997 定义的物理层传输技术的为（　　）。

A. 红外线　　B. 蓝牙　　C. DSSS　　D. FHSS

（21）1999 年公布的 IEEE 802.11b 将数据最高传输速率提高到（　　）。

A. 22Mbit/s　　B. 11Mbit/s　　C. 54Mbit/s　　D. 108Mbit/s

（22）（　　）不是 IEEE 802.11g 的技术特点。

A. IEEE 802.11g 兼容 IEEE 802.11b

B. IEEE 802.11g 工作于 2.4G 频段

C. IEEE 802.11g 比 IEEE 802.11a 损耗更大

D. IEEE 802.11g 设备比 IEEE 802.11a 设备覆盖距离更远

（23）关于 IEEE 802.11n，下列说法正确的一项是（　　）。

A. IEEE 802.11n 向下兼容 IEEE 802.11b，但不兼容 IEEE 802.11g

B. IEEE 802.11n 设备工作于 2.4G 频段时，最高传输速率是 600Mbit/s

C. IEEE 802.11n 设备采用双频工作模式，可工作于 2.4G 频段和 5G 频段

D. IEEE 802.11n 的另一个名称是"Wi-Fi 5"

（24）下列技术中，（　　）是 IEEE 802.11n 最早引入的。

A. 信道绑定　　B. FHSS

C. OFDM　　D. 上行 MU-MIMO

（25）WLAN 标准中，物理层标准涉及的内容不包括（　　）。

A. 工作频段　　B. 调制编码方式

C. 最高传输速率　　D. 数据帧校验

（26）WLAN 标准中，无线信道的访问机制是（　　）。

A. CSMA/CA　　B. CSMA/CD　　C. 块确认　　D. 帧聚合

（27）RTS/CTS 机制能解决的问题是（　　）。

A. WLAN 的安全性问题　　B. WLAN 的可靠性问题

C. WLAN 的漫游问题　　D. 隐藏节点和暴露节点

（28）IEEE 802.11 MAC 帧类型不包括（　　）。

A. 数据帧　　B. 控制帧　　C. 信标帧　　D. 管理帧

（29）下列不是无线网卡的为（　　）。

A. PCI 无线网卡　　B. 4G 上网卡

C. PCMCIA 无线网卡　　D. USB 无线网卡

（30）以下关于 WLAN 组网设备的描述中错误的一项是（　　）。

A. 无线网卡是 WLAN 中最基本的硬件之一

B. AP 的基本功能是接入无线站点，其作用类似于以太网中的集线器和交换机

C. AP 可以增加更多功能，不需要无线网桥、无线路由器和无线网关

D. 无线路由器是具有路由功能的 AP，一般具有 NAT 功能

（31）以下关于无线路由器和无线 AP 的说法中正确的一项是（　　）。

A. 根据产品类型分类，可将 AP 分为无线路由器和无线 AP

B. 无线路由器一般用于覆盖面积较大、用户较多的场景

C. 相比无线 AP，无线路由器多了 DHCP 功能

D. 无线 AP 只能独立组网，必须在其上完成所有业务配置后才能工作

（32）下列关于 FAT AP 和 FIT AP 的说法中正确的一项是（　　）。

A. FAT AP 比 FIT AP 体积大

B. FAT AP 比 FIT AP 价格高

C. FAT AP 可独立组网，集成了许多网络管理功能

D. AP 不能进行 FAT AP 和 FIT AP 两种模式的切换

（33）在组建 Ad-hoc 无线网络时，必不可少的设备或组件是（　　）。

A. 无线 AP　B. 无线 AC　C. 无线路由器　D. 无线网卡

（34）以下设备中，（　　）主要用于连接几个不同的网段，实现较远距离的无线数据通信。

A. 无线网卡　B. 无线网桥　C. 无线 AP　D. 无线 AC

（35）下列关于无线 AC 功能的描述中正确的一项是（　　）。

A. 无线 AC 用于集中控制无线网络中的 AP

B. 无线 AC 用于实现无线站点的接入

C. 无线 AC 上不能部署 DHCP 服务，需要借助专门的交换机或路由器

D. 引入无线 AC 后，网络管理员仍需要在 AP 上进行配置

（36）下列（　　）不是 WLAN 的组网元素。

A. 无线站点　B. 无线传输介质　C. SSID　D. 分布式系统

（37）一个 BSS 中可以有（　　）个 AP。

A. 0 或 1　B. 1　C. 2　D. 任意多

（38）一个 ESS 中不包含（　　）。

A. 若干个无线网卡　B. 若干个 AP

C. 若干个 BSS　D. 若干个路由器

（39）基本服务集的身份标识符称为（　　）。

A. BSSID　B. BSS　C. BSA　D. ESS

（40）平时使用手机搜索到的 Wi-Fi 信号名称其实是 WLAN 的（　　）。

A. BSSID　B. AP 的 MAC 地址

C. SSID　D. AP 的 IP 地址

（41）一名学生使用 PC 连接到室友 PC 的无线网络，这种组网的拓扑结构称为（　　）。

A. 基础架构基本服务集　B. IBSS

C. ESS　D. WDS

2. 填空题

（1）WLAN 的雏形是用于解决夏威夷群岛间通信的 ________。

（2）FCC 分配的免费 ISM 频段包括 ________ 频段、________ 频段和 ________ 频段。

（3）按照网络覆盖范围，可将无线网络分为 ________、________、________ 和 ________。

（4）WPAN 使用的通信技术包括 ________、________、________ 和 ________。

（5）在一台蓝牙设备上搜索另一台蓝牙设备并与之建立联系的过程一般称为 ________。

（6）电磁波的参数包括 ________、________ 和 ________。

（7）按照频率从高到低的顺序排列，一般将电磁波依次分为伽马射线、________、紫外线、________、可见光、红外线、微波和 ________。

（8）WLAN 使用的是 ________ 和 ________ 两个频段的无线电波。

（9）射频的传播特性包括 ________、________、________、________ 和 ________。

（10）多路信号经由不同路径同时或相隔极短时间到达接收端的现象称为 ________。

（11）将模拟信号转化成数字信号，以实现模拟信号的数字化传输的过程称为 ________。

（12）根据被控制的载波参数的不同，可将调制分为 ________、________ 和 ________。

（13）工作于 2.4G 频段的应用包括 ________、________ 和 ________。

（14）IEEE 802.11 工作组制定的 WLAN 标准包含 ________ 和 ________ 两部分。

（15）IEEE 802.11b 工作于 ________ 频段，最高数据传输速率为 ________。

（16）IEEE 802.11a 工作于 ________ 频段，最高数据传输速率为 ________。

（17）IEEE 802.11g 工作于 ________ 频段，采用 ________ 调制时信号损耗较小，因此能够比 IEEE 802.11a 设备覆盖更远的距离。

（18）IEEE 802.11n 采用双频工作模式，既可工作于 2.4G 频段，又可工作于 5G 频段，同时向下兼容 ________ 和 ________。

（19）IEEE 802.11ac 工作于 ________ 频段，最高数据传输速率为 ________。

（20）为了推广 IEEE 802.11ac，Wi-Fi 联盟将其分为 ________ 和 ________ 两个阶段。

（21）将相邻的两条信道绑定成一条信道，以获得两倍的带宽和吞吐量，成倍地提高传输速率，这种技术称为 ________。

（22）为了减少码间干扰，必须保证在发送信息符号时存在一个时间间隔，这个间隔称为 ______。

（23）IEEE 802.11e 引入了 ________ 技术，使用一个 ACK 帧完成对多个数据帧的确认。

（24）IEEE 802.11 物理层标准和传输介质的物理特性相关，涉及 ________、________ 和 ________ 等内容。

（25）IEEE 802.11 MAC 层标准涉及 ________、________、________ 和 ________ 等内容。

（26）射频传输方式主要分为 ________ 和 ________ 两类，前者用极窄的带宽发送数据，后者采用超出实际所需的带宽发送数据。

（27）扩频技术有多种实现方案，WLAN 主要使用 ________ 和 ________。

（28）IEEE 802.11 MAC 层标准中用于解决信道访问冲突的机制称为 ________。

（29）CSMA/CA 的基础是载波监听。WLAN 有两种载波监听方式，即 ________ 和 ________。

（30）在 IEEE 802.11 系列标准中，RTS/CTS 机制可用于解决 ________ 和 ________ 问题。

（31）IEEE 802.11 系列标准中的MAC 帧按功能可分为 ______、______ 和 ______ 三大类。

（32）无线网络中的终端设备一般称为 ______________，简称站点。

（33）无线工作站需要 ________ 才能连接到无线网络中。

（34）根据无线网卡接口类型的不同，可将无线网卡分为 ________、________ 和 ________。

（35）无线 AP 根据产品类型的不同可分为 ________ 和 ________。

（36）无线 AP 根据组网功能的不同可分为 ________ 和 ________。

（37）按照安装方式分类，可将 AP 分为 ________、________ 和 ________。

（38）在无线通信过程中，一般借助 ________ 提升射频信号强度，即对射频信号进行增益。

（39）从物理结构上看，WLAN 的组网元素一般包括 ________、________、________ 和 ________。

（40）在 WLAN 组网中，一组互相有联系的无线设备的集合称为 ________。每个服务集在 WLAN 中都有一个身份标识，称为 ________。

（41）如果使用 AP 的 MAC 地址表示 BSS，则将其称为 ____________。

（42）WLAN 的拓扑结构与无线设备的物理和逻辑布局有关，一般有 ________、________、________、________ 和 ________ 等拓扑结构。

3. 简答题

（1）各种类型的无线网络的覆盖范围分别是多少?

（2）无线网络有哪些常用的传输技术（写出 3 种即可）? 简述每种传输技术的特点。

（3）电磁波有哪些参数? 简述每个参数的含义。

（4）射频有哪些传播特性? 简述其中 4 种传播特性的含义。

（5）调制主要有几种形式? 简述每种形式的含义。

（6）IEEE 802.11 工作组制定的 WLAN 标准在命名上有哪些规定?

（7）简述 IEEE 802.11 a/b/g/n 这 4 个标准在工作频段、数据传输速率等方面的特点。

（8）IEEE 802.11n 在物理层和 MAC 层上分别引入了哪些新技术?

（9）简述 IEEE 802.11 系列标准中 MAC 帧的类型和功能。

（10）简述 WLAN 中常用的组网设备及其用途。

（11）简述 WLAN 的组网元素及其功能。

（12）简述与服务集相关的术语及其含义。

（13）简述不同的 WLAN 拓扑结构的特点。

项目技能储备

技能 1：连接和登录 AC——Console 口

【实验背景】从物理连接方式上看，可以使用网口和 Console 口连接 AC。推荐的做法是使用网口连接 AC 进行业务配置。但在某些情况下，可能会因为网络出现故障而无法从网口连接 AC，或者需要在 AC 启动阶段进入 BIOS 排查问题，此时可以使用 Console 口连接 AC。

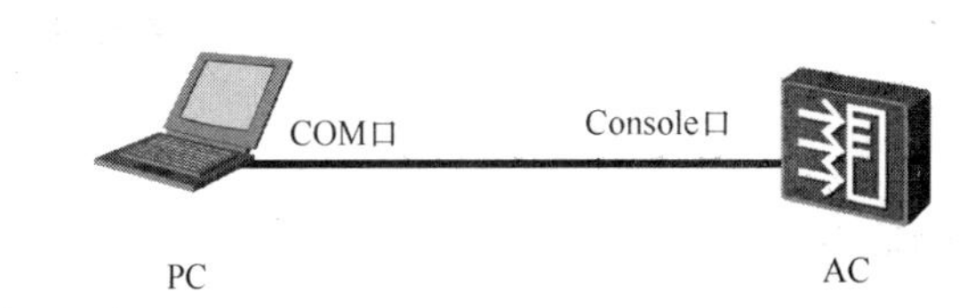

图 0-85　通过 Console 口连接和登录 AC 实验拓扑

【实验设备】AC（1 台，华为 AC6508），PC（1 台，Windows 10 操作系统）。

【实验拓扑】通过 Console 口连接和登录 AC 实验拓扑如图 0-85 所示，使用串行线连接 PC 的串行通信接口（俗称 COM 口）与 AC 的 Console 口。

【实验要求】通过 Console 口连接 AC，并采用命令行界面（Command Line Interface，CLI）登录 AC。

【实验步骤】以下是本实验的具体步骤。

第 1 步，按照实验拓扑连接 PC 和 AC，并为设备上电。使用串行线连接 PC 的 COM 口与 AC 的 Console 口。

> 提示
>
> 如果使用的 PC 上没有 COM 口，则可以使用 USB 转 RJ-45 调试线连接 PC 的 USB 接口。

第 2 步，在 PC 上启动一个远程连接软件（本实验使用的是开源的 PuTTY 软件），连接类型选择“Serial”，波特率（“Speed”）一般使用默认值即可，如图 0-86（a）所示。如果 PC 有多个 COM 口，则应以 PC 设备管理器实际识别到的接口为准（在本实验中为 COM4），如图 0-86（b）所示。设置好之后，单击“Open”按钮以连接 AC。

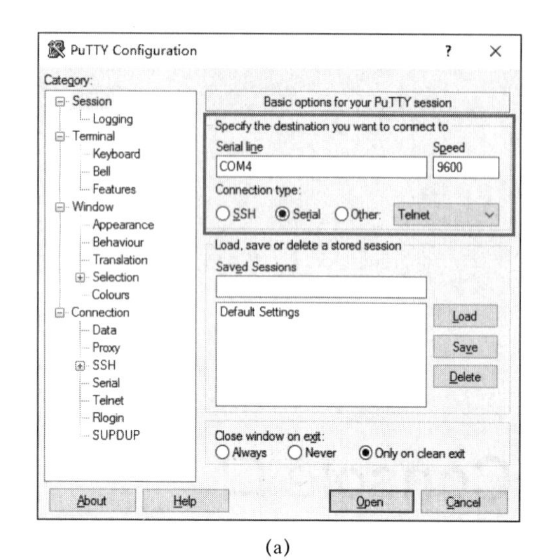

(a)

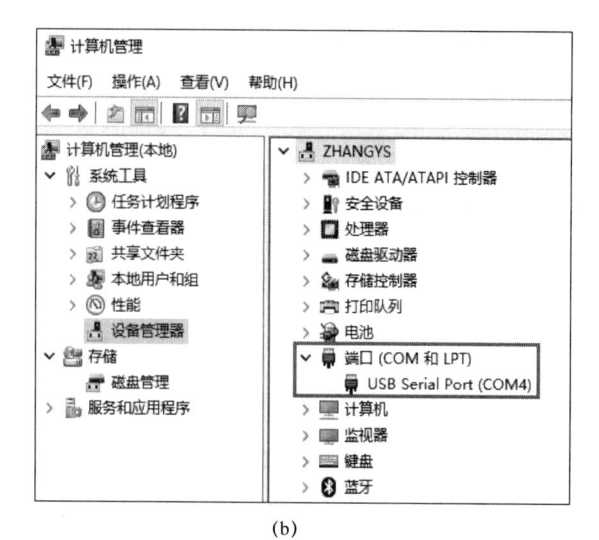

(b)

图 0-86 设置串行连接参数

提示

PuTTY 是一款开源的远程连接软件，简单易用。其他常用的远程连接软件还有 SecureCRT、Xshell 等。

第 3 步，根据提示完成登录验证，首次登录 AC 时需要设置登录密码。验证成功后即可进入 AC 命令行界面，如下所示。

```
Please configure the login password:
……
Enter password:                   <== 输入新密码
Confirm password:                 <== 确认密码
……
Info: Current mode: Monitor (automatically making switching decisions).
<AC6508>
```

注意

对于 V200R019C00 ~ V200R020C10 版本的 AC，通过 Console 口登录时，默认用户名和密码分别是“admin”和“admin@huawei.com”。其他版本的 AC 没有默认用户名和密码，可直接登录。

技能 2：连接和登录 AC——网口

【实验背景】默认情况下，AC 出厂时已开启安全外壳（Secure Shell，SSH）服务（端口 22/TCP）和超文本传送安全协议（Hypertext Transfer Protocol Secure，HTTPS）服务（端口 443/TCP），管理地址是 169.254.1.1。可以使用网线连接 PC 和 AC 的网口，并采用命令行界面和 Web 浏览器两种方式登录 AC。

【实验设备】AC（1 台，华为 AC6508），PC（1 台，Windows 10 操作系统）。

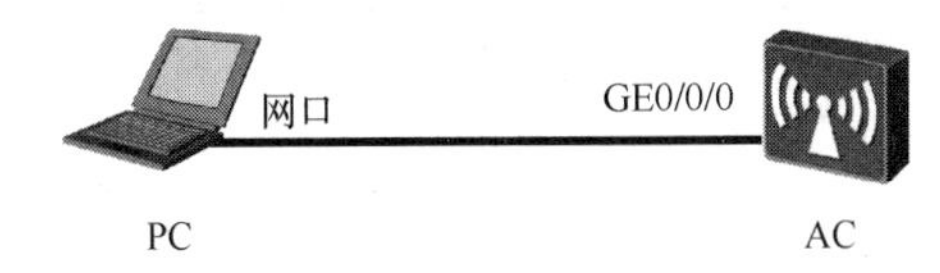

图 0-87 通过网口连接和登录 AC 实验拓扑

【实验拓扑】通过网口连接和登录 AC 实验拓扑如图 0-87 所示。使用网线连接 PC 的网口与 AC 的网口。设备 IP 地址参数如表 0-4 所示。

表 0-4 设备 IP 地址参数

设备	接口	IP 地址	备注
PC	网口	169.254.1.100/24	不需要设置默认网关
AC	GE0/0/0	169.254.1.1/24	—

【实验要求】通过网线连接 PC 与 AC，并通过命令行界面和 Web 浏览器两种方式登录 AC。

【实验步骤】以下是本实验的具体步骤。

第 1 步，按照实验拓扑连接 PC 和 AC，并为设备上电。

第 2 步，设置 PC 对应网卡的 IP 地址和子网掩码，在本实验中分别为 169.254.1.100 和 255.255.255.0，如图 0-88 所示。

> **注意**
>
> 不需要为 PC 设置默认网关，因为 PC 和 AC 在同一网段。

第 3 步，在 PC 上进入命令行界面，使用 ping 命令测试 PC 和 AC 是否网络互通，如下所示。如果不能 ping 通，则可以检查 PC 的 IP 地址的配置是否正确，或者检查 PC 的防火墙配置，也可以考虑更换网线。

```
C:\Users\Administrator> ping  169.254.1.1
正在 Ping 169.254.1.1 具有 32 字节的数据：
来自 169.254.1.1 的回复： 字节=32 时间=5ms TTL=64
来自 169.254.1.1 的回复： 字节=32 时间=5ms TTL=64
来自 169.254.1.1 的回复： 字节=32 时间=6ms TTL=64

169.254.1.1 的 Ping 统计信息：
      数据包： 已发送 = 4，已接收 = 4，丢失 = 0 (0% 丢失)，
往返行程的估计时间(以毫秒为单位)：
      最短 = 4ms，最长 = 6ms，平均 = 5ms
```

第 4 步，在 PC 上打开 PuTTY 软件，设置 SSH 连接参数，连接类型选择“SSH”，输入 AC 的 IP 地址，单击“Open”按钮连接 AC，如图 0-89 所示。

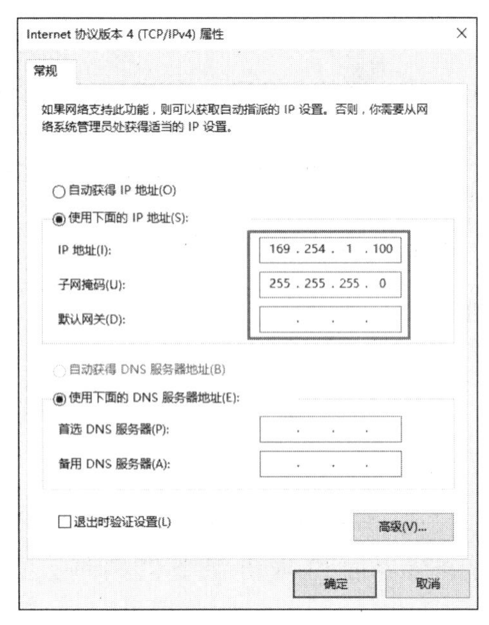

图 0-88 设置 PC 网卡信息

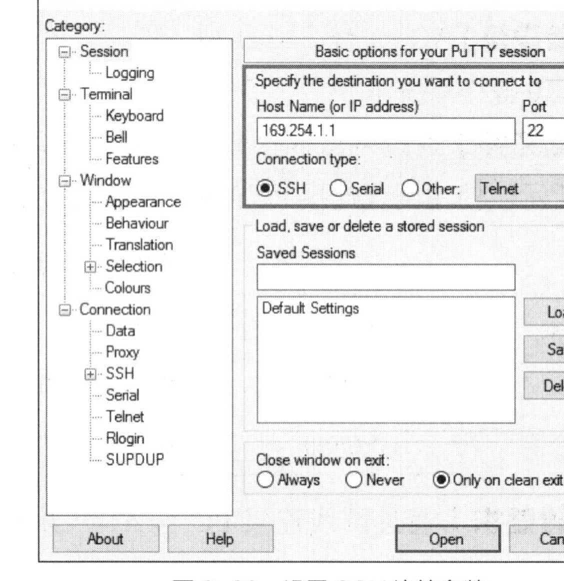

图 0-89 设置 SSH 连接参数

第 5 步，在 PuTTY 的密钥配对信息对话框中单击“Accept”按钮，如图 0-90 所示。

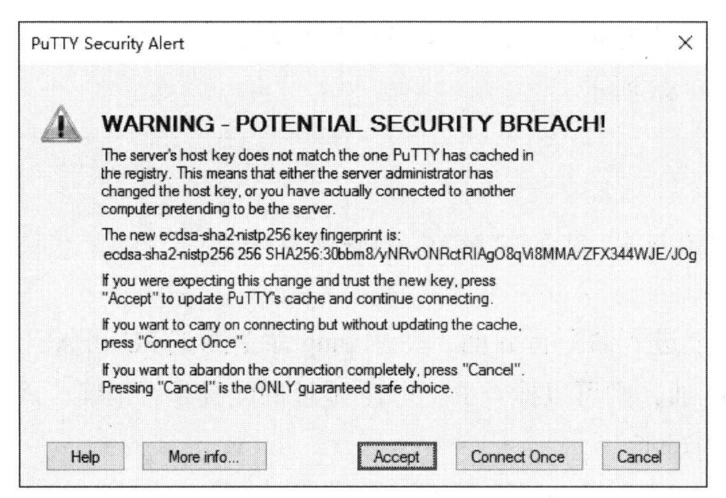

图 0-90 密钥配对信息对话框

第 6 步，输入登录用户名和密码，验证成功后即可登录 AC。出于安全性方面的考虑，从 V200R019C00 版本开始，首次登录时必须修改密码才能进入设备命令行视图。

```
login as: admin
Further authentication required
admin@169.254.1.1's password:          <== 输入密码
<AC6508>
```

第 7 步，在 PC 上打开 Web 浏览器（本实验使用 Chrome 浏览器），在其地址栏中输入 AC 的 IP 地址 169.254.1.1。如果浏览器提示安全证书相关问题，则可以选择忽略并继续访问，如图 0-91 所示。

图 0-91　提示安全证书相关问题

第 8 步，在 Web 页面中输入 AC 的用户名和密码，单击“登录”按钮，如图 0-92 所示登录 Web 网管系统。

图 0-92　在 Web 页面中输入 AC 的用户名和密码

注意

对于 V200R020C10 及之前版本的 AC，登录其 Web 网管系统时，默认用户名和密码分别是“admin”和“admin@huawei.com”。V200R021C00 及之后版本的 AC 没有默认用户名和密码，可直接登录。

第 9 步，首次采用 Web 浏览器方式登录 AC 时需要修改其默认密码。修改完成后重新登录即可进入 AC 的 Web 网管系统，其主页面如图 0-93 所示。

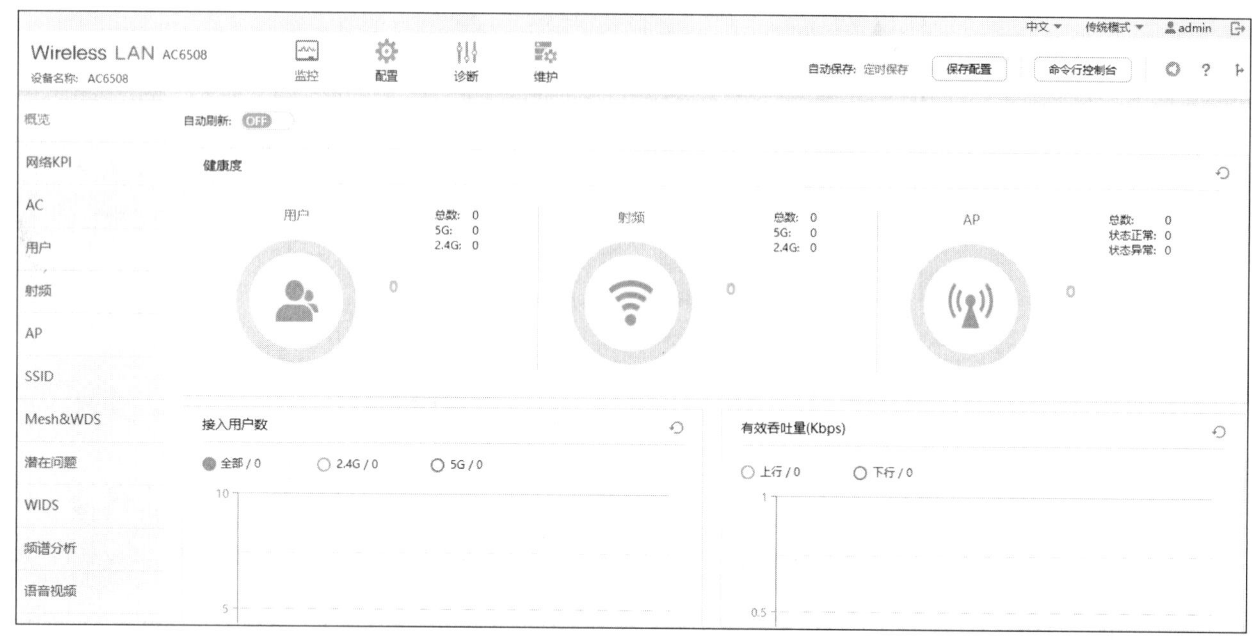

图 0-93　AC 的 Web 网管系统的主页面

技能 3：升级 AC 版本

【实验背景】AC 版本不断更迭，新版本往往会引入一些新的功能，或修改旧版本的某些缺陷。AC 的升、降级就是用目标版本的系统软件包替代当前使用的系统软件包。AC 的升、降级操作是相同的，都是先将目标版本的系统软件包上传到 AC 的存储空间中，再将其指定为 AC 下次启动时加载的系统软件包。这样，AC 重启时就会加载目标版本的系统软件包，完成升、降级过程。

【实验设备】AC（1 台，华为 AC6508），PC（1 台，Windows 10 操作系统）。

【实验拓扑】升级 AC 版本实验拓扑如图 0-94 所示。使用网线连接 PC 的网口与 AC 的网口。将 PC 作为 FTP 服务器，保存目标版本的系统软件包。

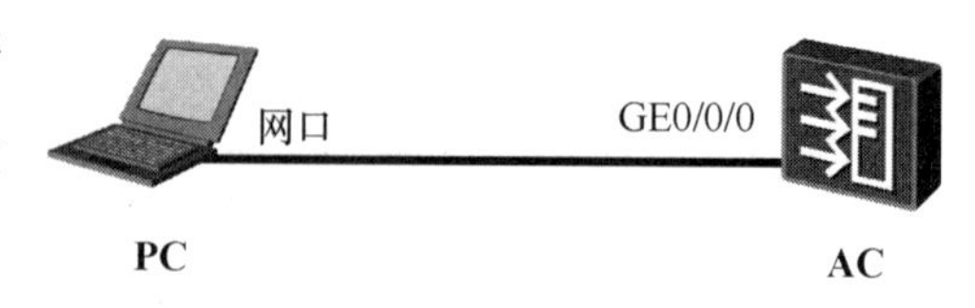

图 0-94　升级 AC 版本实验拓扑

设备 IP 地址参数如表 0-5 所示。

表 0-5　设备 IP 地址参数

设备	接口	IP 地址	备注
PC	网口	169.254.1.100/24	FTP 服务器
AC	GE0/0/0	169.254.1.1/24	FTP 客户端

【实验要求】通过网线连接 PC 与 AC，通过命令行界面方式登录 AC。从 PC 上下载目标版本的系统软件包，通过命令行方式完成升级操作。

【**实验步骤**】以下是本实验的具体步骤。

1. 通过命令行升级 AC

第 1 步，按照实验拓扑连接 PC 和 AC，并为设备上电。

第 2 步，在 PC 上部署 FTP 服务（本实验使用的软件是 IPOP）。FTP 本地存储目录为“D:\local_ftp”，其中存放了提前下载好的目标版本系统软件包（本实验为 AC6508V200R022C00SPC100.cc）。FTP 登录用户名和密码分别是“admin”和“admin123”。单击“Start”按钮，启用 FTP 服务，如图 0-95 所示。

图 0-95 在 IPOP 软件中设置 FTP 参数

第 3 步，按照【技能 2】的方法登录到 AC 命令行界面。首先查看 AC 当前软件版本和运行状态，如下所示。可以看到，AC 当前版本是 V200R019C00SPC500，且状态显示为 Normal，说明系统当前状态正常，可以进行升级操作。

```
<AC6508> display  version
Huawei Versatile Routing Platform Software
VRP (R) software, Version 5.170 (AC6508 V200R019C00SPC500)
Copyright (C) 2011-2020 HUAWEI TECH CO., LTD
Huawei AC6508 Router uptime is 0 week, 0 day, 0 hour, 32 minutes
<AC6508> display  device
AC6508's Device status:
Slot  Sub   Type        Online     Power          Register       Alarm      Primary
-------------------------------------------------------------------------------------
0     -     AC6508      Present    PowerOn        Registered     Normal     Master
```

第 4 步，查看 AC 当前存储空间中的内容，以便和后续的操作结果进行对比，如下所示。在显示结果中，AC6508_V200R019C00SPC500.cc 是当前版本的系统软件包，vrpcfg.zip 是 AC 的配置文件。

```
<AC6508> cd  flash:/
<AC6508> dir
Directory of flash:/
   Idx  Attr     Size(Byte)    Date            Time(LMT)   FileName
     0  -rw-   115,907,072    Sep 22 2021    15:25:41    AC6508_V200R019C00SPC500.cc
     1  -rw-         2,082    Sep 18 2021    20:28:34    Actalis_CA.cer
    36  -rw-         1,558    Mar 24 2023    16:55:27    vrpcfg.zip
    37  -rw-           889    Nov 17 2021    15:32:21    web-config
```

第 5 步，从 AC 上登录 FTP 服务器，选择二进制格式传输文件，下载目标版本的系统软件包。下载完成后再次查看 AC 文件信息，确保系统软件包已被下载到 AC 中，如下所示。注意，推荐的做法是升级软件版本前先保存当前配置文件（即下列代码中 put 命令实现的功能）。

```
<AC6508> ftp  169.254.1.100
User(169.254.1.100:(none)): admin
Enter password:           <== 输入密码
230 User admin logged in.
[AC6508-ftp] binary
[AC6508-ftp] put  vrpcfg.zip
[AC6508-ftp] get  AC6508V200R022C00SPC100.cc
[AC6508-ftp] quit
<AC6508> dir
Directory of flash:/

   Idx  Attr    Size(Byte)    Date           Time(LMT)     FileName
     0  -rw-  115,907,072   Sep 22 2021    15:25:41      AC6508_V200R019C00SPC500.cc
     1  -rw-  127,656,704   Mar 25 2023    11:09:32      AC6508V200R022C00SPC100.cc
```

第 6 步，将目标版本的系统软件包设为 AC 下次启动时加载的软件包。如果有需要，还可以设置 AC 下次启动时加载的配置文件。使用命令查看 AC 下次启动时使用的配置文件和加载的系统软件包，以确保配置正确。重启 AC 使配置生效，如下所示。

```
<AC6508> startup  system-software  AC6508V200R022C00SPC100.cc
<AC6508> display  startup
    Configed startup system software:          flash:/AC6508_V200R019C00SPC500.cc
    Startup system software:                   flash:/AC6508_V200R019C00SPC500.cc
    Next startup system software:              flash:/AC6508V200R022C00SPC100.cc
    Startup saved-configuration file:          flash:/vrpcfg.zip
    Next startup saved-configuration file:     flash:/vrpcfg.zip
<AC6508> reboot  fast
```

第 7 步，AC 重启后再次查看系统版本，确保升级成功，如下所示。可以看到，AC 版本已升级为 V200R022C00SPC100。

```
<AC6508> display  version
Huawei Versatile Routing Platform Software
VRP (R) software, Version 5.170 (AC6508 V200R022C00SPC100)
Copyright (C) 2011-2022 HUAWEI TECH CO., LTD
Huawei AC6508 Router uptime is 0 week, 0 day, 0 hour, 0 minute
```

2. 通过 Web 网管升级 AC

登录到 Web 网管系统后，也可以很方便地对 AC 进行升级。下面是具体的操作步骤。

第 1 步，在图 0-93 所示的 Web 网管系统的主页面中，依次选择“维护”→“设备升级”→“AC 升级”选项，单击“下次启动系统文件”右侧的“选择”按钮，如图 0-96 所示，弹出“更换下次启动系统文件”对话框。

图 0-96　AC 的 Web 网管系统的设备升级页面

第 2 步，单击“上传”按钮，在弹出的“上传”对话框中上传目标版本的系统软件包。上传完成后选中相应的系统软件包，如图 0-97 所示，单击“确定”按钮。重启 AC（见图 0-98）即可完成 AC 升级。

图 0-97　上传并选中目标版本的系统软件包

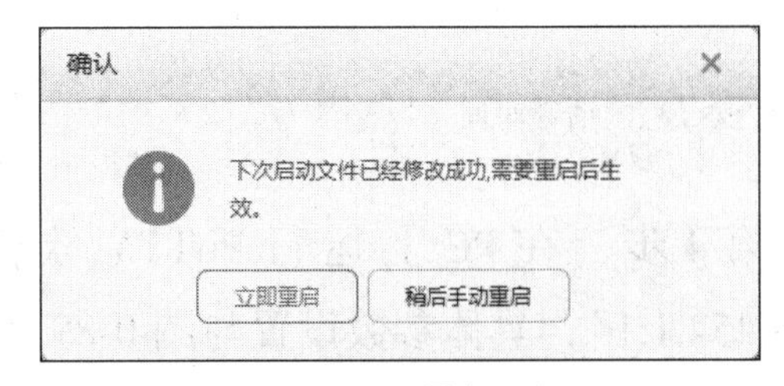

图 0-98　重启 AC

技能 4：连接和登录 AP——网口

【实验背景】和连接 AC 类似，也可以通过 Console 口和网口从物理上连接 AP。需要注意的是，有些 AP 机型没有 Console 口。AP 具有短距离无线通信能力，因此还可以通过管理

SSID、蓝牙等无线方式连接AP。默认情况下，AP出厂时已在接口VLANIF 1上配置了IP地址169.254.1.1，且各网口已加入VLAN 1。另外，AP出厂时已启用了SSH服务和HTTPS服务，所以可以采用命令行界面和Web浏览器两种方式登录AP。

【实验设备】AP（1台，华为AirEngine 5760），PC（1台，Windows 10操作系统）。

【实验拓扑】通过网口连接和登录AP实验拓扑如图0-99所示。设备IP地址参数如表0-6所示。

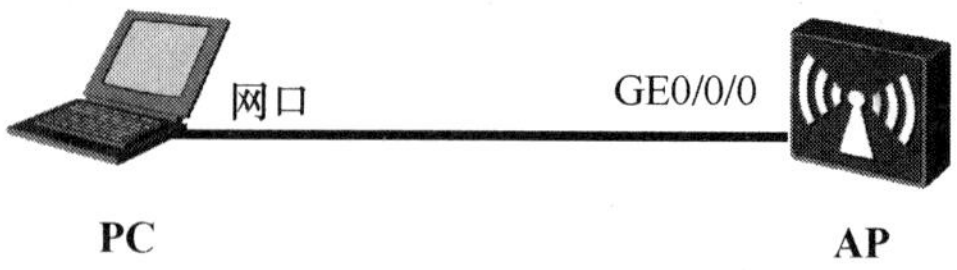

网口 GE0/0/0
PC AP

图0-99 通过网口连接和登录AP实验拓扑

表0-6 设备IP地址参数

设备	接口	IP地址	备注
PC	网口	169.254.1.100/24	不需要设置默认网关
AP	GE0/0/0	169.254.1.1/24	VLANIF 1

【实验要求】华为AirEngine 5760没有Console口，本实验只通过网口连接AP，并通过命令行界面和Web浏览器两种方式登录AP。

【实验步骤】以下是本实验的具体步骤。

第1步，按照实验拓扑连接PC和AP，并为设备上电。

第2步，为PC的对应网卡设置IP地址，该IP地址必须与AP的VLANIF 1接口的IP地址在同一网段。本实验将其设为169.254.1.100，子网掩码为255.255.255.0，具体方法和【技能2】相同。

第3步，在PC上使用ping命令测试PC和AP之间网络是否互通，如下所示。

```
C:\Users\Administrator> ping  169.254.1.1
正在 Ping 169.254.1.1 具有 32 字节的数据：
来自 169.254.1.1 的回复：字节=32 时间=5ms TTL=64
来自 169.254.1.1 的回复：字节=32 时间=5ms TTL=64

169.254.1.1 的 Ping 统计信息：
      数据包：已发送 = 4，已接收 = 4，丢失 = 0 (0% 丢失)，
往返行程的估计时间（以毫秒为单位）：
      最短 = 4ms，最长 = 6ms，平均 = 5ms
```

第4步，在PC上运行PuTTY软件。连接类型选择“SSH”，输入AP的IP地址“169.254.1.1”，具体参数设置与图0-89中相同。

第5步，输入AP的用户名和密码，验证通过后即可进入AP的命令行界面，如下所示。使用display version命令可以查看AP的详细版本信息。

```
login as: admin
Further authentication required
admin@169.254.1.1's password:                    <== 输入密码
<Huawei>display  version
Huawei Versatile Routing Platform Software
VRP (R) software, Version 5.170 (AirEngine5760-10 FAT V200R019C00SPC500)
Copyright (C) 2011-2019 HUAWEI TECH CO., LTD
Huawei AirEngine5760-10 Router uptime is 0 week, 0 day, 0 hour, 7 minutes
```

注意

对于 V200R020C10 及之前版本的 AP，通过 SSH 登录时，默认用户名和密码分别是“admin”和“admin@huawei.com”。V200R021C00 及之后版本没有默认用户名和密码，可直接登录。另外，为保障用户信息安全，屏幕上不会显示实际输入的密码字符，甚至不会以常见的“*”代替。

下面使用 Web 浏览器登录 AP。注意，以下操作仅适用于 FAT AP（V200R019C10 及以后版本的 FIT AP 也支持 Web 浏览器登录）。

第 6 步，在 PC 上打开一个 Web 浏览器，在其地址栏中输入 AP 的 IP 地址 169.254.1.1。如果浏览器提示安全证书相关问题，则可以选择忽略并继续访问，如图 0-100 所示。

图 0-100　提示安全证书相关问题

第 7 步，在 Web 页面中输入 AP 的用户名和密码，单击“登录”按钮，如图 0-101 所示。

图 0-101　在 Web 页面中输入 AP 的用户名和密码

注意

对于 V200R020C10 及之前版本的 AP，登录其 Web 网管系统时，默认用户名和密码分别是“admin”和“admin@huawei.com”。V200R021C00 及之后版本没有默认用户名和密码，可直接登录。

第 8 步，首次采用 Web 浏览器方式登录 AP 时需要修改 AP 默认密码，如图 0-102 所示。修改完成后单击“确定”按钮即可进入 AP 的 Web 网管系统，其主页面如图 0-103 所示。

图 0-102　修改 AP 默认密码

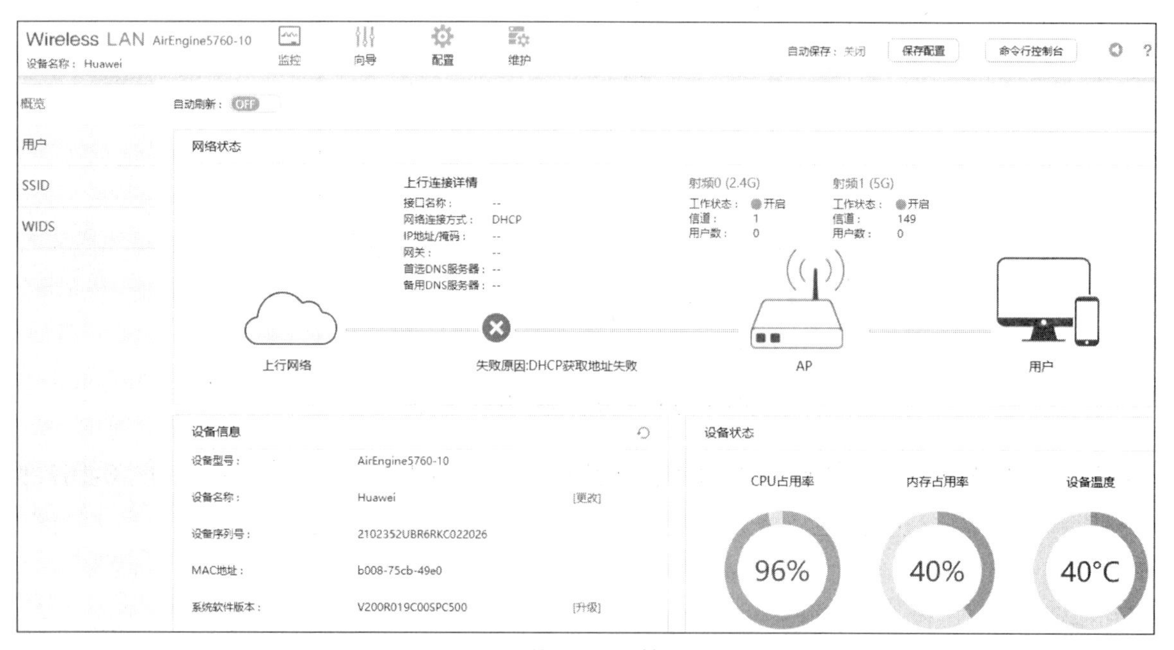

图 0-103　AP 的 Web 网管系统的主页面

技能 5：连接和登录 AP——管理 SSID

【实验背景】为了确保覆盖效果，AP 一般安装在高处。如果由于网络故障或位置问题导致无法通过网口登录 AP，则可以使用 PC 关联到 AP 的管理 SSID，并通过命令行界面或 Web 浏览器方式登录 AP。华为的 FAT AP 产品从 V200R008C10 版本开始上电后默认开启管理 SSID，FIT AP 则从 V200R007C10 版本开始支持该功能。

【实验设备】AP（1 台，华为 AirEngine 5760），PC（1 台，Windows 10 操作系统）。

【实验拓扑】通过管理 SSID 连接和登录 AP 实验拓扑如图 0-104 所示。将 PC 放在 AP 附近，保证 PC 在 AP 的覆盖范围内。

图 0-104 通过管理 SSID 连接和登录 AP 实验拓扑

FAT AP 和 FIT AP 管理 SSID 的默认参数分别如表 0-7 和表 0-8 所示。其中，“××××”为 AP 的 MAC 地址的后 4 位。

表 0-7 FAT AP 管理 SSID 的默认参数

SSID 名称	密码	IP 地址
V200R019C00 及之前版本：HUAWEI-××××。 V200R019C10 及之后版本：HUAWEI-LeaderAP-××××	无	192.168.1.1/24

表 0-8 FIT AP 管理 SSID 的默认参数

SSID 名称	密码	IP 地址
hw_manage_××××	V200R020C10 及之前版本：hw_manage。 V200R021C00 及之后版本：无	169.254.2.1/24

【实验要求】本实验通过管理 SSID 连接和登录 FAT AP 及 FIT AP。

【实验步骤】以下是本实验的具体步骤。

1. 连接和登录 FAT AP

第 1 步，FAT AP 提供 DHCP 服务，可为 PC 动态分配 IP 地址，因此这里将 PC 无线网卡设置为“自动获得 IP 地址”，如图 0-105 所示。

第 2 步，使用 PC 扫描 FAT AP 的管理 SSID 并进行关联，本实验为 HUAWEI-49E0，如图 0-106 所示。

Internet 协议版本 4 (TCP/IPv4) 属性

常规 备用配置

如果网络支持此功能，则可以获取自动指派的 IP 设置。否则，你需要从网络系统管理员处获得适当的 IP 设置。

◉ 自动获得 IP 地址(O)

○ 使用下面的 IP 地址(S):

IP 地址(I):

子网掩码(U):

默认网关(D):

图 0-105 自动获得 IP 地址

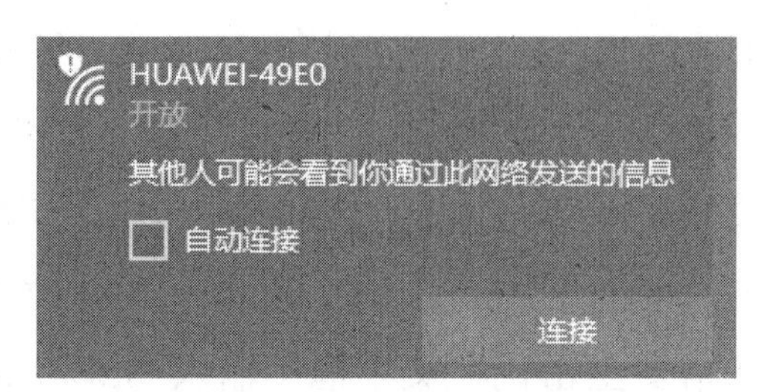

图 0-106 关联管理 SSID

注意

管理 SSID 采用开放系统认证方式，无须输入密码即可关联。

第 3 步，进入 PC 的命令行界面，使用 ipconfig 命令查看无线网卡获得的 IP 地址，并使用 ping 命令测试 PC 与 FAT AP 的网络连通性，如下所示。

```
C:\Users\Administrator> ipconfig
无线局域网适配器 WLAN 2:
     IPv4 地址 ................: 192.168.1.227
     子网掩码 .................: 255.255.255.0
     默认网关 ..................: 192.168.1.1

C:\Users\Administrator> ping  192.168.1.1
正在 Ping 192.168.1.1 具有 32 字节的数据：
来自 192.168.1.1 的回复： 字节=32 时间=8ms TTL=255
来自 192.168.1.1 的回复： 字节=32 时间=3ms TTL=255
来自 192.168.1.1 的回复： 字节=32 时间=13ms TTL=255
```

第 4 步，在 PC 上打开 PuTTY 软件，连接类型选择“SSH”，输入 FAT AP 的 IP 地址“192.168.1.1”，具体设置可参考图 0-89。

第 5 步，输入 FAT AP 的用户名和密码，验证成功后即可进入 FAT AP 命令行界面，如下所示。采用 Web 浏览器方式登录 FAT AP 的方法与【技能 4】相同，具体操作这里不赘述。

```
login as: admin
Further authentication required
admin@192.168.1.1's password:             <== 输入密码

Info: Current mode: FAT (working independently).
  -----------------------------------------------------------------------
  User last login information:
  -----------------------------------------------------------------------
  Access Type:SSH
  IP-Address :169.254.1.100
  Time       :2021-03-19 19:27:35+08:00
  -----------------------------------------------------------------------
<Huawei>
```

2. 连接和登录 FIT AP

第 1 步，将 PC 无线网卡的 IP 地址设置为 FIT AP 所在网段，本实验为 169.254.2.100/24，并设置其子网掩码为 255.255.255.0，如图 0-107 所示。

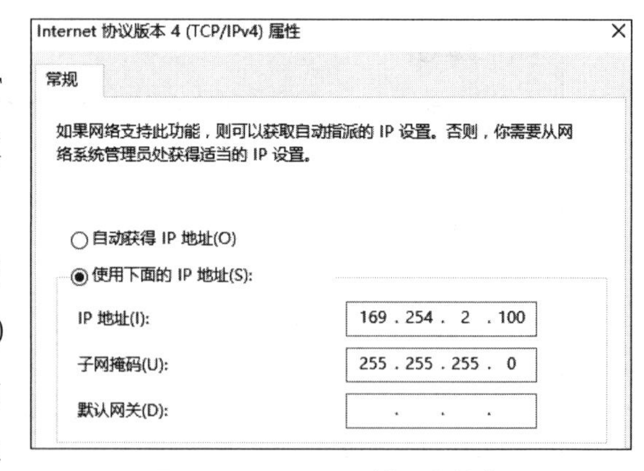

图 0-107　设置无线网卡信息

第 2 步，使用 PC 扫描 FIT AP 的管理 SSID 并进行关联，本实验为 hw_manage_49e0，如图 0-108（a）所示。单击“连接”按钮，在图 0-108（b）所示的“输入网络安全密钥”文本框中输入“hw_manage”后单击“下一步”按钮，验证通过后即可关联 FIT AP 的管理 SSID。

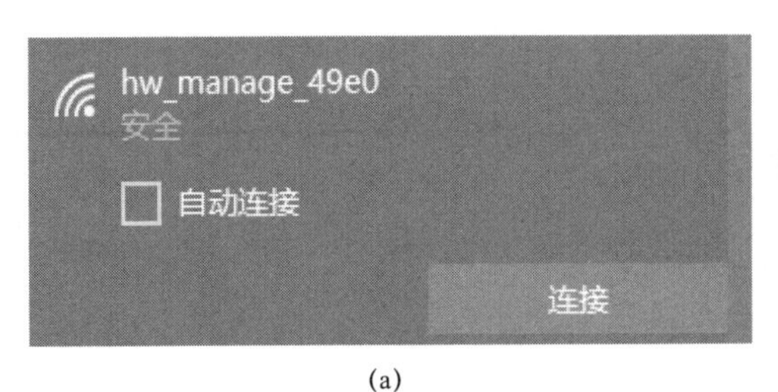

(a)

(b)

图 0-108　关联 FIT AP 管理 SSID

第 3 步，确认 PC 能 ping 通 FIT AP，如下所示。

```
C:\Users\Administrator> ping  169.254.2.1
正在 Ping 169.254.2.1 具有 32 字节的数据：
来自 169.254.2.1 的回复： 字节=32 时间=60ms TTL=255
来自 169.254.2.1 的回复： 字节=32 时间=4ms TTL=255
来自 169.254.2.1 的回复： 字节=32 时间=5ms TTL=255

169.254.2.1 的 Ping 统计信息：
    数据包： 已发送 = 4，已接收 = 4，丢失 = 0 (0% 丢失)，
往返行程的估计时间(以毫秒为单位)：
    最短 = 4ms，最长 = 260ms，平均 = 68ms
```

第 4 步，在 PC 上打开 PuTTY 软件，连接类型选择“SSH”，输入 FIT AP 的 IP 地址“169.254.2.1”，具体设置可参考图 0-89。

第 5 步，输入 FIT AP 的用户名和密码，验证成功后即进入 FIT AP 命令行界面，如下所示。

```
login as: admin
Further authentication required
admin@169.254.2.1's password:          <== 输入密码
<HUAWEI> display version
Huawei Versatile Routing Platform Software
VRP (R) software, Version 5.170 (AirEngine5760-10 FIT V200R019C00SPC903)
Copyright (C) 2011-2021 HUAWEI TECH CO., LTD
Huawei AirEngine5760-10 Router uptime is 0 week, 0 day, 0 hour, 57 minutes
```

技能 6：切换 AP 工作模式

【实验背景】根据不同应用场景的实际组网需求，AP 可工作在 FAT AP 和 FIT AP 两种模式下。华为 AP 产品的默认工作模式为 FIT AP。

> 注意
>
> 实验前需要在华为的官方网站上下载相应的系统软件。

【实验设备】AP（1 台，华为 AirEngine 5760），PC（1 台，Windows 10 操作系统）。

【实验拓扑】切换 AP 工作模式实验拓扑如图 0-109 所示。

【实验要求】切换 AP 模式，将 FIT AP 切换为 FAT AP，或将 FAT AP 切换为 FIT AP。

【实验步骤】以下是本实验的具体步骤。

图 0-109 切换 AP 工作模式实验拓扑

1. 将 FIT AP 切换为 FAT AP

新版本的华为 FIT AP 支持通过使用 ap-mode-switch fat 命令切换为 FAT AP 模式。对于不支持该命令的 FIT AP，可以从 FTP 服务器或简易文件传送协议（Trivial FTP，TFTP）服务器中下载系统软件包，然后进行切换。

（1）使用 ap-mode-switch fat 命令

第 1 步，通过网口或管理 SSID 连接 FIT AP，使用 SSH 协议进入命令行界面。具体操作参见【技能 4】和【技能 5】。

第 2 步，在系统视图下执行 ap-mode-switch fat 命令，并等待 AP 自动重启，如下所示。

```
<Huawei> system-view
Enter system view, return user view with Ctrl+Z.
[Huawei] ap-mode-switch  fat
Warning: The system will reboot and start in fat mode of V200R019C00SPC500. Continue?
(y/n)[n]:y
Info: system is rebooting ,please wait.........................
[Huawei]
```

第 3 步，AP 重启后，如果系统询问是否修改国家或地区识别码，则输入“n”并按 Enter 键即可。使用 display version 命令查看 AP 信息，如下所示。从提示信息中可以看到，AP 当前已工作在 FAT AP 模式下。

```
login as: admin
Further authentication required
admin@169.254.1.1's password:        <== 输入密码

Info: Current mode:  FAT  (working independently).
Warning: The default country code is CN. Ensure that AP radio attributes comply with
laws and regulations in different countries. Do you want to change the country code? [Y/
N]:n
<Huawei> display  version
Huawei Versatile Routing Platform Software
VRP (R) software, Version 5.170 (AirEngine5760-10 FAT V200R019C00SPC500)
......
```

（2）使用 ap-mode-switch ftp 命令

第 1 步，参照【技能 2】的方法配置 PC 为 FTP 服务器，将下载好的系统软件包（本实验为 Fat&CloudAirEngine5760-10_V200R019C00SPC913.bin）存放在 FTP 目录中，并确保 PC 和 AP 之间网络互通。

第 2 步，通过网口或管理 SSID 连接 FIT AP，使用 SSH 协议进入命令行界面。具体操作参见【技能 4】和【技能 5】。

第 3 步，在系统视图下执行 ap-mode-switch check 命令检查 AP 是否允许在 FIT AP 和 FAT AP 模式之间进行切换。如果不允许，则需要执行 ap-mode-switch prepare 命令允许 AP

进行模式切换。注意：执行 ap-mode-switch prepare 命令后，需要再次执行 ap-mode-switch check 命令，确保 AP 允许进行模式切换。

```
<Huawei> system-view
[Huawei] ap-mode-switch  prepare
[Huawei] ap-mode-switch  check
Info: Ap-mode-switch check ok.
```

第 4 步，在系统视图下执行 ap-mode-switch ftp 命令，并等待 AP 自动重启，如下所示。

```
[Huawei] ap-mode-switch ftp Fat&CloudAirEngine5760-10_V200R019C00SPC913.bin 169.254.1.100
admin  admin123
```

第 5 步，AP 重启后，使用 display version 命令查看 AP 模式是否切换成功。

```
<Huawei> display  version
Huawei Versatile Routing Platform Software
VRP (R) software, Version 5.170 (AirEngine5760-10  FAT  V200R019C00SPC500)
```

2. 将 FAT AP 切换为 FIT AP

对于 V200R019C10 及之后版本的 AP，可以直接在命令行界面中使用 ap-mode-switch fit 命令进行模式切换，具体方法参考将 FIT AP 切换为 FAT AP。对于不支持该命令的 AP，可以使用 Web 网管系统将其切换为 FIT AP。

第 1 步，从华为官方网站下载 FIT AP 系统软件包（本实验为 FitAirEngine760-10_V200R019C00SPC903.bin）并将其保存在 PC 中。

第 2 步，进入 FAT AP 的 Web 网管系统（IP 地址为 192.168.1.1）。选择“维护”→“系统更新”选项，进入 FAT AP 系统更新界面，如图 0-110 所示。

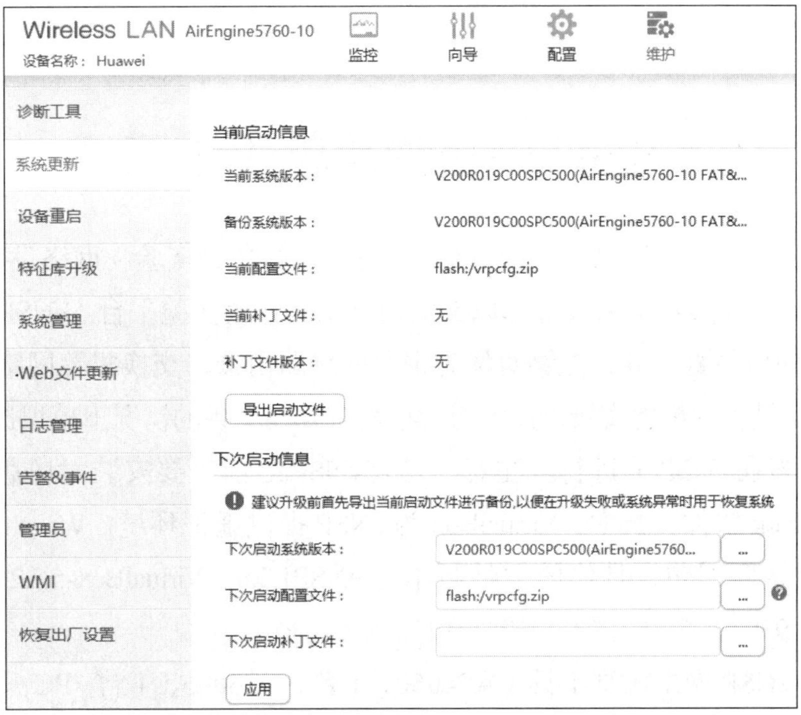

图 0-110　FAT AP 系统更新界面

第 3 步，单击“下次启动系统版本”右侧的“选择”按钮，弹出“更换下次启动系统文件”对话框，如图 0-111 所示。

第 4 步，单击“上传”按钮，在弹出的“上传”对话框中选择提前下载好的系统软件，单击“确定”按钮，上传系统软件包并开始更新过程。待系统更新完成后，选中“备份启动区”单选按钮，单击“确定”按钮，回到 FAT AP 系统更新界面。单击“应用”按钮，可以选择立即重启系统或稍后手动重启系统，这里选择立即重启系统。

图 0-111 “更换下次启动系统文件”对话框

第 5 步，待 AP 重启后，通过 SSH 进入 AP 的命令行界面，使用 display version 命令查看 AP 的版本信息，如下所示。从输出信息中可以看到，AP 当前已切换为 FIT AP 模式。

```
<HUAWEI> display  version
Huawei Versatile Routing Platform Software
VRP (R) software, Version 5.170 (AirEngine5760-10 FIT V200R019C00SPC903)
Copyright (C) 2011-2021 HUAWEI TECH CO., LTD
Huawei AirEngine5760-10 Router uptime is 0 week, 0 day, 1 hour, 1 minute
```

技能 7：在 eNSP 中搭建简单无线网络

【实验背景】网络学习者经常需要在网络设备上进行各种实验。网络设备往往比较昂贵，为了降低学习成本，大多数学习者选择以网络仿真工具作为实验平台。eNSP 是一款由华为公司开发的图形化网络仿真工具，能够对华为企业网络路由器、交换机等网络设备进行软件仿真，基本呈现真实设备的配置实景，让学习者在没有真实设备的情况下模拟进行网络实验。本书后面的实验大多在 eNSP 上进行。注意，安装 eNSP 之前需要安装对应版本的 VirtualBox、WinPcap 和 Wireshark 软件。其中，VirtualBox 为 eNSP 提供虚拟环境，Wireshark 和 WinPcap 用于抓取和分析网络数据包，具体的软件版本是 eNSP1.3.0、VirtualBox-5.2.26、WinPcap-4.1.3、Wireshark-win64-3.0.0。eNSP 的主窗口如图 0-112 所示。

【实验设备】eNSP 网络仿真工具（AP4050，1 台；AC6005，1 台；PC，Windows 10 操作系统，1 台）。

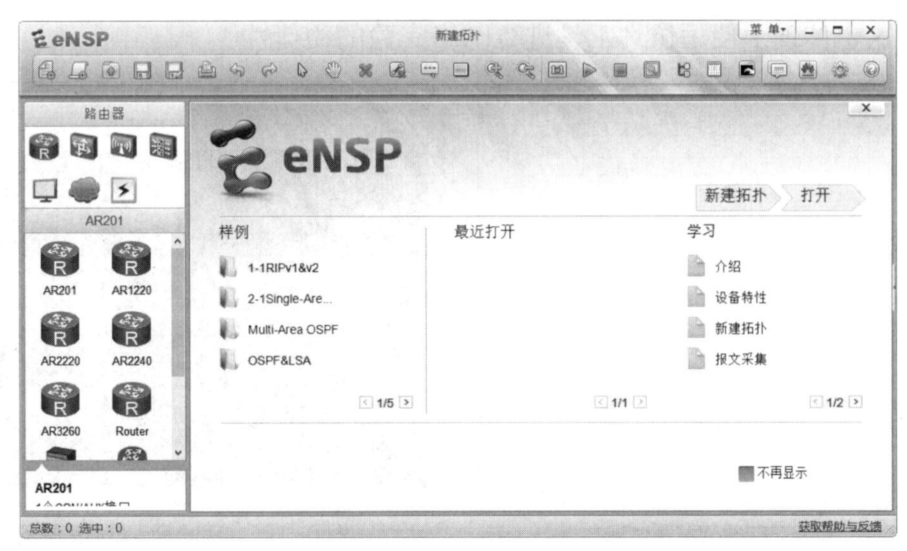

图 0-112　eNSP 的主窗口

【实验拓扑】eNSP 无线网络搭建实验拓扑如图 0-113 所示。

【实验要求】在 PC 上分别登录 AP 与 AC，查看设备基本信息。

【实验步骤】以下是本实验的具体步骤。

第 1 步，按照实验拓扑连接各设备。使用网线连接 PC 与 AP，使用串行线连接 PC 与 AC。右击各设备，在弹出的快捷菜单中选择“启动”命令，启动网络设备。

第 2 步，双击 PC 设备图标，在“基础配置”标签页中设置 PC 的 IP 地址和子网掩码，单击右下角的“应用”按钮使配置生效，如图 0-114 所示。

第 3 步，切换到“命令行”标签页，使用 ping 命令测试 PC 与 AP 的网络连通性，如图 0-115 所示。

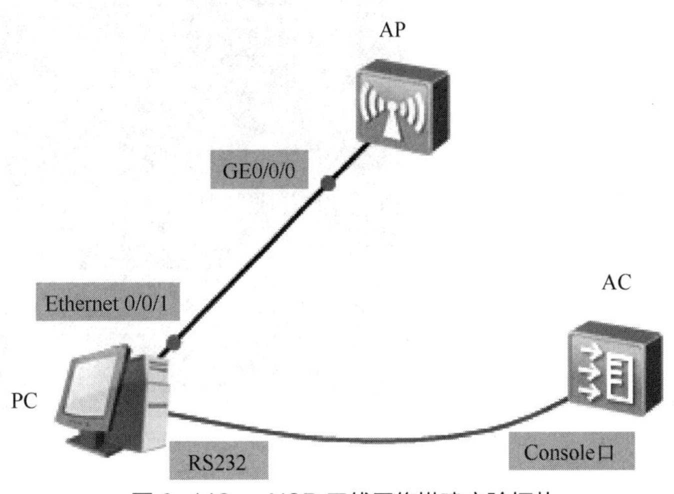

图 0-113　eNSP 无线网络搭建实验拓扑

第 4 步，双击 AP 设备图标，进入 AP 命令行界面。使用 display version 命令查看 AP 当前版本。使用 display ip interface brief 命令查看 AP 基本网络信息，如图 0-116 所示。注意，eNSP 中的 AP 默认工作在 FIT AP 模式，目前暂不支持切换为 FAT AP 模式。

第 5 步，双击 PC 设备图标，切换到“串口”标签页，保持默认的连接参数不变，单击“连接”按钮登录 AC。使用 display version 命令查看 AC 当前版本，如图 0-117 所示。这里也可以按照上一步的方式，双击 AC 设备图标后进入命令行界面直接使用该命令。

注意，当使用真实的物理设备时，需要先选择某种方式（网口、Console 口、蓝牙或 SSID 等）登录设备，再进行配置。但是在 eNSP 中双击设备图标后，可以直接进入命令行界面进行配置，这也体现了使用仿真工具进行网络实验的便捷性。

图 0-114　设置 PC 基础配置信息

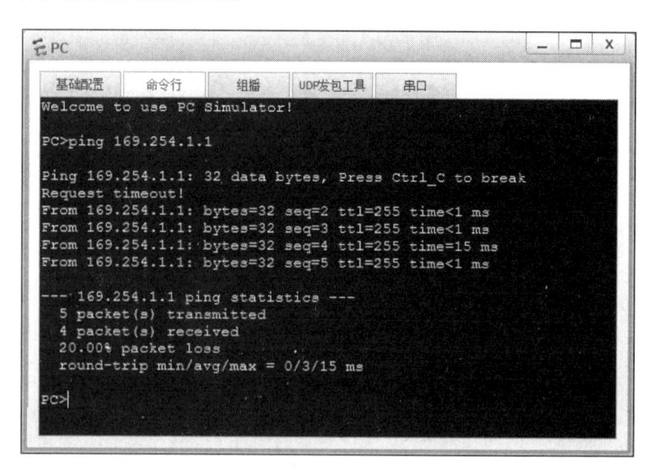

图 0-115　测试 PC 与 AP 的网络连通性

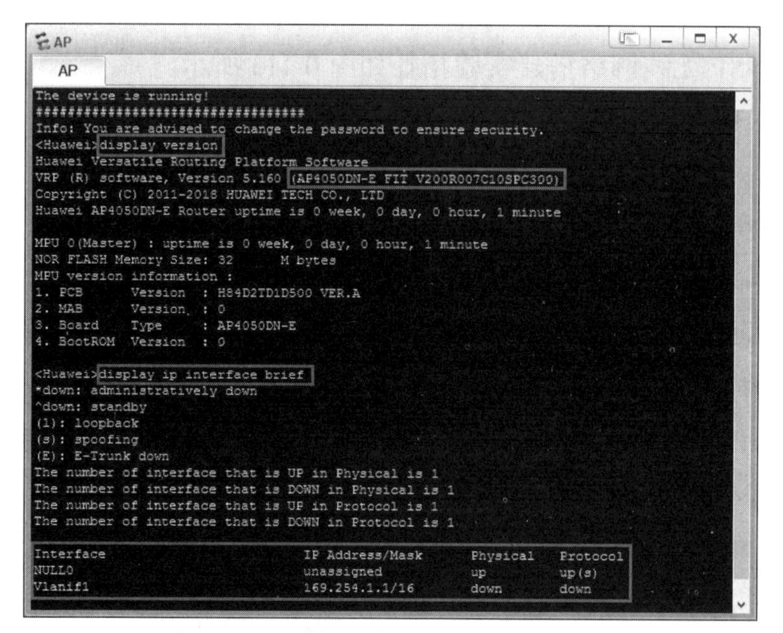

图 0-116　在 AP 命令行界面中进行测试

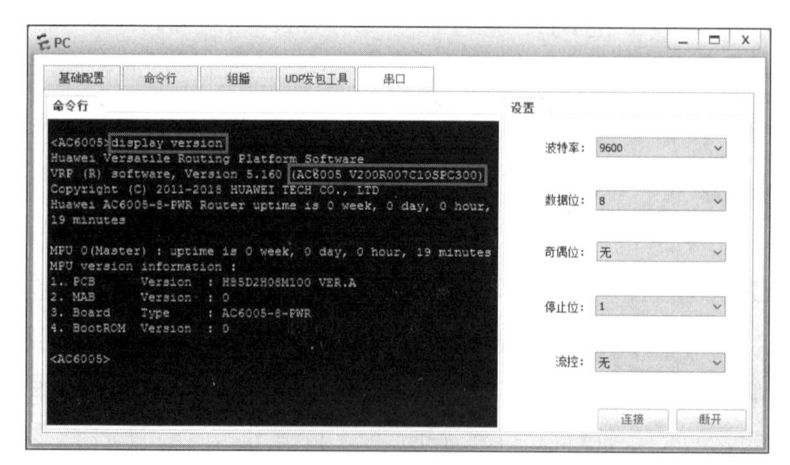

图 0-117　通过串口登录 AC 后进行测试

项目1 SOHO WLAN组建

学习目标

【知识目标】

（1）熟悉FAT AP组网模式的优点和局限。

（2）熟悉无线用户接入AP的主要过程。

【能力目标】

（1）能够列举FAT AP的特点和主要功能。

（2）能够阐明FAT AP组网模式的配置要点。

（3）能够说明无线用户接入AP的主要过程。

【素质目标】

（1）提高全面、客观分析问题的能力。

（2）培养知行合一、勇于实践的精神。

（3）培养脚踏实地的学习态度。

引例描述

小郭对无线网络的兴趣越来越浓厚了，他迫切地想要进一步学习组建 WLAN 的相关知识。张老师建议他先从简单的家庭和办公室 WLAN 开始，然后过渡到复杂的校园 WLAN。张老师把后面的学习计划告诉了小郭，并提醒他不能好高骛远，应该一步一个脚印、脚踏实地地学习。小郭谢过张老师之后，投入新一轮的学习中……

任务 1.1 组建 SOHO WLAN

任务陈述

早期的 WLAN 主要是为实现家庭或小型企业无线用户接入互联网或有线网络而组建的。由于家庭和小型企业的无线用户数较少，覆盖范围要求也不高，使用少数几个 AP 就可以满足 WLAN 的组建需要。本任务主要介绍 AP 在办公室 WLAN 中的应用。

知识准备

1.1.1 FAT AP 组网模式概述

在 WLAN 的早期应用中，无线覆盖范围不大，无线用户相对较少，往往安装 1 个或少数几个 AP 就能满足要求。家庭 WLAN 和小型企业 WLAN 是符合这些特征的两种典型应用场景。在这类 WLAN 应用场景中，AP 是中心设备。无线站点工作在 AP 的覆盖范围内，通过 AP 接入互联网或企业内部网络，即 AP 的上行网络。AP 除了提供基本的无线信号收发功能外，还集成了用户认证、安全加密、网络管理、QoS、漫游及其他应用层功能。这样的 AP 称为“胖”AP（FAT AP），也被称为自治型 AP（Autonomous AP），其功能全面但结构复杂。

（1）家庭 WLAN

在家庭 WLAN 中，由于所需要的无线网络覆盖范围小，一般采用 FAT AP 组网模式。这里所说的 FAT AP 其实就是平时所说的无线路由器。无线路由器不仅可以实现无线网络覆盖，还可以同时用作路由器，实现对有线网络的路由转发，FAT AP 在家庭 WLAN 中的应用如图 1-1 所示。无线路由器通过自带的 WAN 口接入宽带网络和互联网。另外，无线路由器还提供多个 LAN 口，支持有线用户接入。

（2）小型企业 WLAN

小型企业的无线用户数量一般不多，因此也可以采用 FAT AP 组网模式，FAT AP 在小型企业 WLAN 中的应用如图 1-2 所示。典型的做法如下：将 AP 与企业有线网络中的接入交换机互连，将无线用户的报文通过 AP 转发至接入交换机，并经由接入交换机转发至汇聚交换机，再转发至企业内部网络。这样就扩大了企业有线网络的覆盖范围，使无线用户能够访问企业内部网络。

虽然 FAT AP 安装简单、成本较低，但随着 WLAN 的应用越来越多，FAT AP 组网模式的局限性也逐渐显现。具体来说，FAT AP 组网模式的缺点如图 1-3 所示。

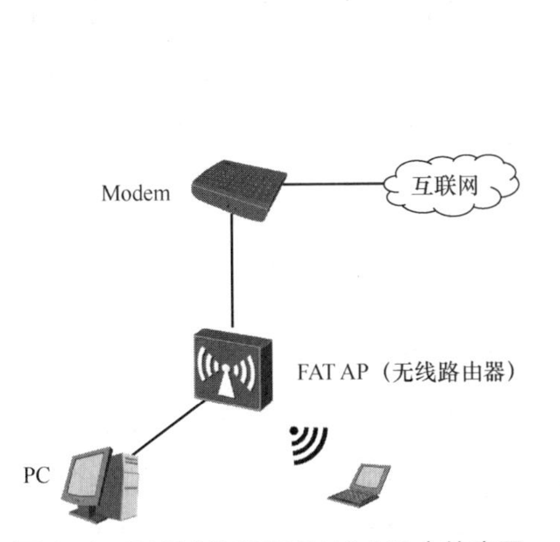

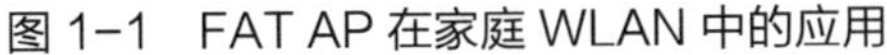
图 1-1　FAT AP 在家庭 WLAN 中的应用

图 1-2　FAT AP 在小型企业 WLAN 中的应用

① 由于 FAT AP 独立工作，网络管理员需要在每个 FAT AP 上进行配置。当需要修改 WLAN 的配置时，即使是一个很小的修改，也必须在每个 FAT AP 上重复操作。

② FAT AP 负责为无线站点分配 IP 地址，网络管理员需要维护大量的 IP 地址列表。与 AP 互连的接入交换机需要同步 VLAN 配置等操作。网络管理员的工作量因此大大增加了，也更容易出错。

③ FAT AP 不支持无线信道和发射功率的自动调整。当部署多个 FAT AP 时，网络管理员需要手动调整优化相关参数，效率不高。

④ FAT AP 独立工作，因此无法集中查看网络运行状况或统计无线用户信息。

⑤ 升级 FAT AP 版本时必须逐一进行升级操作，可能无法及时应用最新的安全补丁，安全性不高。

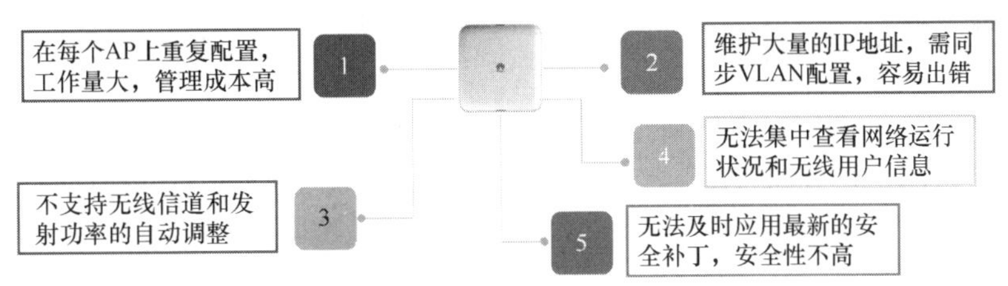

图 1-3　FAT AP 组网模式的缺点

FAT AP 的以上缺点源于网络中没有集中的管理和控制设备，尤其是在 FAT AP 数量较多时，这种组网模式的缺点愈加明显。为了实现对 AP 的集中配置和管理，在大型的 WLAN 组网实践中，更倾向于采用 FIT AP+AC 的组网模式。关于 FIT AP+AC 组网模式的详细介绍请参见项目 2。

1.1.2　无线用户接入过程

在 WLAN 的实际运行过程中，无线用户首先要知道周围有哪些无线网络服务，因此要通过某种方法识别周围的无线网络。无线网络环境是开放的，因此在 AP 覆盖范围内的用户都能监听到无线信号。为了提高网络安全性和保密性，AP 还要对无线用户进行链路认证，以决定是否允许无线用户加入网络。最后，AP 要和无线用户协商服务参数，确认通信过程中各种参数的一致性。以上其实就是无线用户接入无线网络的过程，涉及扫描、认证和关联 3 个阶段，如图 1-4 所示。为叙述方便，下文用 STA 表示无线用户。

1. 扫描

STA 在接入任何无线网络之前，必须识别有哪些无线网络。STA 通过扫描的方式发现无线网络并获取相关信息。根据扫描的发起方不同，有两种扫描方式：一种是主动扫描（Active Scanning），即 STA 主动发送探测请求（Probe Request）帧，AP 回应探测响应（Probe Response）帧告知无线网络参数信息；另一种是被动扫描（Passive Scanning），即 STA 通过监听 AP 发送的信标（Beacon）帧获取无线网络参数信息。主动扫描和被动扫描的过程如图 1-5 所示。

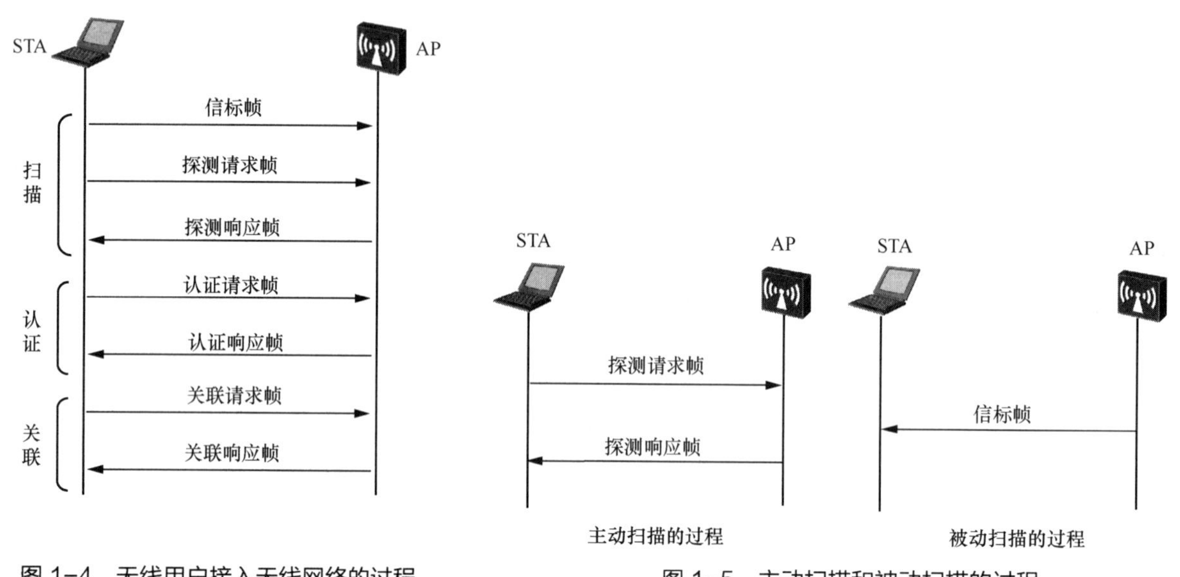

图 1-4 无线用户接入无线网络的过程

图 1-5 主动扫描和被动扫描的过程

（1）主动扫描

在主动扫描方式下，STA 会定期地在无线网卡支持的信道中主动发送探测请求帧，以发现周围的无线网络。当 AP 收到探测请求帧后，会向 STA 回应探测响应帧以通告相应的无线网络信息。根据探测请求帧是否包含 SSID，主动扫描又分为两种类型，即空 SSID 扫描和指定 SSID 扫描。

① 空 SSID 扫描。STA 发送 SSID 为空的广播探测请求帧来扫描无线网络，收到该广播帧的 AP 都会回应探测响应帧以通告可以提供的无线网络信息，如图 1-6（a）所示。因此，STA 可能会收到多个探测响应帧。这种类型适用于 STA 通过主动扫描获知周围有哪些可用的无线网络服务。

② 指定 SSID 扫描。STA 发送带有指定 SSID 的单播探测请求帧来扫描无线网络，只有

能够提供相应无线网络的 AP 才会回应探测响应帧，如图 1-6（b）所示。当 STA 希望连接指定的无线网络或已经成功连接到一个无线网络时，STA 才会定期发送这种类型的单播探测请求帧。这种类型适用于 STA 通过主动扫描接入指定的无线网络。

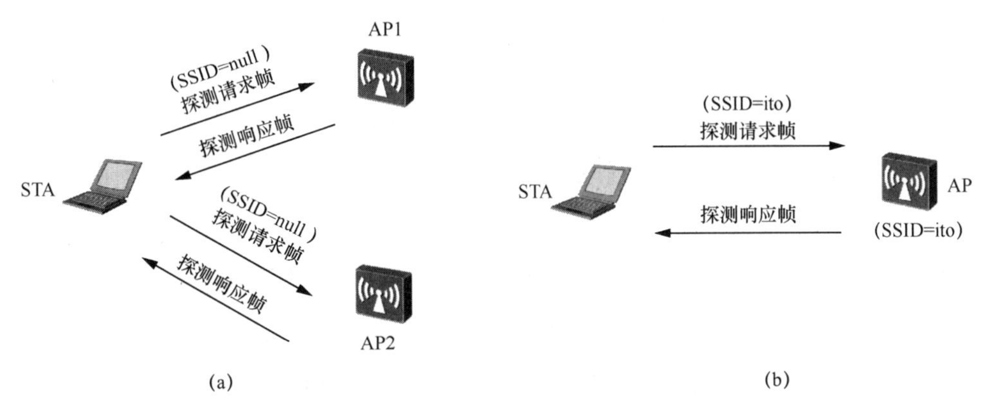

图 1-6 两种主动扫描方式

（2）被动扫描

AP 会周期性地发送信标帧，其中包含能够提供的无线网络信息。被动扫描是指 STA 定期监听信标帧，以获知周围可用的网络服务。STA 在监听信标帧时，也会不停地切换信道，以保证能收到每个信道的信标帧。在被动扫描方式下，STA 只监听信标帧，不发送探测请求帧，这样会比较省电。相比较而言，通过被动扫描获取无线网络信息的时间要长一些，不如主动扫描那样及时，但时间差仅有几秒，基本上不会影响用户体验。

扫描结束后，STA 就能获得周围无线网络的相关参数，如 BSSID、SSID、BSS 类型、物理层参数、BSS 基本速率等。如果探测到多个 AP，则 STA 会根据需要选择接入适当的网络。STA 选择 AP 的标准一般是信号强度，也可以由用户指定接入哪个无线网络。确定好要接入的网络后，就可以开始下面的认证阶段。

2. 认证

为了保证无线用户接入无线网络的合法性和安全性，接入过程中 AP 需要完成对 STA 的身份验证，即链路认证。只有通过认证后才能进入后续的关联阶段。认证的主要作用是确认无线用户的身份。认证通常被认为是无线用户连接 AP 并访问无线网络的起点。早期的 IEEE 802.11 系列标准定义了两种认证方式：开放系统认证（Open System Authentication）和共享密钥认证（Shared Key Authentication）。

（1）开放系统认证

开放系统认证是最简单的认证方式。STA 首先向 AP 发送认证请求（Authentication Request）帧，然后 AP 回应认证响应（Authentication Response）帧告知认证结果。开放系统认证实际上是一种“来者不拒”的认证方式，即提出认证请求的 STA 都会通过认证。当不需要对 STA 进行接入控制时，可以采用这种认证方式。

（2）共享密钥认证

共享密钥认证要求 STA 和 AP 配置相同的共享密钥，同时要求双方支持有线等效保密（Wired Equivalent Privacy，WEP）协议。共享密钥认证的过程如图 1-7 所示。

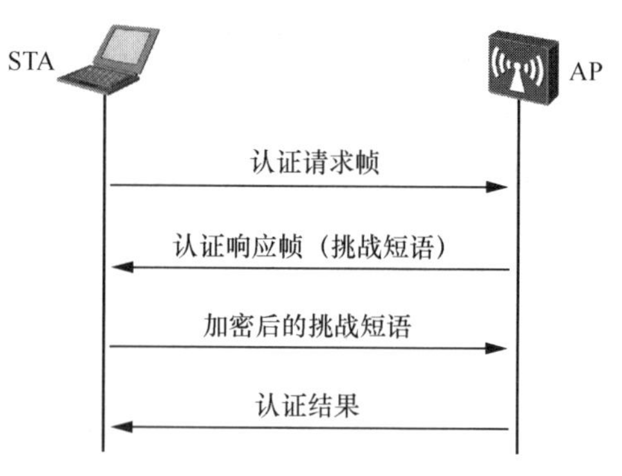

图 1-7 共享密钥认证的过程

① STA 向 AP 发送一个认证请求帧。

② AP 收到认证请求帧后，向 STA 回复一个认证响应帧。认证响应帧包含由 WEP 服务生成的挑战（Challenge）短语。

③ STA 使用预先配置的密钥对挑战短语进行加密，并将其发送给 AP。

④ AP 收到经过加密的挑战短语后，使用预先配置的密钥进行解密，将解密后的挑战短语与之前发送给 STA 的挑战短语进行比较，并向 STA 回复认证结果。如果二者相同，则认证成功，否则认证失败。

与开放系统认证相比，共享密钥认证提供了更高的安全检查级别。但由于 WEP 加密的安全性较弱，在很多场合已不建议采用这种认证方式。

3. 关联

当 STA 通过了某个 AP 的认证后，即可继续发起链路服务协商，准备和该 AP 建立关联。关联的过程实际上就是 STA 和 AP 协商链路服务参数的过程。STA 首先向 AP 发送关联请求（Association Request）帧，该帧携带有 STA 自身的各种参数及根据服务配置选择的各种参数，如支持的速率、支持的信道、支持的 QoS 能力等。AP 会对关联请求帧中 STA 的参数进行检测，确定 STA 是否有能力接入无线网络，并通过关联响应（Association Response）帧通知 STA 关联结果。一般情况下，STA 只和一个 AP 建立关联，且关联总由 STA 发起。

任务实施

注意

由于 eNSP 目前不支持 FAT AP，本任务的 2 个实验均在真实物理设备上进行。

实验 1：配置 FAT AP 二层组网——Web 网管

【实验背景】为方便小型办公室中的工作人员通过无线方式接入公司内部网络，实现移动办公，可以使用 FAT AP 组建 WLAN。Web 网管系统是华为 FAT AP 内置的图形化网络管理系统。通过浏览器登录 Web 网管系统后，即可在其中配置、管理、监控无线网络。对不熟悉命令行界面操作环境的用户来说，Web 网管系统是组建无线网络的“得力助手”。

【实验设备】AP（1 台，华为 AirEngine 5760），路由器（1 台，华为 AR6140），PC（1 台，Windows 10 操作系统）。

【实验拓扑】通过 Web 网管系统配置 FAT AP 二层组网实验拓扑如图 1-8 所示。

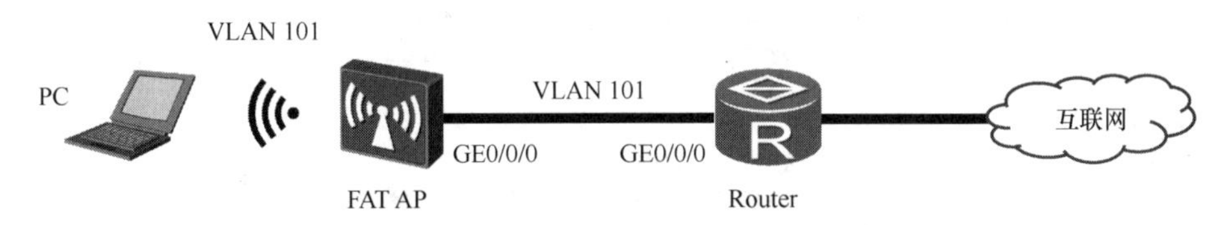

图 1-8 通过 Web 网管系统配置 FAT AP 二层组网实验拓扑

> **注意**
>
> 华为 AirEngine 5760 设备只有一个业务口，因此推荐使用管理 SSID 连接和登录 AP 进行业务配置。也可以使用网线连接 AP，并通过 SSH 或 Web 网管系统登录 AP，完成业务配置后再将 AP 连接至上行设备（在本实验中，上行设备为路由器）。

【实验要求】实验涉及的配置项及其要求如表 1-1 所示，设备接口的 IP 地址参数如表 1-2 所示。

表 1-1 配置项及其要求

配置项	要求	配置项	要求
管理 VLAN	VLAN 101	业务 VLAN	VLAN 101
DHCP 服务器	路由器作为 STA 的 DHCP 服务器	STA 地址池	VLAN 101：10.23.101.3 ～ 254/24
SSID 模板	模板名称：wlan-office。 SSID 名称：wlan-office	安全模板	模板名称：sec-office。 安全策略：WPA/WPA2-PSK-AES。 密码：huawei123
VAP 模板	模板名称：vap-office。 业务 VLAN ：VLAN 101。 引用模板：SSID 模板、安全模板		

表 1-2 设备接口的 IP 地址参数

设备	接口	IP 地址	子网掩码
路由器	GE0/0/0	10.23.101.1	255.255.255.0
FAT AP	GE0/0/0	10.23.101.2	255.255.255.0

【实验步骤】以下是本实验的具体步骤。

第 1 步，配置路由器网络参数。

登录路由器命令行界面，进入系统视图进行配置。创建 VLAN 101 并将接口 GE0/0/0 加入该 VLAN。为 VLAN 101 设置 IP 地址，然后在 VLANIF 101 上创建 DHCP 接口地址池以为无线用户分配 IP 地址。具体命令如下所示。

```
<Huawei> system-view
[Huawei] sysname  Router
[Router] dhcp  enable
[Router] interface  gi0/0/0
[Router-GigabitEthernet0/0/0] port  link-type  access
[Router-GigabitEthernet0/0/0] port  default  vlan  101
[Router-GigabitEthernet0/0/0] quit
[Router] vlan  101
[Router-vlan 101] interface  vlanif  101
[Router-Vlanif101] ip  address  10.23.101.1  24
[Router-Vlanif101] dhcp  select  interface
[Router-Vlanif101] dhcp  server  excluded-ip-address  10.23.101.2
[Router-Vlanif101] quit
```

本书所用接口中的“GE”是“GigabitEthernet”的缩写，在实际配置时一般简写为“gi”。因此，本书在正文及网络拓扑中均使用“GE”，但在配置代码中统一使用“gi”。

注意

华为 AR 系列路由器的以太网口是二层网口，不能直接配置 IP 地址，因此必须先将以太网口加入某个 VLAN，再为该 VLAN 创建 VLANIF 接口并配置 IP 地址。

第 2 步，通过管理 SSID 登录 FAT AP 的 Web 网管系统，配置 WLAN 业务参数。

（1）选择“向导”→“配置向导”选项，进入“Wi-Fi 信号设置”页面。

（2）单击“新建”按钮，进入“基本信息”配置页面。在该页面中配置 SSID 基本信息，包括 SSID 名称和安全配置，并设置密钥，如图 1-9 所示。

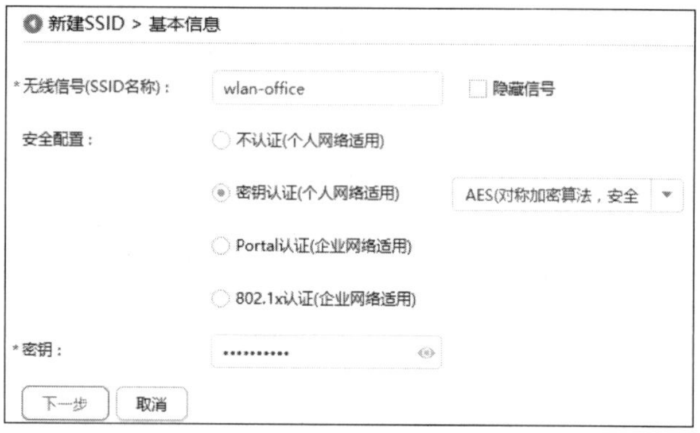

图 1-9　配置 SSID 基本信息

（3）单击“下一步”按钮，进入“地址及速率配置”页面，配置地址参数，选中“上层设备分配（桥接模式）”单选按钮并关联 VLAN 101，如图 1-10（a）所示。单击“完成”按钮，保存配置，可以从 SSID 列表中看到新建的 SSID，如图 1-10（b）所示。也可以在 AP 上配置 DHCP 服务器，即选中图 1-10（a）所示的“AP 本地分配（路由模式）”单选按钮。

（4）在图 1-10（b）所示的页面中选中新建的 SSID 名称“wlan-office”，单击“下一步”按钮，进入“上网连接配置”页面。在该页面中配置上网连接参数，如图 1-11 所示。为 FAT AP 的上行口（即图 1-11 中的“上行端口”GE0/0/0）配置固定 IP 地址，默认网关和首选 DNS 服务器设为与之相连的路由器接口的 IP 地址。同时，将 GE0/0/0 接口以 Tagged 方式加入 VLAN 101。单击“完成”按钮，保存配置。

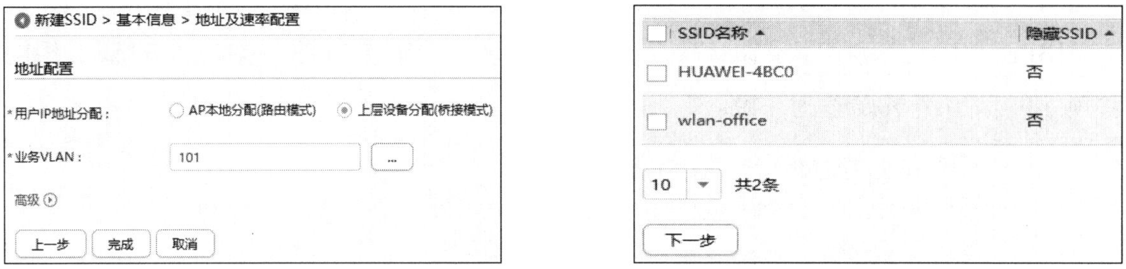

(a)　　(b)

图 1-10　地址及速率配置

注意

第一，如果 AP 的上行网络划分了 VLAN，则为了确保网络连通，通常将 AP 上行口的 VLAN 设置为与对端接口相同的 VLAN。在本实验中，AP 的上行口和路由器的下行口都被划入 VLAN 101。配置 AP 上行口的 PVID（Port VLAN ID），可以使上行报文剥离 VLAN 标签进入上行网络。

第二，如果 PC 通过网口连接 AP 的 GE0/0/0 接口，那么修改该接口的 IP 地址会导致网络连接断开。此时需要将 PC 的 IP 地址改为与 GE0/0/0 接口相同的网段，如 10.23.101.100/24，并使用 GE0/0/0 接口的新 IP 地址（10.23.101.2）重新登录 AP，继续执行后续操作。

图 1-11　配置上网连接参数

第 3 步，配置 AP 的信道和发射功率。

依次选择“配置”→“WLAN 业务”→“无线业务配置”→“射频 0”选项，进入“射频 0”配置页面。选择“射频管理”选项，进入“射频 0 配置（2.4G）”页面，如图 1-12 所示。关闭信道自动调优和功率自动调优功能，并设置信道带宽为 20MHz，信道编号为 6，发射功率为 127dBm。单击“应用”按钮，完成配置。射频 1 的配置方法与射频 0 的基本相同，只需将射频 1 的信道编号设置为 149，如图 1-13 所示。

图 1-12　配置射频 0（2.4GHz）的信道和发射功率

图 1-13　配置射频 1（5GHz）的信道和发射功率

需要说明的是，图 1-12 和图 1-13 中的“发送功率”即上文提到的“发射功率”（下同）。

第 4 步，关联 WLAN，进行业务验证。

（1）在 PC 中搜索 SSID 为“wlan-office”的无线网络，输入网络安全密钥后关联该 WLAN，如图 1-14 所示。

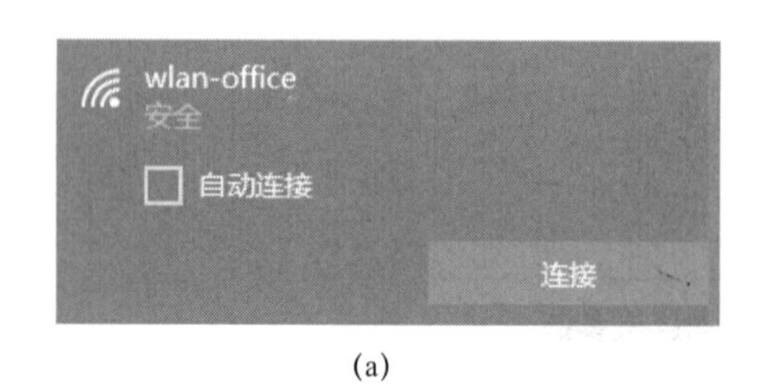

(a)

(b)

图 1-14　关联 WLAN

（2）查看 PC 自动获得的 IP 地址，如下所示。

```
C:\Users\Administrator> ipconfig
无线局域网适配器 WLAN 2:
   连接特定的 DNS 后缀 .......:
   本地链接 IPv6 地址 ........:fe80::a43e:9d5:1b0b:ec92%18
   IPv4 地址 ...............:10.23.101.224
   子网掩码 ................:255.255.255.0
   默认网关 ................:10.23.101.1
```

（3）选择“监控”→“用户”→“用户统计”选项。在“用户列表”页面中可以看到关联成功的无线用户及其 IP 地址等信息，如图 1-15 所示。

图 1-15　查看已关联用户的信息

实验 2：配置 FAT AP 二层组网——命令行

下面以命令行方式配置 FAT AP 二层组网。

1. 配置路由器

（1）配置要点

- 创建 VLAN 101，将接口 GE0/0/0 加入其中。
- 启用 DHCP 服务，在 VLANIF 101 上创建接口地址池。

（2）配置命令

具体配置命令如下。

```
[Huawei] sysname  Router
[Router] dhcp  enable
[Router] vlan  101
[Router-vlan 101] interface  vlanif  101
[Router-Vlanif101] ip  address  10.23.101.1  24
[Router-Vlanif101] dhcp  select  interface
[Router-Vlanif101] dhcp  server  excluded-ip-address  10.23.101.2
[Router-Vlanif101] quit
[Router] interface  gi0/0/0
[Router-GigabitEthernet0/0/0] port  link-type  access
[Router-GigabitEthernet0/0/0] port  default  vlan  101
[Router-GigabitEthernet0/0/0] quit
```

2. 配置 AP 与上行网络互通

（1）配置要点

- 创建 VLAN 101，设置其 IP 地址以与路由器通信。
- 配置 AP 上行口的 IP 地址和 VLAN 参数。

（2）配置命令

具体配置命令如下。

```
<Huawei> system-view
[Huawei] sysname  AP
[AP] vlan  101
[AP] interface  vlanif  101
[AP-Vlanif101] ip  address  10.23.101.2  24
[AP-Vlanif101] quit
[AP] interface  gi0/0/0
[AP-GigabitEthernet0/0/0] port  link-type  trunk
[AP-GigabitEthernet0/0/0] port  trunk  allow-pass  vlan  101
[AP-GigabitEthernet0/0/0] port  trunk  pvid  vlan  101
[AP-GigabitEthernet0/0/0] quit
```

3. 配置 AP 无线网络

（1）配置要点

- 配置 AP 国家或地区识别码。
- 创建安全模板，设置安全策略。
- 创建 SSID 模板，设置 SSID 名称。
- 创建 VAP 模板，设置业务 VLAN，引用安全模板和 SSID 模板配置。
- 配置 VAP 和 AP 射频参数。

（2）配置命令

具体配置命令如下。

```
[AP] wlan
[AP-wlan-view] country-code  cn
[AP-wlan-view] security-profile  name  sec-office
[AP-wlan-sec-prof-wlan-office] security  wpa-wpa2  psk  pass-phrase  huawei123  aes
[AP-wlan-sec-prof-wlan-office] quit
[AP-wlan-view] ssid-profile  name  wlan-office
[AP-wlan-ssid-prof-wlan-office] ssid  wlan-office
[AP-wlan-ssid-prof-wlan-office] quit
[AP-wlan-view] vap-profile  name  vap-office
[AP-wlan-vap-prof-wlan-office] service-vlan  vlan-id  101
[AP-wlan-vap-prof-wlan-office] security-profile  sec-office
[AP-wlan-vap-prof-wlan-office] ssid-profile  wlan-office
[AP-wlan-vap-prof-wlan-office] quit
[AP] interface  wlan-radio0/0/0
[AP-Wlan-Radio0/0/0] vap-profile  vap-office  wlan  2
[AP-Wlan-Radio0/0/0] channel  20mhz  6
[AP-Wlan-Radio0/0/0] eirp  127
[AP-Wlan-Radio0/0/0] quit
[AP] interface  wlan-radio0/0/1
[AP-Wlan-Radio0/0/1] vap-profile  vap-office  wlan  2
[AP-Wlan-Radio0/0/1] channel  20mhz  149
[AP-Wlan-Radio0/0/1] eirp  127
[AP-Wlan-Radio0/0/0] quit
```

4. 实验验证

（1）验证要点

- 在 AP 上查看 VAP 配置信息。

- 在 PC 上搜索并加入无线网络，在 AP 上查看上线用户信息。

（2）验证命令

具体验证命令如下。

```
[AP] display vap ssid wlan-office
AP MAC         RfID WID  BSSID          Status  Auth type      STA   SSID
----------------------------------------------------------------------------------
b008-75cb-49e0 0    2    B008-75CB-49E1 ON      WPA/WPA2-PSK   0     wlan-office
b008-75cb-49e0 1    2    B008-75CB-49F1 ON      WPA/WPA2-PSK   0     wlan-office
[AP] display station all
STA MAC        Ap name          Rf/WLAN Band Type Rx/Tx RSSI VLAN IP address SSID
----------------------------------------------------------------------------------
14cf-9202-13dc 00bc-da3f-e900   0/2     2.4G 11n  19/13 -63  101  10.23.101.254 wlan-office
```

注意

在 VAP 配置信息中，“Status”字段显示为“ON”，表示 AP 对应射频上的 VAP 已创建成功。

实验 3：配置 FAT AP 三层组网

【实验背景】FAT AP 一般通过有线方式接入公司网络或互联网。在 FAT AP 上部署 WLAN 服务后，无线终端通过 FAT AP 即可访问公司网络或互联网，实现移动办公。

【实验设备】AP（1 台，华为 AirEngine 5760），路由器（1 台，华为 AR6140），PC（1 台，Windows 10 操作系统）。

【实验拓扑】通过命令行配置 FAT AP 三层组网实验拓扑如图 1-16 所示。

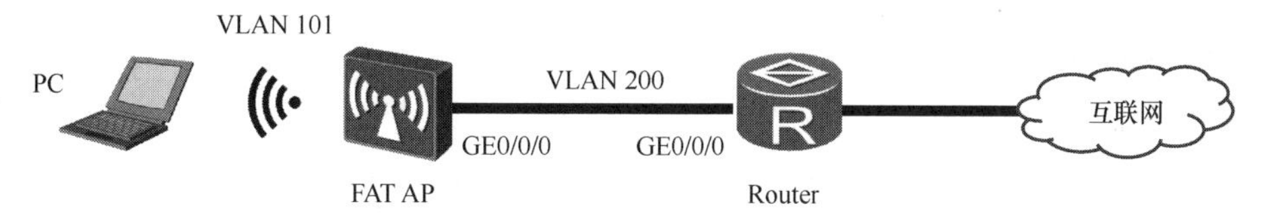

图 1-16　通过命令行配置 FAT AP 三层组网实验拓扑

【实验要求】本实验涉及的配置项及其要求和设备 IP 地址相关参数分别如表 1-3 和表 1-4 所示。

表 1-3　配置项及其要求

配置项	要求	配置项	要求
业务 VLAN	VLAN 101	DHCP 服务器	AP 作为 STA 的 DHCP 服务器
STA 地址池	VLAN 101： 10.45.101.2 ～ 10.45.101.254/24。 网关：AP VLANIF 101 接口	域管理模板	名称：domain。 国家或地区识别码：CN
安全模板	模板名称：sec-office。 安全策略：WPA/WPA2-PSK-AES。 密码：huawei123	SSID 模板	模板名称：wlan-office。 SSID 名称：wlan-office

续表

配置项	要求	配置项	要求
VAP 模板	模板名称：vap-office。 业务 VLAN：VLAN 101。 引用模板：SSID 模板、安全模板		

表 1-4 设备 IP 地址相关参数

设备	接口	IP 地址或接口类型	备注
FAT AP	GE0/0/0	Trunk	PVID：200。 放行 VLAN：VLAN 200
	VLANIF 101	10.45.101.1/24	接口地址池
	VLANIF 200	10.45.200.1/24	与 Router 互连
Router	GE0/0/0	10.45.200.2/24	三层接口

【实验步骤】以下是本实验的具体步骤。

1. 配置 Router

（1）配置要点

- 设置接口 GE0/0/0 的 IP 地址。
- 添加到 STA 的默认路由。

（2）配置命令

具体配置命令如下。

```
<Huawei> system-view
[Huawei] sysname  Router
[Router] interface  gi0/0/0
[Router-GigabitEthernet1/0/0] ip  address  10.45.200.2  24
[Router-GigabitEthernet1/0/0] quit
[Router] ip  route-static  10.45.101.0  255.255.255.0  10.45.200.1
```

2. 配置 AP 基本业务参数

（1）配置要点

- 创建 VLAN 101 和 VLAN 200，将接口 GE0/0/0 加入 VLAN 200。
- 设置接口 VLANIF 101 和 VLANIF 200 的 IP 地址，在接口 VLANIF 101 上设置接口地址池，为 STA 提供 DHCP 服务。
- 配置默认路由，下一跳为路由器 GE0/0/0 接口的 IP 地址。

（2）配置命令

具体配置命令如下。

```
<Huawei> system-view
[Huawei] sysname AP
[AP] vlan batch 101 200
[AP] interface gi0/0/0
[AP-GigabitEthernet0/0/0] port link-type trunk
[AP-GigabitEthernet0/0/0] port trunk allow-pass vlan 200
[AP-GigabitEthernet0/0/0] port trunk pvid vlan 200
[AP-GigabitEthernet0/0/0] quit
[AP] interface vlanif 200
[AP-Vlanif200] ip address 10.45.200.1 24
[AP-Vlanif200] quit
[AP] dhcp enable
[AP] interface vlanif 101
[AP-Vlanif101] ip address 10.45.101.1 24
[AP-Vlanif101] dhcp select interface
[AP-Vlanif101] quit
[AP] ip route-static 0.0.0.0 0.0.0.0 10.45.200.2
```

3. 配置 AP WLAN 业务参数

（1）配置要点

- 创建安全模板，设置安全策略。
- 创建 SSID 模板，设置 SSID 名称。
- 创建 VAP 模板，设置业务数据转发方式和业务 VLAN，引用安全模板和 SSID 模板。
- 配置 AP 射频的信道和功率。

（2）配置命令

具体配置命令如下。

```
[AP] wlan
[AP-wlan-view] country-code cn          <== 设置国家或地区识别码
[AP-wlan-view] security-profile name sec-office
[AP-wlan-sec-prof-wlan-net] security wpa-wpa2 psk pass-phrase a1234567 aes
[AP-wlan-sec-prof-wlan-net] quit
[AP-wlan-view] ssid-profile name wlan-office
[AP-wlan-ssid-prof-wlan-net] ssid wlan-office
[AP-wlan-ssid-prof-wlan-net] quit
[AP-wlan-view] vap-profile name vap-office
[AP-wlan-vap-prof-wlan-net] service-vlan vlan-id 101
[AP-wlan-vap-prof-wlan-net] security-profile sec-office
[AP-wlan-vap-prof-wlan-net] ssid-profile wlan-office
[AP-wlan-vap-prof-wlan-net] quit
[AP-wlan-view] quit
[AP] interface wlan-radio0/0/0
[AP-Wlan-Radio0/0/0] vap-profile vap-office wlan 2
[AP-Wlan-Radio0/0/0] channel 20mhz 6
[AP-Wlan-Radio0/0/0] eirp 127
[AP-Wlan-Radio0/0/0] quit
[AP] interface wlan-radio0/0/1
[AP-Wlan-Radio0/0/1] vap-profile vap-office wlan 2
[AP-Wlan-Radio0/0/1] channel 20mhz 149
[AP-Wlan-Radio0/0/1] eirp 127
[AP-Wlan-Radio0/0/1] quit
```

4. 实验验证

（1）验证要点

- 检查 VAP 是否创建成功。
- 将 STA 加入无线网络后查看已关联的无线用户。

（2）验证命令

具体验证命令如下。

```
[AP] display  vap  ssid  wlan-office
AP MAC          RfID WID  BSSID            Status   Auth type      STA SSID
------------------------------------------------------------------------------
b008-75cb-4bc0  0    2    B008-75CB-4BC1   ON       WPA/WPA2-PSK   0   wlan-office
b008-75cb-4bc0  1    2    B008-75CB-4BD1   ON       WPA/WPA2-PSK   1   wlan-office
[AP] display  station  all
STA MAC          Ap name         Rf/WLAN  Band Type  Rx/Tx  RSSI  VLAN  IP address  SSID
------------------------------------------------------------------------------
0e2a-712c-9104  b008-75cb-4bc0 1/2 5G 11ax 48/172 -47 101 10.45.101.243  wlan-office
```

拓展知识

STA 接入过程中的 MAC 帧

STA 接入 AP 的整个过程是通过双方交换相应的 MAC 帧完成的，这些帧全部采用管理帧的格式封装。下面来了解其中某些帧包含的具体字段，借助这些字段可以更加深刻地理解 STA 接入 AP 的过程。

（1）信标帧

信标帧帧主体的部分字段如表 1-5 所示。

表 1-5 信标帧帧主体的部分字段

字段	说明
时间戳	信标帧发送时间，可用于同步 BSS 中的 STA
信标间隔	发送信标帧的时间间隔
能力信息	表示设备和网络的能力信息，如网络类型、是否支持轮询及加密信息等
SSID	无线网络的 SSID
支持速率	AP 支持的速率
FH 参数设置	出现在采用跳频技术的 STA 发送的信标帧中
DS 参数设置	出现在采用直接序列技术的 STA 发送的信标帧中，指明网络使用的信道数
CF 参数设置	出现在支持 PCF 的 AP 产生的信标帧中
国家或地区识别码	AP 的工作行为受到国家或地区法律法规的限制
功率限制	AP 的最高传输功率

（2）探测请求帧

探测请求帧帧主体的部分字段如表 1-6 所示。

表 1-6　探测请求帧帧主体的部分字段

字段	说明
SSID	SSID 可能为空，或者是指定的某个无线网络的 SSID
支持速率	STA 所支持的速率

（3）探测响应帧

探测响应帧和信标帧都是 AP 对外通告无线信息参数的管理帧，因此这两种帧的帧主体基本相同，这里不赘述。

（4）关联请求帧

关联请求帧帧主体的部分字段如表 1-7 所示。

表 1-7　关联请求帧帧主体的部分字段

字段	说明
能力信息	无线网络的能力信息
监听间隔	STA 的监听间隔
SSID	当前无线网络的 SSID
支持速率	STA 支持的速率

（5）关联响应帧

关联响应帧帧主体的部分字段如表 1-8 所示。

表 1-8　关联响应帧帧主体的部分字段

字段	说明
能力信息	无线网络的能力信息
状态代码	表示关联结果的状态码，0 表示成功
关联 ID	本次关联的 ID
支持速率	无线网络支持的速率

拓展实训

FAT AP 由于安装简单、成本低等特点，广泛应用于面积较小、用户数不多的无线组网场景，如家庭、小型办公室或会议室等。希望读者通过完成以下的实训内容，深入理解相关知识。

【实训目的】

（1）了解 FAT AP 组网模式的优点和局限性。

（2）熟悉无线用户接入 AP 的主要过程。

（3）熟悉通过 Web 网管系统配置 FAT AP 组网的主要步骤。

（4）熟悉通过命令行配置 FAT AP 组网的主要步骤。

【实训内容】

（1）学习 FAT AP 的技术特点，了解 FAT AP 组网模式的适用场景。

（2）研究无线用户接入 AP 的主要过程。

（3）通过 Web 网管系统配置 FAT AP 组网。

（4）通过命令行方式配置 FAT AP 组网。

项目小结

早期的 WLAN 主要应用于对覆盖范围要求不高、无线用户数较少的场景，使用的组网设备主要有无线路由器和无线 AP。本项目介绍了 FAT AP 组网模式的技术特点，重点演示了以 SOHO WLAN 为代表的 WLAN 的组网过程。在小型企业组网场景中，一般使用 FAT AP 组建无线网络。FAT AP 除了具有基本的无线网络接入功能外，还集成了网络管理、安全认证、漫游、QoS 等功能，其功能全面但结构复杂。

项目练习题

1. 选择题

（1）下列关于家庭无线网络环境的说法中错误的一项是（　　）。

A. 家庭无线网络的核心设备一般是无线路由器

B. 家庭无线网络的覆盖范围一般不大

C. 家庭无线网络的用户数一般不多

D. 家庭无线网络一般不用考虑其他家用设备的影响

（2）关于无线路由器，下列说法中错误的一项是（　　）。

A. 无线路由器是家庭无线网络的核心设备

B. 无线路由器可以看作带路由功能的无线 AP

C. 无线路由器具有无线接入功能，仅支持无线方式上网

D. 无线路由器一般还集成了许多应用层功能

（3）关于 FAT AP 组网模式，下列说法中错误的一项是（　　）。

A. FAT AP 也称自治型 AP，其功能全面但结构复杂

B. FAT AP 的可扩展性较好

C. FAT AP 适用于用户数量不多的组网场景

D. FAT AP 是一种独立的组网模式，FAT AP 承担着网络管理功能

（4）下列不是 FAT AP 组网模式特点的为（　　）。

A. FAT AP 独立工作，WLAN 的配置保存在各个 FAT AP 中

B. 当部署多个 FAT AP 时，FAT AP 可以自动调整优化相关参数

C. 由于 FAT AP 独立工作，无法集中查看网络运行状况或统计无线用户信息

D. 升级 FAT AP 软件时必须逐一手动进行升级

（5）STA 识别可接入的无线网络的过程称为（　　）。

A. 扫描　　B. 认证　　C. 关联　　D. 鉴别

（6）在主动扫描过程中，STA 通过发送（　　）发现周围的无线网络。

A. 信标帧　　B. 认证请求帧　　C. 关联请求帧　　D. 探测请求帧

（7）扫描结束后，STA 获得的无线网络信息不包括（　　）。

A. SSID　　B. BSS 类型　　C. 共享密钥　　D. 物理层参数

（8）以下关于认证阶段的说法中错误的一项是（　　）。

A. 早期的 IEEE 802.11 系列标准定义了开放系统认证和共享密钥认证两种认证方式

B. 认证的主要作用是确认无线用户的身份

C. 开放系统认证需要 STA 提供口令

D. 共享密钥认证比开放系统认证安全性高

（9）以下关于共享密钥认证的说法中错误的一项是（　　）。

A. 共享密钥认证要求 STA 和 AP 配置相同的共享密钥

B. STA 发起的认证请求帧中包含由 WEP 服务生成的挑战短语

C. STA 使用预先配置的密钥对挑战短语进行加密，并将其发送给 AP

D. AP 使用预先配置的密钥对加密的挑战短语进行解密，并确定认证结果

（10）以下关于关联阶段的说法中正确的一项是（　　）。

A. 关联的过程实际上就是 STA 和 AP 协商链路服务参数的过程

B. 关联过程由 AP 发起

C. 关联过程发生在认证阶段之前

D. STA 可以和多个 AP 进行关联

2. 填空题

（1）家庭无线网络中使用的组网设备一般是__________。

（2）无线路由器通过__________接入宽带网络，通过__________和计算机建立有线连接。

（3）无线路由器可以看作带__________功能的无线 AP。

（4）在 WLAN 的早期应用中，AP 的工作模式一般是__________。

（5）FAT AP 也被称为 ________，可独立组网，功能全面但结构复杂。

（6）FAT AP 的功能包括 ________、________、________ 和 ________。

（7）无线用户接入无线网络的过程共涉及 ________、________ 和 ________3 个阶段。

（8）根据扫描的发起方不同，有两种扫描方式，即 ________ 和 ________。

（9）根据探测请求帧是否包含 SSID，主动扫描又分为 ________ 和 ________。

（10）早期的 IEEE 802.11 系列标准定义了 ________ 和 ________ 两种认证方式。

（11）在关联阶段，STA 先向 AP 发送 ________，AP 通过 ________ 通知关联结果。

3. 简答题

（1）简述家庭无线网络环境的主要特点。

（2）简述无线路由器的主要特点。

（3）简述 FAT AP 组网模式的特点和缺点。

（4）简述 STA 接入无线网络涉及的阶段及每个阶段的主要任务。

项目2 校园WLAN组建

学习目标

【知识目标】

（1）熟悉FIT AP+AC组网模式的技术特点。

（2）熟悉FIT AP+AC与FAT AP两种组网模式的区别。

（3）了解CAPWAP的起源和历史。

（4）了解CAPWAP隧道的建立过程。

（5）熟悉CAPWAP的数据转发方式和数据传输过程。

【能力目标】

（1）能够说明FIT AP+AC组网模式的技术特点和应用场景。

（2）能够列举FIT AP+AC的连接方式。

（3）能够阐述CAPWAP的数据转发方式。

（4）能够阐明CAPWAP的数据传输过程。

【素质目标】

（1）增强持之以恒的学习定力。

（2）培养勇于承担风险和责任的意识。

引例描述

在小郭掌握了组建小型 WLAN 的技术后，张老师告诉他，接下来要学习的 FIT AP+AC 组网模式才是重点和难点。他要求小郭务必保持耐心，遇到问题主动查找资料，培养自己独立解决问题的能力。小郭若有所思地点了点头，眼神中透露着坚定，因为他早就把“世上无难事，只要肯登攀。”这句名言当作自己的座右铭了。

任务 2.1 学习 FIT AP+AC 组网模式

任务陈述

相比于 FAT AP 组网模式，FIT AP+AC 组网模式在大中型企业无线组网实践中更受欢迎。FIT AP+AC 组网模式允许网络管理员集中控制大量的 AP 设备、统一升级 AP 版本和下发网络配置，可避免逐一配置和管理 AP 带来的巨大工作量。本任务将详细介绍 FIT AP+AC 组网模式的技术特点和工作原理，为后续组建不同架构的 WLAN 提供必要的知识。

知识准备

2.1.1 FIT AP+AC 组网模式概述

在 FAT AP 组网模式中，FAT AP 是 WLAN 的中心设备，集成了物理层、报文加解密、用户认证、QoS、网络管理、漫游及其他应用层功能，其功能全面但结构复杂。当部署单个或少数几个 AP 时，FAT AP 具有较好的独立性，不需要另外部署集中控制设备，因此网络结构比较简单，成本也较低。

FAT AP 比较适合在覆盖面积小、用户数不多的环境中使用。但是在大中型企业中，覆盖面积大，用户数多，需要安装数量巨大的 AP 才能实现网络全覆盖。此时，如果没有统一的集中控制设备，管理、维护这些 AP 将会非常耗时且效率低下。FIT AP+AC 组网模式能够很好地满足简化部署和集中控制的组网需求。

在 FIT AP+AC 组网模式中，AC 是整个 WLAN 的中心设备。AC 和 FIT AP 对 FAT AP 的功能进行了划分。原来由 FAT AP 承担的用户接入控制、数据转发和统计、AP 配置监控、漫游管理、安全控制等功能，全部交由 AC 负责。FIT AP 只保留基本的物理层功能、报文加解密和空口统计等功能，可实现零配置启动。

表 2-1 所示为 FAT AP 和 FIT AP+AC 两种组网模式的比较。

表 2-1 FAT AP 和 FIT AP+AC 两种组网模式的比较

比较项	FAT AP	FIT AP+AC
应用场景	覆盖面积小、用户数不多，适用于家庭或小型企业	覆盖面积大、用户数多，适用于大中型企业
组网成本	只有 AP，成本较低	有 AC 成本
安全性	只有 AP，独立认证和加密，安全性不高	AC 集中认证，统一安全策略，安全性较高

续表

比较项	FAT AP	FIT AP+AC
兼容性	不存在兼容性问题	AC 和 AP 间为私有协议，存在厂商兼容性问题
网络管理	AP 独立组网，承担网络管理功能	AP 零配置，AC 对 AP 下发配置
业务能力	仅支持简单数据接入，支持二层漫游	可扩展语音等业务，通过 AC 增强业务 QoS、安全等功能，支持二层和三层漫游

2.1.2 FIT AP+AC 连接方式

1. 二层组网与三层组网

根据 AP 与 AC 之间的网络架构或者 AP 与 AC 的连接方式的不同，FIT AP+AC 组网模式可分为二层组网与三层组网两种方式，如图 2-1 所示。

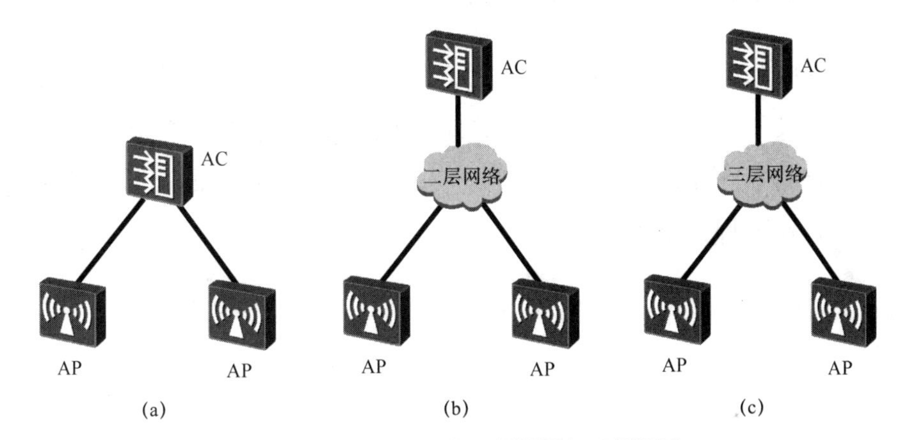

图 2-1　FIT AP+AC 二层组网与三层组网

当 FIT AP 与 AC 直连或者通过二层网络互连时，称为二层组网，如图 2-1（a）与图 2-1（b）所示。采用二层组网方式时，FIT AP 与 AC 同属于一个二层广播域，使用二层交换技术即可实现 FIT AP 与 AC 之间的通信。这种组网方式配置和管理方便，适用于网络规模小、结构简单的小型企业组网场景，但不适用于大中型企业复杂的网络架构。

当 FIT AP 与 AC 之间通过三层网络互连时，称为三层组网，如图 2-1（c）所示。采用三层组网方式时，FIT AP 与 AC 分属于不同的 IP 网段，需要使用路由器或三层交换机才能完成通信。在大型的无线网络组网环境中，组网结构比较复杂，FIT AP 和 AC 一般采用三层组网方式。

2. 直连式组网与旁挂式组网

根据 AC 在网络中位置的不同，FIT AP+AC 组网模式又可分为直连式组网与旁挂式组网。

在直连式组网中，AC 同时承担 AP 的管理功能和汇聚交换机的数据转发功能，如

图 2-2（a）所示。直连式组网拓扑结构相对简单，实施起来比较方便，缺点是对 AC 的吞吐量及数据处理能力要求比较高，AC 容易成为整个无线网络的带宽瓶颈。

旁挂式组网是指 AC 旁挂在 AP 的上行网络上，一般是旁挂在上行网络的汇聚层交换机上，如图 2-2（b）所示。在实际组网中，无线网络往往是在有线网络部署完成之后组建的。采用旁挂式组网方式可以较少地改动有线网络结构。

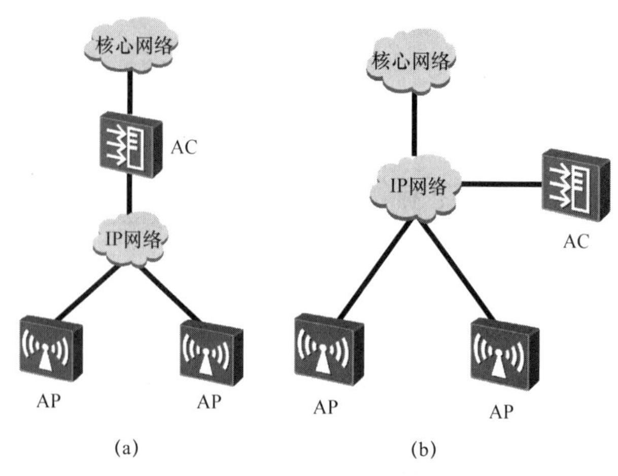

图 2-2 FIT AP+AC 直连式组网与旁挂式组网

2.1.3 华为 FIT AP+AC 配置流程

在 FIT AP+AC 组网模式中，FIT AP 零配置启动，业务配置主要在 AC 上进行。其网络结构比较复杂，因此其配置难度相比 FAT AP 组网模式有所增加。推荐的做法是按照规划好的流程进行配置，这样能够保持清晰的思路，不容易出错。下面介绍一种华为 FIT AP+AC 组网模式中推荐的配置流程，如图 2-3 所示。

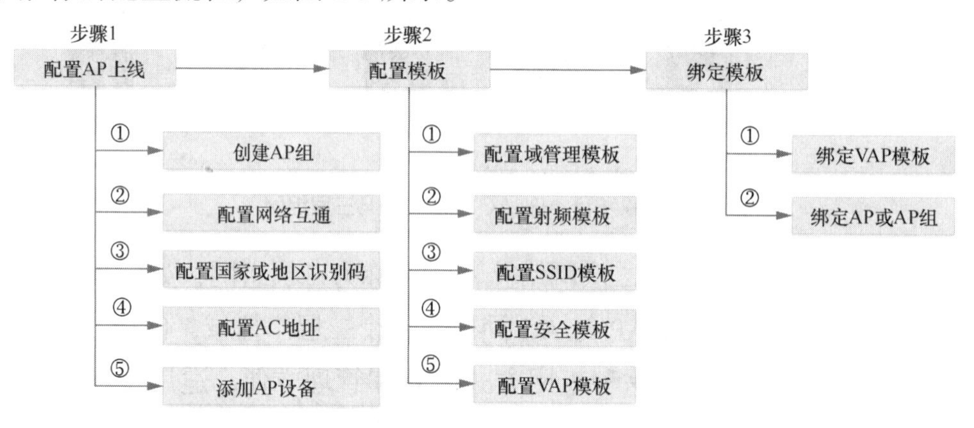

图 2-3 华为 FIT AP+AC 组网模式中推荐的配置流程

1. 配置 AP 上线

这一步骤的主要任务是打通 AP 与 AC 通信的网络链路，保证 AP 与 AC 之间网络互通，具体包括以下几个步骤。

（1）创建 AP 组

在 FIT AP+AC 组网模式中，一台 AC 需要管理很多 AP，且通常会有多个 AP 需要相同的配置。此时，可以将这些 AP 加入同一 AP 组进行统一配置，所有加入这个 AP 组的 AP 都将使用相同的配置。这样可以简化配置操作，减少配置工作量。每个 AP 都要加入且只能加入一个 AP 组。如果没有手动把 AP 加入某个 AP 组，那么 AP 会自动加入名为“default”的默认 AP 组。AP 组用于多个 AP 的通用配置，但是也可以对单个 AP 进行个性化的参数配置。

（2）配置网络互通

这一步又包含以下内容。

① 配置 DHCP 服务器为 AP 和 STA 动态分配 IP 地址，可以配置专门的 DHCP 服务器，如三层交换机，也可以将 AC 作为 DHCP 服务器。

② 配置 AP 到 DHCP 服务器的网络互通，如果 DHCP 服务器是 AC，并且 AC 和 AP 是三层组网，则需要配置 DHCP 中继。

③ 配置 AP 到 AC 之间的网络互通，在三层组网方式中，通常在 AP 的网关和 AC 之间配置静态路由或动态路由。

（3）配置 AC 国家或地区识别码

国家或地区识别码用于标识 AP 射频所在的国家或地区，不同的国家或地区识别码规定了不同的 AP 射频特性，包括 AP 的发射功率、支持的信道等。配置 AC 国家或地区识别码是为了使 AP 的射频特性符合不同国家或地区的法律法规要求。

（4）配置 AC 地址

对每台 AC 都必须唯一指定 IP 地址、VLANIF 接口或 Loopback 接口，AP 获得 IP 地址或接口后，才能在 AC 上建立 CAPWAP 隧道进行通信。相应 IP 地址或接口称为 AC 的源地址或源接口。可以使用物理接口、VLANIF 接口或 Loopback 接口作为 AC 的源接口，并把接口的 IP 地址作为 AC 的源地址。

（5）添加 AP 设备

把 AP 设备添加到 AC 的管理列表中用于 AP 的认证和上线。添加 AP 设备有 3 种方式：离线导入 AP、自动发现 AP 及手动确认未认证列表中的 AP。

2. 配置模板

为了方便网络管理员配置和维护 WLAN 的各种功能，华为公司针对 WLAN 的不同功能和特性设计了各种类型的模板，这些模板统称为 WLAN 模板。常用的 WLAN 模板有域管理模板、射频模板、SSID 模板、安全模板和 VAP 模板等，部分模板还能引用其他模板。

（1）域管理模板

域管理模板可提供对 AP 国家或地区识别码、调优信道集合和调优带宽等的配置；通过配置调优信道集合，可以在配置射频调优功能时指定 AP 信道的动态调整范围，避开雷达信道和终端不支持的信道。

（2）射频模板

射频模板主要用于优化射频的参数，使 AP 具备满足实际需求的射频能力，提高 WLAN 的信号质量。射频模板可配置的参数包括射频的类型和速率、AP 发送信标帧的周期等。

（3）SSID 模板

SSID 模板主要用于配置 WLAN 的 SSID 名称及其他 SSID 相关功能。例如，可以在 SSID 模板中配置 SSID 隐藏功能，使得只有知道 SSID 名称的无线用户才能连接到相应的 WLAN。另外，为了保证用户的上网体验，还可以配置单个 VAP 能够关联的最大用户数，以及用户数达到最大时自动隐藏 SSID 的功能。

（4）安全模板

安全模板用于配置 WLAN 的安全策略，这些策略用于在 STA 接入 WLAN 时对其进行身份验证，或者对用户的数据报文进行加解密，以保护 WLAN 和用户的安全。WLAN 的安全策略有开放认证、WEP、WPA/WPA2-PSK 等。

（5）VAP 模板

在 VAP 模板中可配置数据转发方式和业务 VLAN 等参数，还可以引用 SSID 模板和安全模板的配置。

3. 绑定模板

这一步的主要任务是对 AP 组或 AP 与 VAP 模板进行绑定，从而允许 AC 把 VAP 模板中的配置下发给相应的 AP 组或 AP。

实验 1：组建直连二层直接转发 WLAN

【实验背景】针对不同的网络拓扑结构、逻辑规划和报文转发方式，网络配置方法也有所不同。本实验采用直连式组网，将 AC 与原有的有线网络串联在一起，AC 同时提供 AP 管理和汇聚交换机的功能。

【实验设备】华为 eNSP 网络仿真工具（AP4050，1 台；AC6005，1 台；交换机 S5700，1 台；Router，1 台；STA，1 台）或华为设备（AirEngine 5760，1 台；AC6508，1 台；S5731S-S24P4X，1 台；AR6140-16G4XG，1 台；PC，Windows 10 操作系统，1 台）。

【实验拓扑】组建 FIT AP+AC 直连二层 WLAN 实验拓扑如图 2-4 所示。

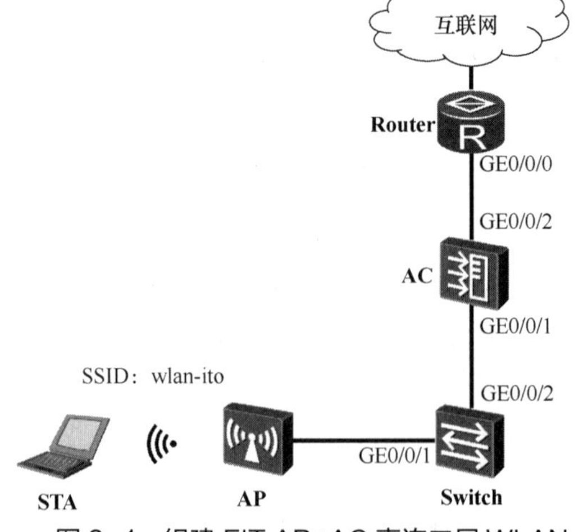

图 2-4　组建 FIT AP+AC 直连二层 WLAN 实验拓扑

【实验要求】本实验涉及的配置项及其要求和设备 IP 地址相关参数分别如表 2-2 和表 2-3 所示。

表 2-2 配置项及其要求

配置项	要求	配置项	要求
管理 VLAN	VLAN 100	业务 VLAN	VLAN 101
DHCP 服务器	AC 作为 AP 和 STA 的 DHCP 服务器	AP 地址池	VLAN 100：10.23.100.2 ～ 10.23.100.254/24。 网关：AC VLANIF 100 接口
STA 地址池	VLAN 101：10.23.101.3 ～ 10.23.101.254/24。 网关：路由器 VLANIF 101 接口	AC 源接口	VLANIF 100：10.23.100.1/24
AP 组	名称：group-ito。 引用模板：VAP 模板、域管理模板	AP 配置	名称：ap508。 组名称：group-ito
域管理模板	名称：domain。 国家或地区识别码：CN	SSID 模板	模板名称：wlan-ito。 SSID 名称：wlan-ito
安全模板	模板名称：sec-ito。 安全策略：WPA/WPA2-PSK-AES。 密码：huawei123	VAP 模板	模板名称：vap-ito。 业务 VLAN：VLAN 101。 引用模板：SSID 模板、安全模板

表 2-3 设备 IP 地址相关参数

设备	接口	IP 地址或接口类型	备注
Switch	GE0/0/1	Trunk	PVID：100。 放通 VLAN：VLAN 100、VLAN 101
	GE0/0/2	Trunk	放通 VLAN：VLAN 100、VLAN 101
AC	GE0/0/1	Trunk	放通 VLAN：VLAN 100、VLAN 101
	GE0/0/2	Trunk	放通 VLAN：VLAN 101
	VLANIF 100	10.23.100.1/24	接口地址池
	VLANIF 101	10.23.101.1/24	接口地址池
Router	GE0/0/0	Trunk	放通 VLAN：VLAN 101
	VLANIF 101	10.23.101.2/24	—

【实验步骤】以下是本实验的具体步骤。

注意

应该在与 AP 直连的设备接口上配置端口隔离。若不配置端口隔离，尤其是业务报文采用直接转发方式时，可能会在 VLAN 内形成大量不必要的广播报文，导致网络阻塞，影响用户体验。

1. 配置接入交换机

（1）配置要点

- 创建 VLAN 100 和 VLAN 101，并为其分配相关接口。
- 设置接口 GE0/0/2 放通 VLAN 100 和 VLAN 101。

（2）配置命令

具体配置命令如下。

```
<HUAWEI> system-view
[HUAWEI] sysname  Switch
[Switch] vlan  batch  100  101
[Switch] interface  gi0/0/1
[Switch-GigabitEthernet0/0/1] port  link-type  trunk
[Switch-GigabitEthernet0/0/1] port  trunk  pvid  vlan  100
[Switch-GigabitEthernet0/0/1] port  trunk  allow-pass  vlan  100  101
[Switch-GigabitEthernet0/0/1] port-isolate  enable
[Switch-GigabitEthernet0/0/1] quit
[Switch] interface  gi0/0/2
[Switch-GigabitEthernet0/0/2] port  link-type  trunk
[Switch-GigabitEthernet0/0/2] port  trunk  allow-pass  vlan  100  101
[Switch-GigabitEthernet0/0/2] quit
```

2. 配置 Router

（1）配置要点

- 创建 VLAN 101，将接口 GE0/0/0 切换为二层接口（物理设备上不需要）并加入该 VLAN。
- 设置接口 VLANIF 101 的 IP 地址。

（2）配置命令

具体配置命令如下。

```
<Huawei> system-view
[Huawei] sysname  Router
[Router] vlan  101
[Router-vlan 101] interface  gi0/0/0
[Router-GigabitEthernet0/0/0] portswitch
[Router-GigabitEthernet0/0/0] port  link-type  trunk
[Router-GigabitEthernet0/0/0] port  trunk  allow-pass  vlan  101
[Router-GigabitEthernet0/0/0] quit
[Router] interface  vlanif  101
[Router-Vlanif101] ip  address  10.23.101.2  24
[Router-Vlanif101] quit
```

3. 配置 AC 基础业务参数

（1）配置要点

- 创建 VLAN 100 和 VLAN 101，并为其分配相关接口。
- 在接口 VLANIF 100 和 VLANIF 101 上创建接口地址池，为 AP 和 STA 提供 DHCP 服务。

（2）配置命令

具体配置命令如下。

```
<HUAWEI> system-view
[HUAWEI] sysname AC
[AC] vlan batch 100 101
[AC] interface gi0/0/1
[AC-GigabitEthernet0/0/1] port link-type trunk
[AC-GigabitEthernet0/0/1] port trunk allow-pass vlan 100 101
[AC-GigabitEthernet0/0/1] quit
[AC] interface gi0/0/2
[AC-GigabitEthernet0/0/2] port link-type trunk
[AC-GigabitEthernet0/0/2] port trunk allow-pass vlan 101
[AC-GigabitEthernet0/0/2] quit
[AC] dhcp enable
[AC] interface vlanif 100
[AC-Vlanif100] ip address 10.23.100.1 24
[AC-Vlanif100] dhcp select interface
[AC-Vlanif100] quit
[AC] interface vlanif 101
[AC-Vlanif101] ip address 10.23.101.1 24
[AC-Vlanif101] dhcp select interface
[AC-Vlanif101] dhcp server gateway-list 10.23.101.2
[AC-Vlanif101] quit
```

4. 配置 AP 上线

（1）配置要点

- 创建域管理模板，配置 AC 国家或地区识别码；创建 AP 组，引用域管理模板。
- 配置 AC 源接口。
- 离线导入 AP，配置 AP 组和 AP 名称；监控 AP 上线情况。

（2）配置命令

具体配置命令如下。

```
[AC] wlan
[AC-wlan-view] regulatory-domain-profile name default
[AC-wlan-regulate-domain-default] country-code cn
[AC-wlan-regulate-domain-default] quit
[AC-wlan-view] ap-group name group-ito
[AC-wlan-ap-group-group-ito] regulatory-domain-profile default
[AC-wlan-ap-group-group-ito] quit
[AC-wlan-view] quit
[AC] capwap source interface vlanif 100
[AC] wlan
[AC-wlan-view] ap auth-mode mac-auth
[AC-wlan-view] ap-id 0 ap-mac 00e0-fcf3-2640
[AC-wlan-ap-0] ap-name ap508
[AC-wlan-ap-0] ap-group group-ito
[AC-wlan-ap-0] quit
[AC-wlan-view] display ap all
ID  MAC             Name   Group      IP             Type        State  STA  Uptime
--------------------------------------------------------------------------------------
0   00e0-fcf3-2640  ap508  group-ito  10.23.100.254  AP4050DN-E  nor    0    32S
```

5. 配置 WLAN 业务参数

（1）配置要点

- 创建安全模板，设置安全策略。
- 创建 SSID 模板，设置 SSID 名称。

- 创建 VAP 模板，设置业务数据转发方式和业务 VLAN，引用安全模板和 SSID 模板。
- 配置 AP 组引用 VAP 模板，配置 AP 射频的信道和功率。

（2）配置命令

具体配置命令如下。

```
[AC-wlan-view] security-profile  name  sec-ito
[AC-wlan-sec-prof-wlan-ito] security  wpa-wpa2  psk  pass-phrase  huawei123  aes
[AC-wlan-sec-prof-wlan-ito] quit
[AC-wlan-view] ssid-profile  name  wlan-ito
[AC-wlan-ssid-prof-wlan-ito] ssid  wlan-ito
[AC-wlan-ssid-prof-wlan-ito] quit
[AC-wlan-view] vap-profile  name  vap-ito
[AC-wlan-vap-prof-wlan-ito] forward-mode  direct-forward
[AC-wlan-vap-prof-wlan-ito] service-vlan  vlan-id  101
[AC-wlan-vap-prof-wlan-ito] security-profile  sec-ito
[AC-wlan-vap-prof-wlan-ito] ssid-profile  wlan-ito
[AC-wlan-vap-prof-wlan-ito] quit
[AC-wlan-view] ap-group  name  group-ito
[AC-wlan-ap-group-group-ito] vap-profile  vap-ito  wlan  1  radio  0
[AC-wlan-ap-group-group-ito] vap-profile  vap-ito  wlan  1  radio  1
[AC-wlan-ap-group-group-ito] quit
```

注意

AP 组引用 VAP 模板后，AP 上的所有射频都将使用 VAP 模板的配置，包括转发模式、业务 VLAN、SSID 和安全策略。

6. 实验验证

（1）验证要点

- 检查 VAP 是否创建成功。当“Status”字段显示为“ON”时，表示 AP 相应射频上的 VAP 已创建成功。同时，在 eNSP 中可以看到以 AP 为圆心的灰色区域，即 AP 无线网络的覆盖范围，如图 2-5 所示。
- STA 关联无线网络。右击 STA 设备图标，选择“设置”命令，打开“STA”窗口。在“Vap 列表”标签页中选择 2.4G 频段或 5G 频段的无线网络 wlan-ito，单击“连接”按钮后输入无线密码即可关联相应无线网络，如图 2-6 所示。
- 查看已关联的无线用户。

（2）验证命令

具体验证命令如下。

```
[AC-wlan-view] display  vap  ssid  wlan-ito
AP ID AP name RfID  WID   BSSID            Status  Auth type     STA  SSID
--------------------------------------------------------------------------------
0      ap508   0     1    00E0-FCF3-2640   ON      WPA/WPA2-PSK  0    wlan-ito
0      ap508   1     1    00E0-FCF3-2650   ON      WPA/WPA2-PSK  0    wlan-ito
[AC-wlan-view] display  station  ssid  wlan-ito
STA MAC        AP ID Ap name  Rf/WLAN  Band  Type  Rx/Tx  RSSI  VLAN  IP address
--------------------------------------------------------------------------------
5489-984e-5c8f 0     ap508     0/1     2.4G  -     -/-    -     101   10.23.101.251
```

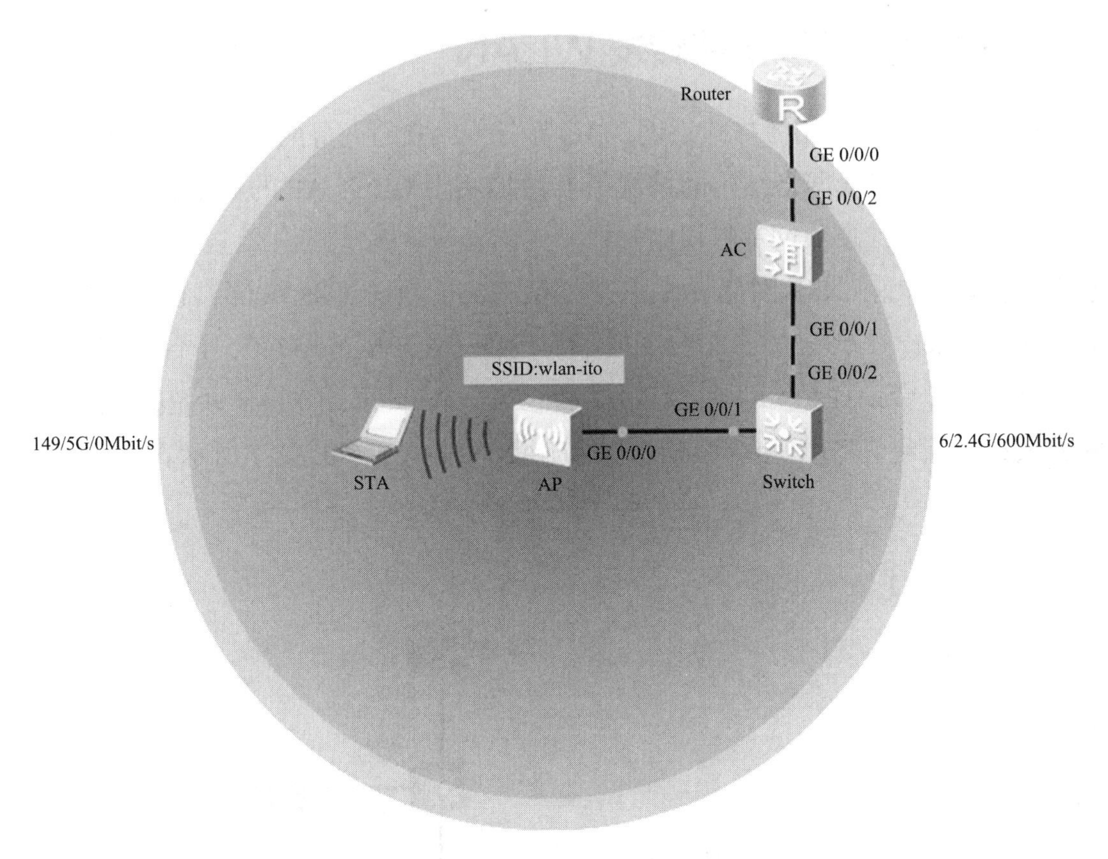

图 2-5 eNSP 中的无线网络示意

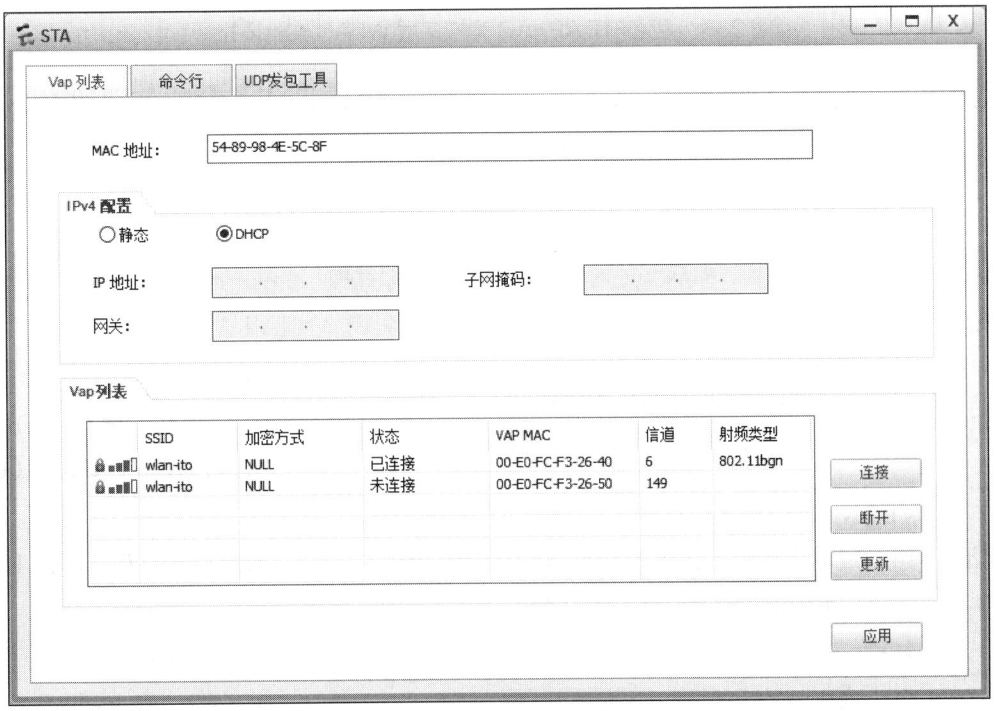

STA

Vap 列表 | 命令行 | UDP发包工具

MAC 地址： 54-89-98-4E-5C-8F

IPv4 配置

○静态 ◉DHCP

IP 地址： 子网掩码：

网关：

Vap列表

	SSID	加密方式	状态	VAP MAC	信道	射频类型
	wlan-ito	NULL	已连接	00-E0-FC-F3-26-40	6	802.11bgn
	wlan-ito	NULL	未连接	00-E0-FC-F3-26-50	149	

连接 断开 更新

应用

图 2-6 关联无线网络

实验 2：组建旁挂二层直接转发 WLAN

【实验背景】本实验采用旁挂式组网，AC 旁挂在 AP 的上行网络。采用旁挂式组网方式可以在较少改动现有有线网络结构的情况下方便地实现对 FIT AP 的集中管理。旁挂式组网支持 FIT AP 与 AC 的二层组网和三层组网。

【实验设备】华为 eNSP 网络仿真工具（AP4050，1 台；AC6005，1 台；S5700，1 台；S3700，1 台；Router，1 台；STA，1 台）或华为设备（AirEngine 5760，1 台；AC6508，1 台；S5731S-S24P4X，2 台；AR6140-16G4XG，1 台；PC，Windows 10 操作系统，1 台）。

【实验拓扑】组建 FIT AP+AC 旁挂二层 WLAN 实验拓扑如图 2-7 所示。

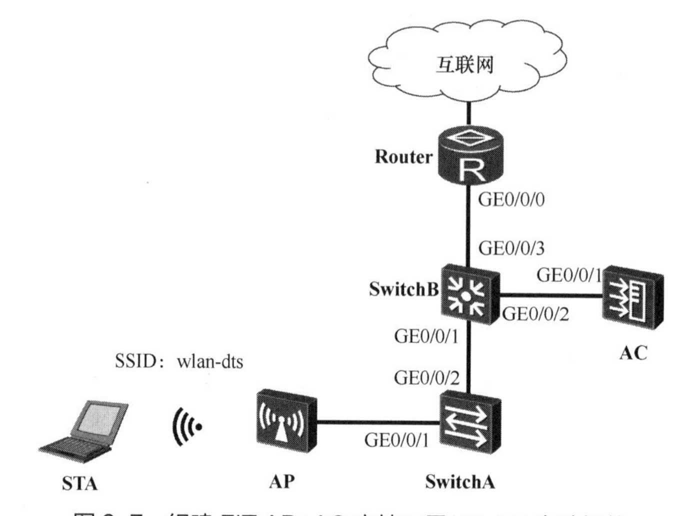

图 2-7 组建 FIT AP+AC 旁挂二层 WLAN 实验拓扑

【实验要求】本实验涉及的配置项及其要求和设备 IP 地址相关参数分别如表 2-4 和表 2-5 所示。

表 2-4 配置项及其要求

配置项	要求	配置项	要求
管理 VLAN	VLAN 100	业务 VLAN	VLAN 101
DHCP 服务器	AC 作为 AP 的 DHCP 服务器和网关，Router 作为 STA 的 DHCP 服务器	AP 地址池	VLAN 100：10.67.100.2～10.67.100.254/24。网关：AC VLANIF 100 接口
STA 地址池	VLAN 101：10.67.101.3～10.67.101.254/24。网关：路由器 VLANIF 101 接口	AC 源接口	VLANIF 100：10.67.100.1/24
AP 组	名称：group-dts。引用模板：VAP 模板、域管理模板	AP 配置	名称：ap507。组名称：group-dts
域管理模板	名称：domain。国家或地区识别码：CN	SSID 模板	模板名称：wlan-dts。SSID 名称：wlan-dts

续表

配置项	要求	配置项	要求
安全模板	模板名称：sec-dts。 安全策略：WPA/WPA2-PSK-AES。 密码：huawei123	VAP 模板	模板名称：vap-dts。 业务 VLAN：VLAN 101。 引用模板：SSID 模板、安全模板

表 2-5　设备 IP 地址相关参数

设备	接口	IP 地址或接口类型	备注
SwitchA	GE0/0/1	Trunk	PVID：100。 放通 VLAN：VLAN 100、VLAN 101
	GE0/0/2	Trunk	放通 VLAN：VLAN 100、VLAN 101
SwitchB	GE0/0/1	Trunk	放通 VLAN：VLAN 100、VLAN 101
	GE0/0/2	Trunk	放通 VLAN：VLAN 100
	GE0/0/3	Trunk	放通 VLAN：VLAN 101
AC	GE0/0/1	Trunk	放通 VLAN：VLAN 100
	VLANIF 100	10.67.100.1/24	接口地址池
Router	GE0/0/0	Trunk	放通 VLAN：VLAN 101
	VLANIF 101	10.67.101.1/24	接口地址池

【实验步骤】以下是本实验的具体步骤。

1. 配置接入交换机

（1）配置要点

- 创建 VLAN 100 和 VLAN 101，并为其分配相关接口。
- 设置接口 GE0/0/1 和 GE0/0/2 类型为 Trunk，放通 VLAN 100 和 VLAN 101。

（2）配置命令

具体配置命令如下。

```
<HUAWEI> system-view
[HUAWEI] sysname SwitchA
[SwitchA] vlan batch 100 101
[SwitchA] interface gi0/0/1
[SwitchA-GigabitEthernet0/0/1] port link-type trunk
[SwitchA-GigabitEthernet0/0/1] port trunk pvid vlan 100
[SwitchA-GigabitEthernet0/0/1] port trunk allow-pass vlan 100 101
[SwitchA-GigabitEthernet0/0/1] port-isolate enable
[SwitchA-GigabitEthernet0/0/1] quit
[SwitchA] interface gi0/0/2
[SwitchA-GigabitEthernet0/0/2] port link-type trunk
[SwitchA-GigabitEthernet0/0/2] port trunk allow-pass vlan 100 101
[SwitchA-GigabitEthernet0/0/2] quit
```

2. 配置汇聚交换机

（1）配置要点

- 创建 VLAN 100 和 VLAN 101，并为其分配相关接口。
- 设置接口 GE0/0/1 放通 VLAN 100 和 VLAN 101，接口 GE0/0/2 放通 VLAN 100，接口 GE0/0/3 放通 VLAN 101。

（2）配置命令

具体配置命令如下。

```
<HUAWEI> system-view
[HUAWEI] sysname  SwitchB
[SwitchB] vlan  batch  100  101
[SwitchB] interface  gi0/0/1
[SwitchB-GigabitEthernet0/0/1] port  link-type  trunk
[SwitchB-GigabitEthernet0/0/1] port  trunk  allow-pass  vlan  100  101
[SwitchB-GigabitEthernet0/0/1] quit
[SwitchB] interface  gi0/0/2
[SwitchB-GigabitEthernet0/0/2] port  link-type  trunk
[SwitchB-GigabitEthernet0/0/2] port  trunk  allow-pass  vlan  100
[SwitchB-GigabitEthernet0/0/2] quit
[SwitchB] interface  gi0/0/3
[SwitchB-GigabitEthernet0/0/3] port  link-type  trunk
[SwitchB-GigabitEthernet0/0/3] port  trunk  allow-pass  vlan  101
[SwitchB-GigabitEthernet0/0/3] quit
```

3. 配置 Router

（1）配置要点

- 创建 VLAN 101，将接口 GE0/0/0 切换为二层接口（物理设备上不需要）并加入 VLAN 101。
- 创建接口 VLANIF 101，设置 IP 地址，创建接口地址池，为 STA 提供 DHCP 服务。

（2）配置命令

具体配置命令如下。

```
<Huawei> system-view
[Huawei] sysname  Router
[Router] vlan  101
[Router-vlan 101] interface  gi0/0/0
[Router-GigabitEthernet0/0/0] portswitch
[Router-GigabitEthernet0/0/0] port  link-type  trunk
[Router-GigabitEthernet0/0/0] port  trunk  allow-pass  vlan  101
[Router-GigabitEthernet0/0/0] quit
[Router] dhcp  enable
[Router] interface  vlanif  101
[Router-Vlanif101] ip  address  10.67.101.1  24
[Router-Vlanif101] dhcp  select  interface
[Router-Vlanif101] quit
```

4. 配置 AC 基础业务参数

（1）配置要点

- 创建 VLAN 100，将接口 GE0/0/1 加入该 VLAN。

- 在 VLANIF 100 上创建接口地址池，为 AP 提供 DHCP 服务。

（2）配置命令

具体配置命令如下。

```
<HUAWEI> system-view
[HUAWEI] sysname AC
[AC] vlan 100
[AC] interface gi0/0/1
[AC-GigabitEthernet0/0/1] port link-type trunk
[AC-GigabitEthernet0/0/1] port trunk allow-pass vlan 100
[AC-GigabitEthernet0/0/1] quit
[AC] dhcp enable
[AC] interface vlanif 100
[AC-Vlanif100] ip address 10.67.100.1 24
[AC-Vlanif100] dhcp select interface
[AC-Vlanif100] quit
```

5. 配置 AP 上线

（1）配置要点

- 创建域管理模板，配置 AC 国家或地区识别码；创建 AP 组，引用域管理模板。
- 配置 AC 源接口。
- 离线导入 AP，配置 AP 组和 AP 名称；监控 AP 上线情况。

（2）配置命令

具体配置命令如下。

```
[AC] wlan
[AC-wlan-view] regulatory-domain-profile name default
[AC-wlan-regulate-domain-default] country-code cn
[AC-wlan-regulate-domain-default] quit
[AC-wlan-view] ap-group name group-dts
[AC-wlan-ap-group-group-dts] regulatory-domain-profile default
[AC-wlan-ap-group-group-dts] quit
[AC-wlan-view] quit
[AC] capwap source interface vlanif 100
[AC] wlan
[AC-wlan-view] ap auth-mode mac-auth
[AC-wlan-view] ap-id 0 ap-mac 00e0-fcf5-28c0
[AC-wlan-ap-0] ap-name ap507
[AC-wlan-ap-0] ap-group group-dts
[AC-wlan-ap-0] quit
[AC-wlan-view] display ap all
ID  MAC             Name   Group     IP            Type        State  STA  Uptime
---------------------------------------------------------------------------------
0   00e0-fcf5-28c0  ap507  group-dts 10.67.100.33  AP4050DN-E  nor    0    51S
```

6. 配置 WLAN 业务参数

（1）配置要点

- 创建安全模板，设置安全策略。
- 创建 SSID 模板，设置 SSID 名称。
- 创建 VAP 模板，设置业务数据转发方式和业务 VLAN，引用安全模板和 SSID 模板。

- 配置 AP 组引用 VAP 模板，配置 AP 射频的信道和功率。

（2）配置命令

具体配置命令如下。

```
[AC-wlan-view] security-profile  name  sec-dts
[AC-wlan-sec-prof-wlan-dts] security  wpa-wpa2  psk  pass-phrase  huawei123  aes
[AC-wlan-sec-prof-wlan-dts] quit
[AC-wlan-view] ssid-profile  name  wlan-dts
[AC-wlan-ssid-prof-wlan-dts] ssid  wlan-dts
[AC-wlan-ssid-prof-wlan-dts] quit
[AC-wlan-view] vap-profile  name  vap-dts
[AC-wlan-vap-prof-wlan-dts] forward-mode  direct-forward
[AC-wlan-vap-prof-wlan-dts] service-vlan  vlan-id  101
[AC-wlan-vap-prof-wlan-dts] security-profile  sec-dts
[AC-wlan-vap-prof-wlan-dts] ssid-profile  wlan-dts
[AC-wlan-vap-prof-wlan-dts] quit
[AC-wlan-view] ap-group  name  group-dts
[AC-wlan-ap-group-group-dts] vap-profile  vap-dts  wlan  1  radio  0
[AC-wlan-ap-group-group-dts] vap-profile  vap-dts  wlan  1  radio  1
[AC-wlan-ap-group-group-dts] quit
```

7. 实验验证

（1）验证要点

- 检查 VAP 是否创建成功。
- 将 STA 加入无线网络后查看已关联的无线用户。

（2）验证命令

具体验证命令如下。

```
[AC-wlan-view] display  vap  ssid  wlan-dts
AP ID AP name  RfID WID      BSSID          Status     Auth type      STA   SSID
-----------------------------------------------------------------------------------
0       ap507    0     1    00E0-FCF5-28C0   ON         WPA/WPA2-PSK  0     wlan-dts
0       ap507    1     1    00E0-FCF5-28D0   ON         WPA/WPA2-PSK  0     wlan-dts
[AC-wlan-view] display  station  ssid  wlan-dts
STA MAC          AP ID Ap name  Rf/WLAN  Band  Type  Rx/Tx   RSSI  VLAN  IP address
-----------------------------------------------------------------------------------
5489-98df-3eaa  0     ap507    1/1      5G    11a   0/0     -     101   10.67.101.254
```

云管理架构和 Leader AP 架构

除了前面介绍的 FAT AP 及 FIT AP+AC 组网架构外，还有两种新的 WLAN 组网架构，即云管理架构和 Leader AP 架构。

（1）云管理架构

在部署无线网络时，传统的网络解决方案存在部署成本高、运维困难等问题。对无线站点数量多、地域分散的大型企业来说，这些问题尤为明显。而采用云管理架构部署无线网络，可以很好地解决这些问题。

云管理架构如图 2-8（a）所示。当云 AP 安装完成并上电后，会自动连接到云管理平台并下载指定的配置文件、软件包和补丁文件等系统文件。云管理平台基于云计算技术构建，网络管理员可以随时随地通过云管理平台向云 AP 统一下发配置。引入云管理平台，能够在任意地点对设备进行集中管理和维护，可大大降低网络部署和运维成本。

（2）Leader AP 架构

有的企业不愿采用云管理架构，想要独立组建和管理无线网络。这类企业终端数量不多，采用 FIT AP+AC 组网模式显得"大材小用"，且要负担 AC 的硬件成本，但是采用 FAT AP 组网模式又不能统一管理和维护 AP。FIT AP+AC 一般应用于大中型企业，用于管理和维护大量的 AP 设备，同时引入了 AC 的硬件成本。华为公司设计的 Leader AP 架构能够满足这类企业的组网需求，如图 2-8（b）所示。

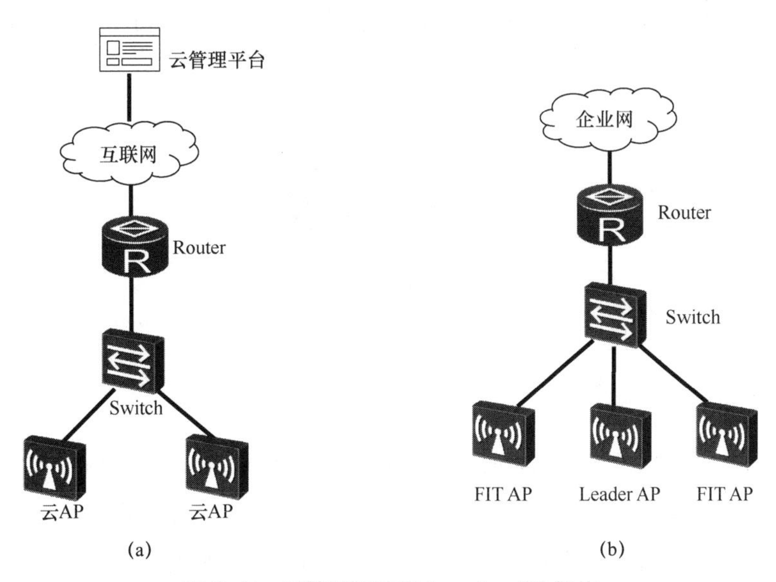

图 2-8 云管理架构和 Leader AP 架构

Leader AP 架构中只包含 AP，其中有一台 AP 被称为 Leader AP，其承担着管理其他 AP 的职责。Leader AP 在网络中广播自己的角色，其他 AP 发现 Leader AP 后以 FIT AP 的身份与其建立连接以实现二层互通。Leader AP 在功能上和 AC 非常类似，可提供基于 CAPWAP 隧道的统一管理。网络管理员只要登录 Leader AP，就能在 Leader AP 上配置无线网络。其他 AP 对外提供相同的无线服务，无线终端可以在不同 AP 间漫游。

拓展实训

FIT AP+AC 组网模式能够实现对 AP 的集中配置和管理，支持 FIT AP 零配置启动，扩展性较好。FIT AP 和 AC 之间通过建立 CAPWAP 隧道交换管理报文和业务报文。FIT AP+AC 是目前大中型企业组建 WLAN 时最常使用的组网模式之一。希望读者通过完成以下的实训内容，深入理解相关知识。

【实训目的】

（1）熟悉 FIT AP+AC 组网模式的技术特点和应用场景。

（2）掌握 FAT AP 和 FIT AP+AC 两种组网模式的优缺点。

（3）掌握 FIT AP 与 AC 的连接方式，熟悉二层组网与三层组网、直连式组网与旁挂式组网的不同之处。

（4）熟悉华为 FIT AP+AC 组网模式的基本流程和注意事项。

【实训内容】

（1）学习 FIT AP+AC 组网模式的技术特点和应用场景。

（2）研究 FAT AP 和 FIT AP+AC 两种组网模式，比较其优缺点。

（3）比较二层组网与三层组网、直连式组网与旁挂式组网的不同之处。

（4）组建简单的 FIT AP+AC 网络，采用直连式二层组网，将 AC 作为 AP 和无线用户的 DHCP 服务器。

任务 2.2　了解隧道传输技术

任务陈述

在 FIT AP+AC 组网模式中，AC 是无线网络的核心设备，承担着用户接入认证、安全、网络管理等功能，AP 通过 AC 实现软件升级和网络配置。FIT AP+AC 组网模式的关键技术是 CAPWAP 通信协议。本任务将详细介绍 CAPWAP 协议的基本概念、CAPWAP 隧道的建立过程，以及两种数据转发方式和数据传输过程。

2.2.1　CAPWAP 协议概述

在 FIT AP+AC 组网模式中，AC 集中管理全网的 AP，因此需要制定配套的通信协议规范双方的通信行为。AC 与 AP 之间的通信协议称为无线接入点控制和配置（Control And Provisioning of Wireless Access Points，CAPWAP）。CAPWAP 协议规定了 AC 如何对关联的 AP 进行管理和业务配置，以及 AC 和 AP 之间交换报文的数据格式等。

1. CAPWAP 协议起源

思科公司制定了 AP 和 AC 之间的首个通信协议，称为轻型接入点协议（LWAPP）。互联网工程任务组为了解决各厂商 AP 和 AC 间通信协议的互不兼容问题，成立了 CAPWAP 工作组以研究大规模 WLAN 组网技术及进行 AP 和 AC 间通信协议的标准化工作。除了 LWAPP 外，CAPWAP 工作组还参考了其他 3 种协议，包括安全轻量级接入协议（SLAPP）、CAPWAP 隧道协议（CTP）和无线局域网控制协议（WiCoP），如表 2-6 所示。

表 2-6　CAPWAP 相关协议

协议名称	协议全称	标准	协议特点	加密技术
LWAPP	Light Weight Access Point Protocol	RFC 5412	定义 AC 发现和管理 AP 的方法，支持二层和三层连接	AES-CCM
SLAPP	Secure Light Access Point Protocol	RFC 5413	支持桥接和隧道两种本地 MAC 机制，支持直连、二层和三层共 3 种连接方式	DTLS
CTP	CAPWAP Tunneling Protocol	draft- singh-capwap-ctp	利用扩展的 SNMP 对 WTP 进行配置和管理	AES-CCM
WiCoP	Wireless LAN Control Protocol	RFC 5414	支持性能协商功能和 QoS 参数定义	IPSec 和 EAP

CAPWAP 协议规定了 AC 如何对与其关联的 AP 进行集中管理和控制，具体包括以下几项内容。

（1）AP 如何发现 AC。

（2）AP 与 AC 如何建立关联及 AP 与 AC 间的状态维护。

（3）AC 如何对 AP 进行管理、业务配置下发等。

（4）数据如何在 CAPWAP 隧道中转发。

2. 控制通道和数据通道

CAPWAP 协议是基于用户数据报协议（User Datagram Protocol，UDP）的应用层协议。CAPWAP 协议可以承载 AP 与 AC 之间交换的两种报文，即管理报文（控制报文）和业务报文（数据报文）。AP 与 AC 之间交换的报文必须在 CAPWAP 隧道中传输。所谓的 CAPWAP 隧道，其实就是为报文添加一个 CAPWAP 协议定义的报文头，或者说使用 CAPWAP 协议对报文进行封装。携带 CAPWAP 报文头的管理报文或业务报文在 AP 与 AC 之间传输时，逻辑上可以认为使用一个专用的传输通道。其中，传输管理报文的通道称为控制通道或管理通道，传输业务报文的通道称为数据通道或业务通道，这就像在一条公路上划分出两条车道，如图 2-9

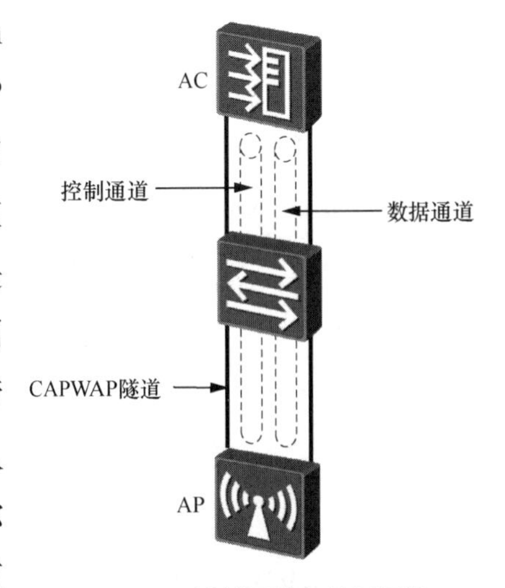

图 2-9　控制通道和数据通道

所示。控制通道和数据通道使用不同的 UDP 端口发送报文，前者使用 UDP 端口 5246，后者使用 UDP 端口 5247。

管理报文是指 AC 对 AP 进行业务配置和管理、对 CAPWAP 会话进行维护的控制信息。除发现请求和发现响应两种管理报文采用明文传输外，其他管理报文必须使用数据报传输层安全（Datagram Transport Layer Security，DTLS）协议加密传输。业务报文是无线用户产生或发送给其他无线用户的实际数据。根据 AP 与 AC 的协商结果，业务报文可以选择是否使用 DTLS 协议加密传输。管理报文与业务报文的格式如图 2-10 所示。

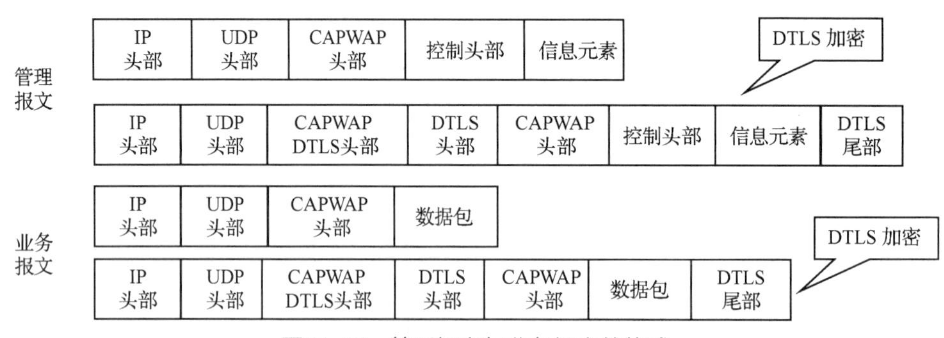

图 2-10　管理报文与业务报文的格式

2.2.2　CAPWAP 隧道建立过程

AP 与 AC 通信之前必须建立 CAPWAP 隧道。CAPWAP 隧道的建立过程如图 2-11 所示，整个过程经历 DHCP 交互、AP 发现 AC（Discovery）、建立 DTLS 连接（DTLS Connect）等多个阶段。下面按照先后顺序分别介绍各个阶段的具体行为。

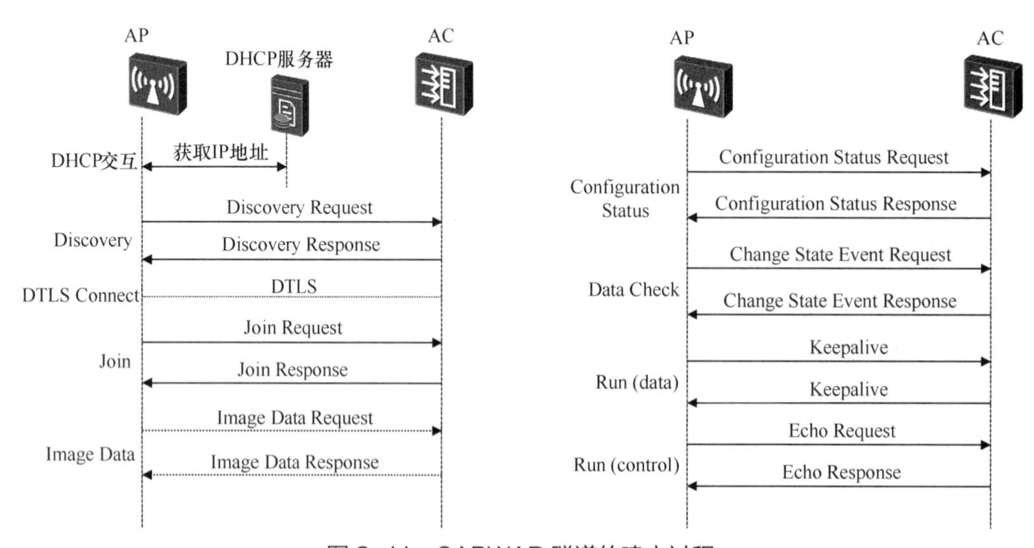

图 2-11　CAPWAP 隧道的建立过程

（1）DHCP 交互

AP 要有自己的 IP 地址才能与 AC 通信。网络管理员可以通过静态的方式为 AP 手动配置IP地址，但这种方式在大中型组网中显然是不适用的。在FIT AP+AC组网模式中，AP一般是零配置启动的。通常的做法是使用DHCP服务器为AP动态分配IP地址。可以在AC或核心交换机上配置DHCP服务。

（2）AP发现AC（Discovery）

有了自己的IP地址，AP还要知道AC的IP地址才能与AC通信，这个过程就是AP发现AC的过程。如果在AP上预配置了AC的IP地址，那么AP上电后可直接启动静态发现流程并与指定的AC连接。如果未预先配置AC的IP地址，那么AP只能通过动态发现流程发现可用的AC。在二层交换网络中，AP可以通过广播方式发现本地网络中的AC。常见的方式是通过DHCP服务的Option 43字段获取AC的IP地址（不同网络设备厂商定义的DHCP Option字段各不相同）。除此之外，另一种比较常见的方式是通过DNS解析获取AC的IP地址。

得到AC的IP地址后，AP以单播（三层组网）或广播（二层组网）的方式发送一个发现请求（Discovery Request）报文尝试关联AC。AC收到AP的Discovery Request报文后，发送一个单播发现响应（Discovery Response）报文给AP。Discovery Response报文携带有AC的优先级或AC当前关联的AP的数量等信息，AP可根据这些信息决定与哪个AC建立连接。

（3）建立DTLS连接（DTLS Connect）

Discovery Response报文还会指示是否需要采用DTLS加密传输CAPWAP隧道中的UDP报文。如果需要加密，则AP与AC会协商DTLS加密参数。

（4）AP加入AC（Join）

这一阶段是AP请求加入AC并与之共同建立控制通道的过程。在AC与AP完成DTLS握手后，AP发送加入请求（Join Request）报文请求与AC建立控制通道，AC判断是否允许AP加入，并发送加入响应（Join Response）报文予以响应。Join Response报文携带有用户配置的升级版本号、握手报文间隔/超时时间、控制报文优先级等信息。

（5）AP版本升级（Image Data）

AP根据Join Response报文中指定的AP版本检查自身的版本。如果AP当前的版本无法满足AC的版本要求，则AP将直接进入Image Data状态准备进行版本升级。AP向AC发送版本升级请求（Image Data Request）报文请求下载最新软件版本，AC收到该报文后回应版本升级响应（Image Data Response）报文向AP下发软件版本。AP完成软件版本升级后重新启动，重新进行AC发现、建立DTLS连接和加入AC操作。

（6）AP配置下发（Configuration Status）

如果AP当前的版本与AC指定的版本一致，则AP直接进入Configuration状态，这是AC检查AP配置和下发配置的过程。进入Configuration状态后，AP向AC发送配置状态请求（Configuration Status Request）报文，该报文包含AP现有的配置。AC收到该报文后若发现AP的配置不符合要求，则回应配置状态响应（Configuration Status Response）报文通知AP同步配置。

（7）AP配置确认（Data Check）

Configuration Status阶段完成后，AC需要确认配置是否在AP上执行成功。AP向AC发送配置确认请求（Change State Event Request）报文，其中包含射频、错误码、配置信息等内容。AC接收到Change State Event Request后，会回复配置确认响应（Change State Event Response）报文 。Data Check完成后，标志着控制通道建立完成，AP开始进入Run状态。

（8）Run（data）

进入Run状态后，AP与AC开始转发用户数据，同时需要定期检查CAPWAP数据通道是否正常工作。AP向AC发送数据心跳（Keepalive）报文（俗称“保活报文”），AC收到Keepalive报文后也会回应Keepalive报文。这表示数据隧道已经建立，AP可以开始正常工作。

（9）Run（control）

AP进入Run状态后，同时向AC发送控制心跳请求（Echo Request）报文（即控制通道的保活报文），表示启动控制通道超时定时器以检测控制通道的状态。AC收到Echo Request报文后，向AP回应控制心跳响应（Echo Response）报文，同时启动控制通道超时定时器。

2.2.3 CAPWAP数据转发方式

CAPWAP隧道承载着管理报文和业务报文，即管理流量和业务流量。管理报文只在AC与AP之间交换，且必须封装在CAPWAP控制通道中传输，到达AC即终止。图2-12（a）和图2-12（b）所示分别为直连式组网和旁挂式组网中管理报文的传输路径。

与管理报文不同的是，业务报文可以选择是否封装在CAPWAP隧道中传输。根据业务报文是否封装在CAPWAP隧道中传输，可以将业务报文的转发方式分为两种：直接转发和隧道转发。直接转发又称本地转发，是指用户的业务报文到达AP后，不经过CAPWAP封装直接转发到上行网络。在直接转发方式下，业务报文在AP上完成从无线（802.11）报文到有线（802.3）报文的转换，并通过AP的上行交换机转发到上行网络。也就是说，AC只负责管理AP，不负责转发数据流量。

在直接转发方式下，业务报文无须经过AC集中处理，因此不用考虑AC产生的带宽瓶颈，且可以直接继承上行网络现有的安全策略。直接转发方式的网络架构比较简单，适用于中小规模的WLAN组网场景，是一种较为推荐的整合网络部署方式。直连式组网和旁挂式组网都可以采用直接转发方式，分别如图2-13（a）和图2-13（b）所示。

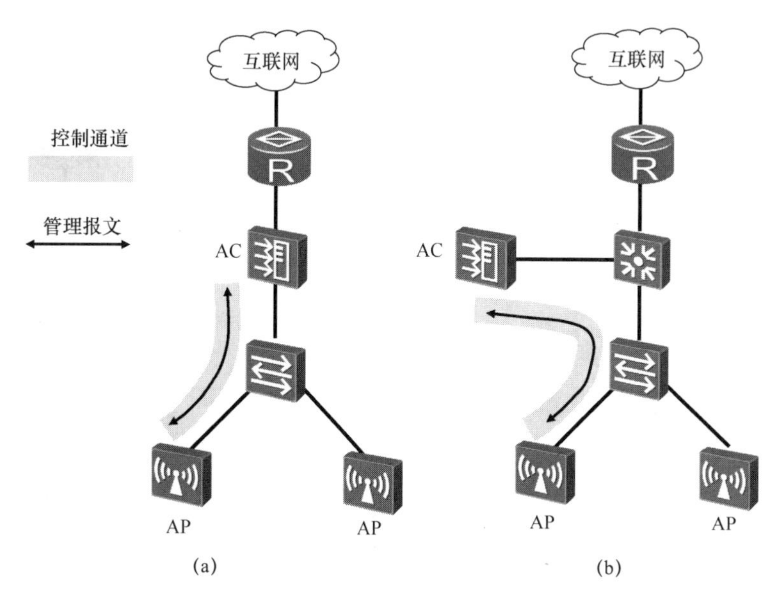

图 2-12　直连式组网和旁挂式组网中管理报文的传输路径

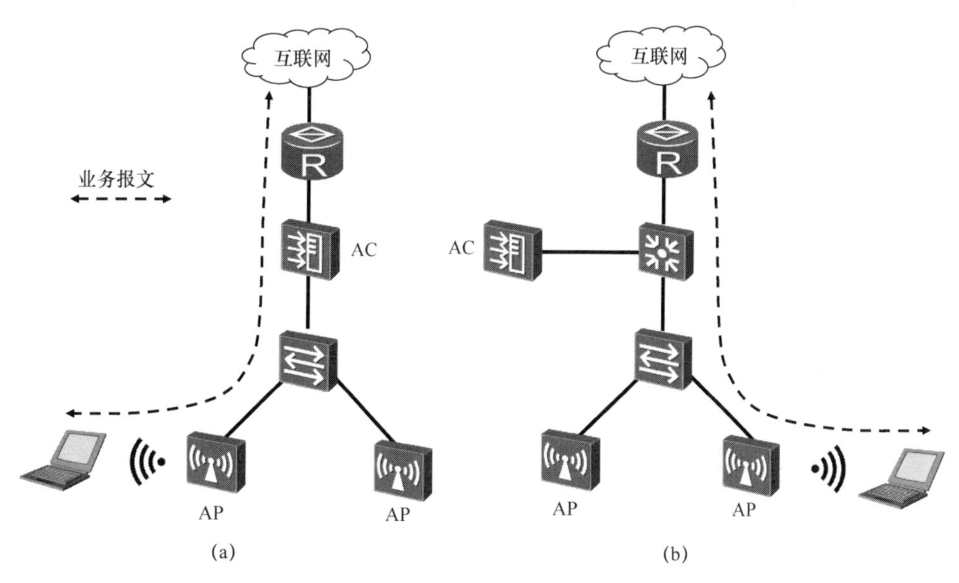

图 2-13　直连式直接转发和旁挂式直接转发

与直接转发相对的是隧道转发，又称集中转发。在隧道转发方式下，业务报文在 AP 上进行CAPWAP封装，并经CAPWAP数据通道传输到AC，AC将其解封装后转发至上行网络。因此，AC 不仅要对 AP 进行管理，还要作为用户数据流量的转发中枢。隧道转发方式通常应用于旁挂式组网，部署、配置方便。在现网中新增设备时一般采用隧道转发方式，以减少对现网的改动。另外，业务报文通过数据通道传输至 AC，可以提高数据传输的安全性，也有利于 AC 对数据进行集中管理和控制。隧道转发方式对 AC 的要求较高，AC 有可能成为 WLAN 的带宽瓶颈。在实际组网时，可以考虑部署一台 AC 作为备份，或者部署两台 AC 互为备份，以提高 WLAN 的可靠性和转发效率。图 2-14（a）和图 2-14（b）所示分别为直连式隧道转发和旁挂式隧道转发。

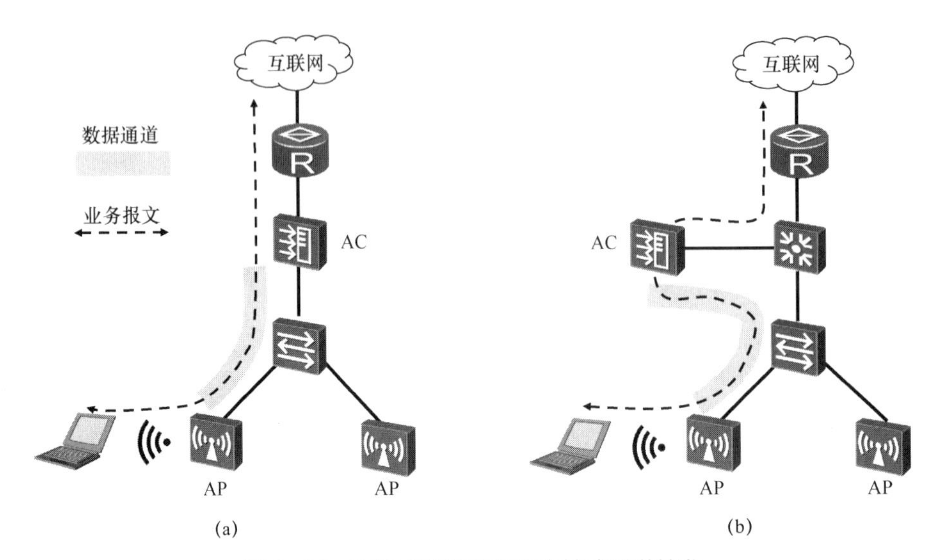

图 2-14　直连式隧道转发和旁挂式隧道转发

2.2.4　CAPWAP 数据传输过程

本小节以直连式组网为例，详细介绍 FIT AP+AC 组网模式中管理报文和业务报文的具体传输过程。

1. 管理报文传输过程

首先要明确一点，管理报文必须封装在 CAPWAP 隧道中传输，因此管理报文只有隧道转发一种方式，如图 2-15 所示。图 2-15 中的 Payload 表示 AC 要发送给 AP 的实际数据，即有效载荷。下面按照从上到下的顺序跟踪管理报文的传输过程。

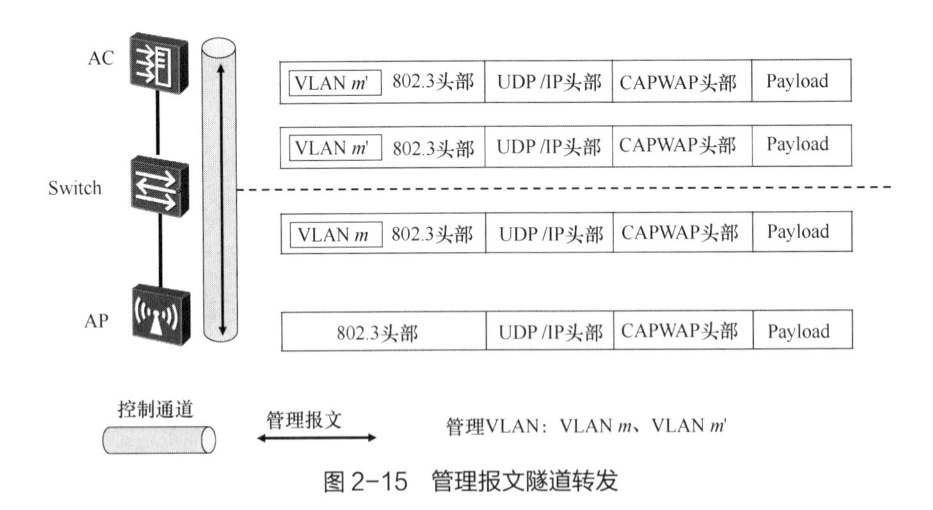

图 2-15　管理报文隧道转发

（1）封装

首先，AC 为 Payload 添加一个 CAPWAP 头部，携带 CAPWAP 头部的报文在 CAPWAP 隧道中传输。其次，AC 继续添加必要的 UDP/IP 和 802.3 头部。这里的 802.3 头部表示该报文要在以太网中进行传输。AC 还要在 802.3 头部中为报文添加管理 VLAN 标记，即图 2-15

中的 VLAN m'。

（2）传输

管理报文会一直携带管理 VLAN 在 AC 和 AP 之间的网络中传输。因此，在实际网络配置中，这个网络要允许携带管理 VLAN 的报文通过，以保证管理报文能在 AC 和 AP 之间顺利传输。如果 AC 和 AP 是三层组网，那么管理 VLAN 在传输过程中会发生改变，即交换机在转发管理报文时，将原来的管理 VLAN m' 替换为 VLAN m。如果 AC 和 AP 是二层组网，那么管理 VLAN 保持不变，即 $m'=m$。

（3）解封装

一般情况下，AP 只能识别和处理不带管理 VLAN 标记的报文。因此，交换机会去掉管理报文外层的管理 VLAN（VLAN m），只将剩下的报文下发给 AP。AP 收到管理报文后，依次去掉 802.3、UDP/IP 和 CAPWAP 头部，最后保留并处理管理报文的 Payload。在实际网络配置中，通常把直连 AP 的设备接口（这里为交换机的下行口）的 PVID 配置为管理 VLAN。这样，管理报文从该接口发送出去时，会被去掉外层的管理 VLAN。如果该接口没有配置 PVID，则可能导致 AP 收到携带管理 VLAN 的管理报文，解决方法是把 AP 上行口的 PVID 配置为管理 VLAN，这样 AP 就能够识别并去掉管理 VLAN，解封装后得到需要的 Payload。

上面分析的是 AC 发送给 AP 的管理报文的传输过程。对于 AP 发送给 AC 的管理报文，传输过程可以反过来理解。AP 把经过 CAPWAP 封装的管理报文发送给交换机，交换机为其添加管理 VLAN 标记后将其转发给 AC。AC 收到管理报文后，去掉管理 VLAN 标记，解除 CAPWAP 封装，得到 Payload。

2. 业务报文传输过程

（1）业务报文的直接转发

下面结合图 2-16 分析直接转发方式下业务报文的传输过程。这里按照从下到上的顺序跟踪业务报文。图 2-16 中的 Payload 表示无线用户要发送的实际有效数据，即有效载荷。

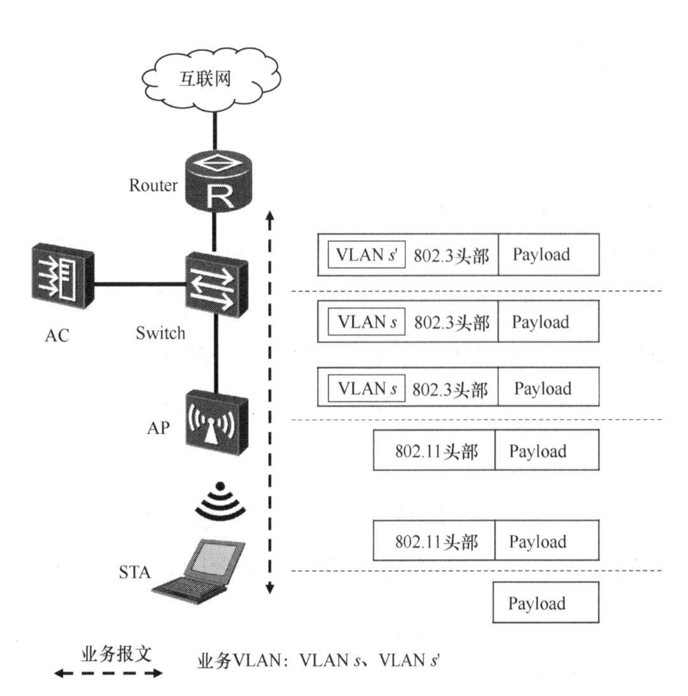

图 2-16 业务报文直接转发

① 封装：无线用户的业务数据先由工作站（即图 2-16 中的 STA）的无线网卡完成 802.11 封装，再通过无线信道发送至 AP。这里的 802.11 封装是指按照 IEEE 802.11 相关标准进行封装，封装后形成一个 IEEE 802.11 MAC 帧。需要注意的是，

在直接转发方式下，业务报文不需要进行 CAPWAP 封装。

② 传输：AP 在收到用户的无线报文后，需要把无线报文转换为有线报文，即 802.11 到 802.3 的转换。同时，AP 要为转换后的报文添加业务 VLAN 标记，即图 2-16 中的 VLAN s。此后，AP 通过上行口把报文发送给交换机。

交换机收到 AP 的报文后，根据 AC 与 AP 的组网情况，可能要对报文中的业务 VLAN 进行替换。如果 AC 与 AP 之间是三层组网，那么业务 VLAN 会发生改变，使用 VLAN s' 替换 VLAN s；如果 AC 与 AP 之间是二层组网，那么业务 VLAN 保持不变，即 $s = s'$。交换机把携带业务 VLAN 标记的报文继续转发至上行网络。在直接转发方式下，从 AP 到目的主机之间的网络都要允许携带业务 VLAN 标记的报文通过。

在直连式组网拓扑中，AC 会收到交换机上送的业务报文。但此时 AC 会和交换机一样，只负责把报文转发给下一个网络设备，不会对其进行 CAPWAP 封装。AC 发送出去的报文与交换机发送出去的报文在格式上是相同的。如果是旁挂式组网，则 AC 不会收到业务报文。

③ 解封装：业务报文到达目的网络后，业务 VLAN 及其他报文头部会被依次移除，剩下的 Payload 就是无线用户实际发送的数据。

当业务报文从目的网络返回时，先进行 802.3 封装并添加业务 VLAN 标记（VLAN s'），再发送至交换机。同样，交换机根据 AC 与 AP 间的组网情况确定是否要替换报文中的业务 VLAN，并继续把报文下发给 AP。由于 STA 无法处理带业务 VLAN 标记的报文，因此当业务报文到达 AP 后，AP 必须先去掉业务 VLAN 标记，再对报文进行 802.3 到 802.11 的转换，并把转换后的报文通过无线信道发送至 STA。最后，STA 去掉报文外层的 802.11 头部及其他头部，得到 Payload。

（2）业务报文的隧道转发

结合图 2-17，按照从下到上的顺序介绍隧道转发方式下业务报文的传输过程。

① 封装：隧道转发方式下，业务报文从 STA 到 AP 的过程和直接转发方式是相同的。STA 把经过 802.11 封装的业务报文通过无线信道发送给 AP。接下来 AP 的处理比较关键，体现了两种转发方式的不同。AP 先把无线报文转换为有线报文，即完成 802.11 到 802.3 的转换，再添加业务 VLAN 标记（VLAN s）。由于在隧道转发方式中业务报文统一交给 AC 处理，AP 需要对报文进行 CAPWAP 封装，添加必要的 UDP/IP 和 802.3 头部，并将其向上发送至交换机。

② 传输：交换机对业务报文的处理方式和上面讲到的对管理报文的处理方式是相同的。如果 AC 与 AP 之间是三层组网，则交换机会使用 VLAN m 替换 VLAN m'；如果 AC 与 AP 之间是二层组网，则管理 VLAN 保持不变，即 $m = m'$。交换机将业务报文继续向上转发至 AC。

需要注意的是，从交换机的角度来看，此时的业务报文在形式上是管理报文，因为它携带的是管理 VLAN 标记而非业务 VLAN 标记。

③ 解封装：AC 收到业务报文后，先去掉 802.3 头部中的管理 VLAN 标记（VLAN *m'*），以及 UDP/IP 和 CAPWAP 头部，得到携带业务 VLAN 标记（VLAN *s*）的业务报文，再把该业务报文继续转发至目的网络。

对比管理报文的传输过程可以发现，在隧道转发方式中，业务报文在 AP 与 AC 之间的网络中是携带管理 VLAN 标记进行传输的，与管理报文转发处理流程是相同的。不同之处在于，管理报文的 Payload 是一个携带业务 VLAN 标记（VLAN *s*）的业务报文，而不是单纯的有效数据。

当业务报文从目的网络返回时，也要先经过 AC，再由 AC 转发处理。AC 收到的是一个携带业务 VLAN 标记（VLAN *s*）的报文。AC 对整个报文进行 CAPWAP 封装，添加 UDP/IP、802.3 头部及管理 VLAN 标记（VLAN *m*），再将其转发至 AP。在这个过程中，中间的交换机根据 AC 与 AP 的组网方式对管理 VLAN 进行替换。报文到达 AP 后，AP 除了要去掉报文外层的 802.3、UDP/IP 和 CAPWAP 头部外，还要去掉报文内部的业务 VLAN 标记（VLAN *s*），并把有线报文转换为无线报文，通过无线信道将其发送至 STA。最后，STA 解封装 802.11 报文，得到 Payload。

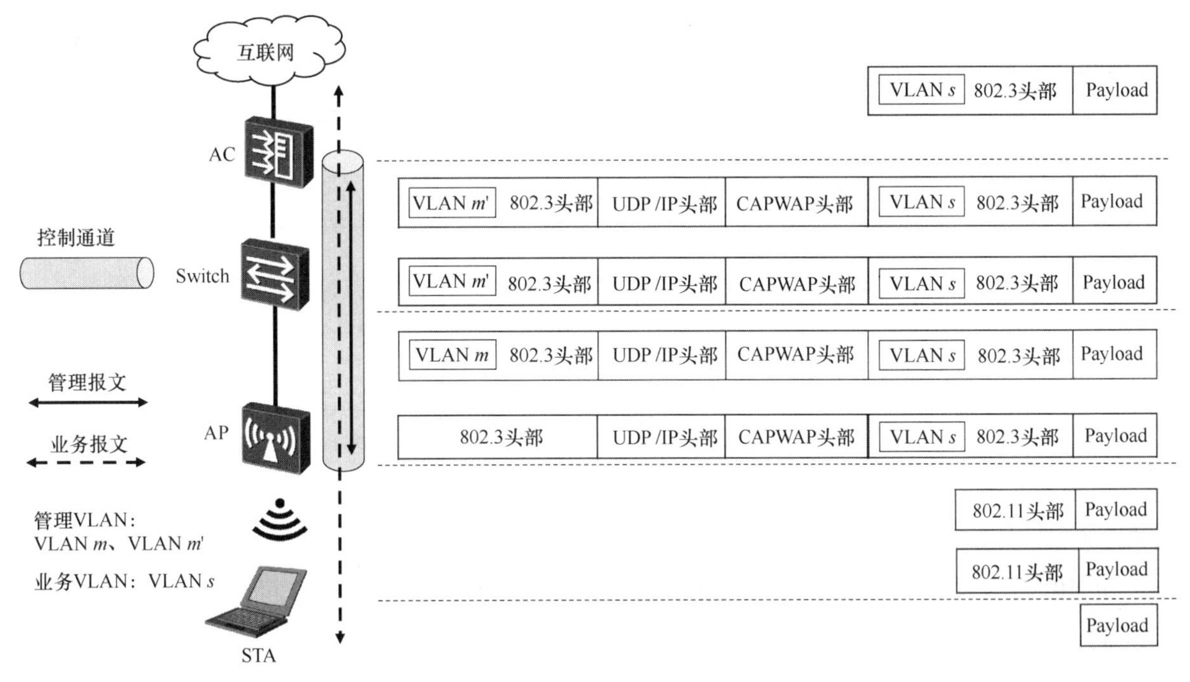

图 2-17 业务报文隧道转发

任务实施

下面采用隧道转发方式实现两个实验。注意，两种转发方式下实验拓扑保持不变，配置项也基本相同，但设备 IP 地址参数有所不同。

实验 1：组建直连二层隧道转发 WLAN

【实验背景】参考任务 2.1 实验 1。

【实验设备】参考任务 2.1 实验 1。

【实验拓扑】参考任务 2.1 实验 1，如图 2-4 所示。

【实验要求】本实验涉及的配置项在直接转发和隧道转发方式下是相同的，如表 2-2 所示。两种转发方式下设备 IP 地址参数有所不同。本实验的具体参数如表 2-7 所示。

表 2-7　隧道转发方式下的设备 IP 地址参数

设备	接口	IP 地址或接口类型	备注
Switch	GE0/0/1	Trunk	PVID：100。 放通 VLAN：VLAN 100
	GE0/0/2	Trunk	放通 VLAN：VLAN 100
AC	GE0/0/1	Trunk	放通 VLAN：VLAN 100
	GE0/0/2	Trunk	放通 VLAN：VLAN 101
	VLANIF 100	10.23.100.1/24	接口地址池
	VLANIF 101	10.23.101.1/24	接口地址池
Router	GE0/0/0	Trunk	放通 VLAN：VLAN 101
	VLANIF 101	10.23.101.2/24	

【实验步骤】以下是本实验的具体步骤。

注意

在隧道转发方式下，管理 VLAN 和业务 VLAN 不能配置为同一 VLAN，且 AP 和 AC 之间只能放通管理 VLAN，不能放通业务 VLAN。

1. 配置接入交换机

（1）配置要点

- 创建 VLAN 100，并为其分配相关接口。
- 设置接口 GE0/0/1 和 GE0/0/2 放通 VLAN 100。

（2）配置命令

具体配置命令如下。

```
<HUAWEI> system-view
[HUAWEI] sysname  Switch
[Switch] vlan  100
[Switch-vlan100] interface  gi0/0/1
[Switch-GigabitEthernet0/0/1] port  link-type  trunk
[Switch-GigabitEthernet0/0/1] port  trunk  pvid  vlan  100
```

```
[Switch-GigabitEthernet0/0/1] port trunk allow-pass vlan 100
[Switch-GigabitEthernet0/0/1] port-isolate enable
[Switch-GigabitEthernet0/0/1] quit
[Switch] interface gi0/0/2
[Switch-GigabitEthernet0/0/2] port link-type trunk
[Switch-GigabitEthernet0/0/2] port trunk allow-pass vlan 100
[Switch-GigabitEthernet0/0/2] quit
```

2. 配置 Router

（1）配置要点

- 创建 VLAN 101，设置接口 VLANIF 101 的 IP 地址。
- 将接口 GE0/0/0 加入 VLAN 101。

（2）配置命令

具体配置命令如下。

```
<Huawei> system-view
[Huawei] sysname Router
[Router] vlan 101
[Router-vlan 101] interface gi0/0/0
[Router-GigabitEthernet0/0/0] port link-type trunk
[Router-GigabitEthernet0/0/0] port trunk allow-pass vlan 101
[Router-GigabitEthernet0/0/0] quit
[Router] interface vlanif 101
[Router-Vlanif101] ip address 10.23.101.2 24
[Router-Vlanif101] quit
```

3. 配置 AC 基础业务参数

（1）配置要点

- 创建 VLAN 100 和 VLAN 101，并为其分配相关接口。
- 在接口 VLANIF 100 和 VLANIF 101 上创建接口地址池，为 AP 和 STA 提供 DHCP 服务。

（2）配置命令

具体配置命令如下。

```
<HUAWEI> system-view
[HUAWEI] sysname AC
[AC] vlan batch 100 101
[AC] interface gi0/0/1
[AC-GigabitEthernet0/0/1] port link-type trunk
[AC-GigabitEthernet0/0/1] port trunk allow-pass vlan 100
[AC-GigabitEthernet0/0/1] quit
[AC] interface gi0/0/2
[AC-GigabitEthernet0/0/2] port link-type trunk
[AC-GigabitEthernet0/0/2] port trunk allow-pass vlan 101
[AC-GigabitEthernet0/0/2] quit
[AC] dhcp enable
[AC] interface vlanif 100
[AC-Vlanif100] ip address 10.23.100.1 24
[AC-Vlanif100] dhcp select interface
[AC-Vlanif100] quit
```

```
[AC] interface vlanif 101
[AC-Vlanif101] ip address 10.23.101.1 24
[AC-Vlanif101] dhcp select interface
[AC-Vlanif101] dhcp server gateway-list 10.23.101.2
[AC-Vlanif101] quit
```

4. 配置 AP 上线

（1）配置要点

- 创建域管理模板，配置 AC 国家或地区识别码；创建 AP 组，引用域管理模板。
- 配置 AC 源接口。
- 离线导入 AP，配置 AP 组和 AP 名称；监控 AP 上线情况。

（2）配置命令

具体配置命令如下。

```
[AC] wlan
[AC-wlan-view] regulatory-domain-profile name default
[AC-wlan-regulate-domain-default] country-code cn
[AC-wlan-regulate-domain-default] quit
[AC-wlan-view] ap-group name group-ito
[AC-wlan-ap-group-group-ito] regulatory-domain-profile default
[AC-wlan-ap-group-group-ito] quit
[AC-wlan-view] quit
[AC] capwap source interface vlanif 100
[AC] wlan
[AC-wlan-view] ap auth-mode mac-auth
[AC-wlan-view] ap-id 0 ap-mac 00e0-fcf3-2640
[AC-wlan-ap-0] ap-name ap508
[AC-wlan-ap-0] ap-group group-ito
[AC-wlan-ap-0] quit
[AC-wlan-view] display ap all
ID  MAC             Name   Group      IP             Type        State STA  Uptime
--------------------------------------------------------------------------------------
0  00e0-fcf3-2640  ap508  group-ito  10.23.100.108  AP4050DN-E  nor    0    24S
```

5. 配置 WLAN 业务参数

（1）配置要点

- 创建安全模板，设置安全策略。
- 创建 SSID 模板，设置 SSID 名称。
- 创建 VAP 模板，设置业务数据转发方式和业务 VLAN，引用安全模板和 SSID 模板。
- 配置 AP 组引用 VAP 模板，配置 AP 射频的信道和功率。

（2）配置命令

具体配置命令如下。

```
[AC-wlan-view] security-profile name sec-ito
[AC-wlan-sec-prof-wlan-ito] security wpa-wpa2 psk pass-phrase huawei123 aes
[AC-wlan-sec-prof-wlan-ito] quit
[AC-wlan-view] ssid-profile name wlan-ito
[AC-wlan-ssid-prof-wlan-ito] ssid wlan-ito
[AC-wlan-ssid-prof-wlan-ito] quit
[AC-wlan-view] vap-profile name vap-ito
```

```
[AC-wlan-vap-prof-wlan-ito] forward-mode  tunnel
[AC-wlan-vap-prof-wlan-ito] service-vlan  vlan-id  101
[AC-wlan-vap-prof-wlan-ito] security-profile  sec-ito
[AC-wlan-vap-prof-wlan-ito] ssid-profile  wlan-ito
[AC-wlan-vap-prof-wlan-ito] quit
[AC-wlan-view] ap-group  name  group-ito
[AC-wlan-ap-group-group-ito] vap-profile  vap-ito  wlan  1  radio  0
[AC-wlan-ap-group-group-ito] vap-profile  vap-ito  wlan  1  radio  1
[AC-wlan-ap-group-group-ito] quit
```

6. 实验验证

（1）验证要点

- 检查 VAP 是否创建成功。
- 将 STA 加入无线网络后查看已关联的无线用户。

（2）验证命令

具体验证命令如下。

```
[AC-wlan-view] display  vap  ssid  wlan-ito
AP ID AP name RfID WID    BSSID           Status    Auth type STA   SSID
----------------------------------------------------------------------------------
0     ap508    0     1    00E0-FCF3-2640   ON  WPA/WPA2-PSK   0     wlan-ito
0     ap508    1     1    00E0-FCF3-2650   ON  WPA/WPA2-PSK   0     wlan-ito
[AC-wlan-view] display  station  ssid  wlan-ito
STA MAC          AP ID Ap name  Rf/WLAN  Band  Type  Rx/Tx  RSSI  VLAN  IP address
----------------------------------------------------------------------------------
5489-984e-5c8f 0     ap508     0/1      2.4G  -     -/-    -     101   10.23.101.150
```

实验 2：组建旁挂二层隧道转发 WLAN

【实验背景】参考任务 2.1 实验 2。

【实验设备】参考任务 2.1 实验 2。

【实验拓扑】参考任务 2.1 实验 2，如图 2-7 所示。

【实验要求】本实验涉及的配置项在直接转发和隧道转发方式下是相同的，如表 2-4 所示。两种转发方式下设备 IP 地址参数有所不同。本实验的具体参数如表 2-8 所示。

表 2-8 隧道转发方式下的设备 IP 地址参数

设备	接口	IP 地址或接口类型	备注
SwitchA	GE0/0/1	Trunk	PVID：100。 放通 VLAN：VLAN 100
	GE0/0/2	Trunk	放通 VLAN：VLAN 100
SwitchB	GE0/0/1	Trunk	放通 VLAN：VLAN 100
	GE0/0/2	Trunk	放通 VLAN：VLAN 100、VLAN 101
	GE0/0/3	Trunk	放通 VLAN：VLAN 101

续表

设备	接口	IP 地址或接口类型	备注
AC	GE0/0/1	Trunk	放通 VLAN：VLAN 100、VLAN 101
	VLANIF 100	10.67.100.1/24	接口地址池
Router	GE0/0/0	Trunk	放通 VLAN：VLAN 101
	VLANIF 101	10.67.101.1/24	接口地址池

【实验步骤】以下是本实验的具体步骤。

1. 配置接入交换机

（1）配置要点

- 创建 VLAN 100，并为其分配相关接口。
- 设置接口 GE0/0/1 和 GE0/0/2 放通 VLAN 100。

（2）配置命令

具体配置命令如下。

```
<HUAWEI> system-view
[HUAWEI] sysname  SwitchA
[SwitchA] vlan  100
[SwitchA-vlan100] interface  gi0/0/1
[SwitchA-GigabitEthernet0/0/1] port  link-type  trunk
[SwitchA-GigabitEthernet0/0/1] port  trunk  pvid  vlan  100
[SwitchA-GigabitEthernet0/0/1] port  trunk  allow-pass  vlan  100
[SwitchA-GigabitEthernet0/0/1] port-isolate  enable
[SwitchA-GigabitEthernet0/0/1] quit
[SwitchA] interface  gi0/0/2
[SwitchA-GigabitEthernet0/0/2] port  link-type  trunk
[SwitchA-GigabitEthernet0/0/2] port  trunk  allow-pass  vlan  100
[SwitchA-GigabitEthernet0/0/2] quit
```

2. 配置汇聚交换机

（1）配置要点

- 创建 VLAN 100 和 VLAN 101，并为其分配相关接口。
- 设置接口 GE0/0/1 放通 VLAN 100，接口 GE0/0/2 放通 VLAN 100 和 VLAN 101，接口 GE0/0/3 放通 VLAN 101。

（2）配置命令

具体配置命令如下。

```
<HUAWEI> system-view
[HUAWEI] sysname  SwitchB
[SwitchB] vlan  batch  100  101
[SwitchB] interface  gi0/0/1
[SwitchB-GigabitEthernet0/0/1] port  link-type  trunk
[SwitchB-GigabitEthernet0/0/1] port  trunk  allow-pass  vlan  100
[SwitchB-GigabitEthernet0/0/1] quit
```

```
[SwitchB] interface gi0/0/2
[SwitchB-GigabitEthernet0/0/2] port link-type trunk
[SwitchB-GigabitEthernet0/0/2] port trunk allow-pass vlan 100 101
[SwitchB-GigabitEthernet0/0/2] quit
[SwitchB] interface gi0/0/3
[SwitchB-GigabitEthernet0/0/3] port link-type trunk
[SwitchB-GigabitEthernet0/0/3] port trunk allow-pass vlan 101
[SwitchB-GigabitEthernet0/0/3] quit
```

3. 配置 Router

（1）配置要点

- 创建 VLAN 101，将接口 GE0/0/0 切换为二层接口（物理设备上不需要）并加入 VLAN 101。
- 创建接口 VLANIF 101，设置 IP 地址，创建接口地址池，为 STA 提供 DHCP 服务。

（2）配置命令

具体配置命令如下。

```
<Huawei> system-view
[Huawei] sysname Router
[Router] vlan 101
[Router-vlan 101] interface gi0/0/0
[Router-GigabitEthernet0/0/0] portswitch
[Router-GigabitEthernet0/0/0] port link-type trunk
[Router-GigabitEthernet0/0/0] port trunk allow-pass vlan 101
[Router-GigabitEthernet0/0/0] quit
[Router] dhcp enable
[Router] interface vlanif 101
[Router-Vlanif101] ip address 10.67.101.1 24
[Router-Vlanif101] dhcp select interface
[Router-Vlanif101] quit
```

4. 配置 AC 基本业务参数

（1）配置要点

- 创建 VLAN 100 和 VLAN 101，设置接口 GE0/0/1 放通 VLAN 100 和 VLAN 101。
- 在 VLANIF 100 上创建接口地址池，为 AP 提供 DHCP 服务。

（2）配置命令

具体配置命令如下。

```
<HUAWEI> system-view
[HUAWEI] sysname AC
[AC] vlan batch 100 101
[AC] interface gi0/0/1
[AC-GigabitEthernet0/0/1] port link-type trunk
[AC-GigabitEthernet0/0/1] port trunk allow-pass vlan 100 101
[AC-GigabitEthernet0/0/1] quit
[AC] dhcp enable
[AC] interface vlanif 100
[AC-Vlanif100] ip address 10.67.100.1 24
[AC-Vlanif100] dhcp select interface
[AC-Vlanif100] quit
```

5. 配置 AP 上线

（1）配置要点

- 创建域管理模板，配置 AC 国家或地区识别码；创建 AP 组，引用域管理模板。
- 配置 AC 源接口。
- 离线导入 AP，配置 AP 组和 AP 名称；监控 AP 上线情况。

（2）配置命令

具体配置命令如下。

```
[AC] wlan
[AC-wlan-view] regulatory-domain-profile  name  default
[AC-wlan-regulate-domain-default] country-code  cn
[AC-wlan-regulate-domain-default] quit
[AC-wlan-view] ap-group  name  group-dts
[AC-wlan-ap-group-group-dts] regulatory-domain-profile  default
[AC-wlan-ap-group-group-dts] quit
[AC-wlan-view] quit
[AC] capwap  source  interface  vlanif  100
[AC] wlan
[AC-wlan-view] ap  auth-mode  mac-auth
[AC-wlan-view] ap-id  0  ap-mac  00e0-fcf5-28c0
[AC-wlan-ap-0] ap-name  ap507
[AC-wlan-ap-0] ap-group  group-dts
[AC-wlan-ap-0] quit
[AC-wlan-view] display  ap  all
ID  MAC             Name  Group      IP             Type          State  STA  Uptime
------------------------------------------------------------------------------------
0   00e0-fcf5-28c0  ap507  group-dts 10.67.100.156  AP4050DN-E    nor    0    7S
```

6. 配置 WLAN 业务参数

（1）配置要点

- 创建安全模板，设置安全策略。
- 创建 SSID 模板，设置 SSID 名称。
- 创建 VAP 模板，设置业务数据转发方式和业务 VLAN，引用安全模板和 SSID 模板。
- 配置 AP 组引用 VAP 模板，配置 AP 射频的信道和功率。

（2）配置命令

具体配置命令如下。

```
[AC-wlan-view] security-profile  name  sec-dts
[AC-wlan-sec-prof-wlan-dts] security  wpa-wpa2  psk  pass-phrase  huawei123  aes
[AC-wlan-sec-prof-wlan-dts] quit
[AC-wlan-view] ssid-profile  name  wlan-dts
[AC-wlan-ssid-prof-wlan-dts] ssid  wlan-dts
[AC-wlan-ssid-prof-wlan-dts] quit
[AC-wlan-view] vap-profile  name  vap-dts
[AC-wlan-vap-prof-wlan-dts] forward-mode  tunnel
[AC-wlan-vap-prof-wlan-dts] service-vlan  vlan-id  101
[AC-wlan-vap-prof-wlan-dts] security-profile  sec-dts
[AC-wlan-vap-prof-wlan-dts] ssid-profile  wlan-dts
[AC-wlan-vap-prof-wlan-dts] quit
```

```
[AC-wlan-view] ap-group name group-dts
[AC-wlan-ap-group-group-dts] vap-profile vap-dts wlan 1 radio 0
[AC-wlan-ap-group-group-dts] vap-profile vap-dts wlan 1 radio 1
[AC-wlan-ap-group-group-dts] quit
```

7. 实验验证

（1）验证要点

- 检查 VAP 是否创建成功。
- 将 STA 加入无线网络后查看已关联的无线用户。

（2）验证命令

具体验证命令如下。

```
[AC-wlan-view] display vap ssid wlan-dts
AP ID AP name RfID WID      BSSID          Status    Auth type     STA    SSID
--------------------------------------------------------------------------------
0      ap507    0      1     00E0-FCF5-28C0  ON       WPA/WPA2-PSK  0      wlan-dts
0      ap507    1      1     00E0-FCF5-28D0  ON       WPA/WPA2-PSK  0      wlan-dts
[AC-wlan-view] display station ssid wlan-dts
STA MAC         AP ID Ap name  Rf/WLAN  Band  Type  Rx/Tx   RSSI  VLAN  IP address
--------------------------------------------------------------------------------
5489-98df-3eaa  0     ap507    1/1      5G    11a   0/0     -     101   10.67.101.254
```

AP 接入控制流程

在建立CAPWAP隧道的Join阶段，AC需要判断是否允许AP接入，其流程如图2-18所示。

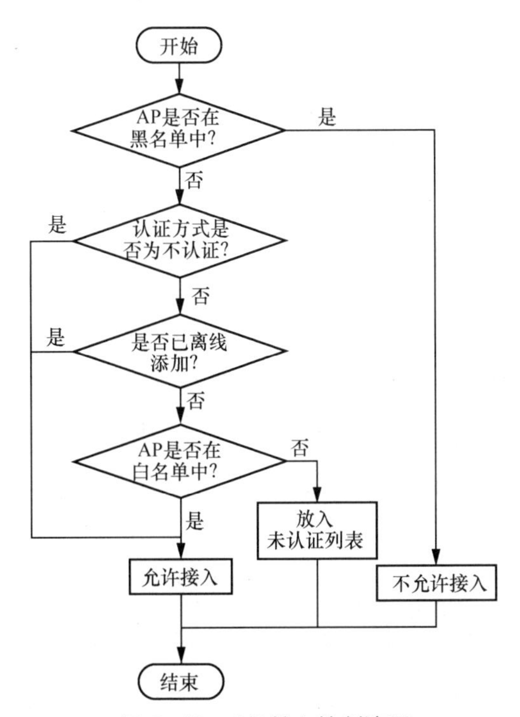

图 2-18 AP 接入控制流程

（1）AC检查AP是否被列入黑名单。如果AP在黑名单中，则不允许AP接入，终止整个流程，否则进入下一步。

（2）AC 检查 AP 的认证方式。如果认证方式为不认证，则允许 AP 接入。一般来说，组网时通常采用 MAC 或 SN 对 AP 进行认证，防止 AP 随意接入 AC。如果是 MAC 或 SN 认证，则进入下一步。

（3）AC 检查 MAC 或 SN 对应的 AP 是否已离线添加。如果已离线添加，则允许 AP 接入，否则进入下一步。

（4）如果能在白名单中匹配 MAC 或 SN 对应的 AP，则允许其接入，否则将该 AP 放入未认证列表。

可以通过手动配置的方式允许未认证列表中的 AP 接入 AC。如果不对其进行手动确认，则 AP 无法接入 AC。

拓展实训

FIT AP+AC 组网模式具有集中控制和易于扩展的优点，是大中型企业组建 WLAN 的首选模式。CAPWAP 协议是 AC 与 FIT AP 之间的通信协议，也是 FIT AP+AC 组网模式的核心技术。AC 与 FIT AP 通信之前必须建立 CAPWAP 隧道，用于承载管理报文和业务报文。希望读者通过完成以下的实训内容，深入理解相关知识。

【实训目的】

（1）了解 CAPWAP 协议的起源和历史。

（2）了解 CAPWAP 隧道的建立过程。

（3）熟悉直接转发和隧道转发的区别。

（4）了解管理报文和业务报文的传输过程。

【实训内容】

（1）学习 CAPWAP 协议的基本概念，了解 CAPWAP 协议的起源和主要作用。

（2）研究 CAPWAP 隧道的建立过程，了解建立 CAPWAP 隧道过程中各阶段的报文。

（3）比较直接转发和隧道转发的区别，掌握这两种转发方式的应用场景。

（4）分析管理报文和业务报文的传输过程，掌握数据传输过程中报文头部的变化。

（5）参考本任务实验 1 完成 FIT AP+AC 直连二层组网。

（6）参考本任务实验 2 完成 FIT AP+AC 旁挂二层组网。

项目小结

本项目的两个任务是全书的学习重点和难点。任务 2.1 首先介绍了 FIT AP+AC 组网模式的特点。与 FAT AP 组网模式中的 AP 独立组网不同，FIT AP+AC 组网模式支持 AC 集中管理 AP。FIT AP 与 AC 建立连接后，自动通过 AC 实现版本升级、业务配置。在 FIT AP+AC

组网模式中，AC 提供用户接入控制、数据转发和统计、AP 配置监控、漫游管理、安全控制等功能。FIT AP 接受 AC 的管理，只保留基本的物理层功能、报文加解密功能和空口统计功能等，可实现零配置启动。任务 2.1 还介绍了 FIT AP+AC 组网模式的连接方式。根据 FIT AP 与 AC 之间的网络架构或连接方式的不同，FIT AP+AC 组网模式可分为二层组网和三层组网。根据 AC 在网络中位置的不同，FIT AP+AC 组网模式又可分为直连式组网和旁挂式组网。任务 2.2 重点介绍了 AC 与 FIT AP 之间的通信协议 CAPWAP 协议。CAPWAP 协议规定了 AP 如何发现 AC、AP 与 AC 之间如何建立关联及进行状态维护、AC 如何对 AP 进行管理和业务配置下发，以及数据如何在 CAPWAP 隧道中传输等内容。CAPWAP 隧道用于承载管理报文和业务报文。管理报文必须在 CAPWAP 隧道中传输；业务报文可以在 CAPWAP 隧道中传输，也可以不在 CAPWAP 隧道中传输（前者称为隧道转发，业务报文由 AP 发往 AC，并由 AC 转发，后者称为直接转发，业务报文直接由 AP 发往上行网络）。

项目练习题

1. 选择题

（1）关于 FAT AP 和 FIT AP+AC 两种组网模式的比较，下列说法中正确的一项是（　　）。

A. FAT AP 适用于大规模 WLAN 组网

B. FIT AP+AC 组网模式中可以应用统一的安全策略，安全性较高

C. 两种组网模式都存在兼容性问题

D. FAT AP 不支持漫游，FIT AP+AC 支持二层漫游和三层漫游

（2）下列不属于 FIT AP+AC 组网模式特点的是（　　）。

A. 适用于覆盖面积大、用户数多的大中型企业

B. 引入了 AC 的部署成本

C. 需要同时对 FIT AP 和 AC 进行配置

D. AC 和 AP 间的通信遵循私有协议，可能存在厂商兼容性问题

（3）关于 FIT AP+AC 二层组网和三层组网的区别，下列说法中错误的一项是（　　）。

A. 当 FIT AP 与 AC 直连或者通过二层网络互连时，称为二层组网

B. 当 FIT AP 与 AC 之间通过三层网络互连时，称为三层组网

C. 三层组网配置和管理方便，适用于网络规模小、结构简单的小型企业组网场景

D. 三层组网需要使用路由器或三层交换机才能完成通信

（4）关于 FIT AP+AC 直连式组网，下列说法中错误的一项是（　　）。

A. 直连式组网对 AC 的吞吐量及数据处理能力要求不高

B. 在直连式组网拓扑中，AC 与原有的有线网络串联在一起

C. 在直连式组网拓扑中，AC 同时提供 AP 管理功能和汇聚交换机数据转发功能

D. 直连式组网拓扑结构相对简单，实施起来比较方便

（5）关于 FIT AP+AC 旁挂式组网，下列说法中错误的一项是（　　）。

A. AC 旁挂在 AP 的上行网络，一般是旁挂在上行网络的汇聚层交换机上

B. 采用旁挂式组网方式可以较少地改动有线网络结构

C. 可以通过部署直接转发减轻 AC 的转发压力

D. AC 容易成为整个无线网络的性能瓶颈

（6）下列未在 CAPWAP 工作组制定 CAPWAP 协议时被参考的是（　　）。

A. LWAPP　　B. SLAPP　　C. SSH 协议　　D. WiCoP

（7）下列不属于 CAPWAP 协议定义内容的是（　　）。

A. AP 如何发现 AC

B. AP 与 AC 如何建立关联及 AP 与 AC 间的状态维护

C. AC 如何对 AP 进行管理、业务配置下发

D. 如何为 AP 分配 IP 地址

（8）关于控制通道和数据通道，下列说法中错误的一项是（　　）。

A. 控制通道和数据通道均采用明文传输数据

B. 传输管理报文的通道称为控制通道

C. 传输业务报文的通道称为数据通道

D. 控制通道和数据通道使用不同的 UDP 端口发送报文

（9）AP 发现 AC 的 IP 地址常用的方法是（　　）。

A. 通过 DHCP 服务的 Option 43 字段获取 AC 的 IP 地址

B. 在 AP 上静态配置 AC 的 IP 地址

C. 以广播方式发现本地网络中的 AC

D. 通过 DNS 服务获取 AC 的 IP 地址

（10）关于 CAPWAP 数据转发方式，下列说法中错误的一项是（　　）。

A. 管理报文只在 AC 与 AP 之间交换，到达 AC 终止

B. 业务报文可以经由 AC 转发，也可以在 AP 上直接转发

C. 业务报文采用直接转发方式时，AP 对数据进行 CAPWAP 封装后直接向上转发

D. 业务报文采用集中转发方式时，AP 对数据进行 CAPWAP 封装后转发至 AC

2. 填空题

（1）根据 AP 与 AC 连接方式的不同，FIT AP+AC 组网模式可分为 _______ 和 _______。

（2）如果 AP 安装在分公司，AC 部署在总公司机房，那么 FIT AP 和 AC 应采用 _______。

（3）根据 AC 在网络中位置的不同，FIT AP+AC 组网模式可分为 ______ 和 _______。

（4）在直连式组网拓扑中，AC 同时提供 __________ 和 __________ 功能。

（5）在 FIT AP+AC 组网模式中，AC 与 AP 之间的通信协议称为 ____________。

（6）AP 与 AC 间有两种类型的报文，即 __________ 和 __________，相应的传输通道称为 __________ 和 __________。

（7）AC 对 AP 进行业务配置和管理、对 CAPWAP 会话进行维护的报文称为 ________。

（8）无线用户产生或发送给无线用户的实际数据称为 __________。

（9）在 __________ 方式中，业务报文无须经过 AC 集中处理，AC 的数据转发压力较小。

（10）业务报文在 AP 上进行 CAPWAP 封装后转发至 AC，称为 __________ 方式。

3. 简答题

（1）简述 FIT AP+AC 组网模式的主要特点。

（2）简述直连式组网和旁挂式组网的区别。

（3）简述 CAPWAP 协议的主要内容。

（4）简述业务报文的两种数据传输过程。

项目3 校园WLAN射频资源管理

03

学习目标

【知识目标】

（1）理解射频调优的作用和基本原理。

（2）理解频谱导航的应用场景和工作原理。

（3）理解负载均衡的基本功能和原理。

【能力目标】

（1）能够配置和验证WLAN射频调优。

（2）能够配置和验证WLAN频谱导航。

（3）能够配置和验证WLAN静态负载均衡。

【素质目标】

（1）培养大局观和全局意识。

（2）养成实事求是的工作态度。

引例描述

小郭有时会抱怨学校的无线网络体验不好，经常出现连不上网或速率太慢的情况。张老师告诉他，WLAN 有不同于有线网络的工作特点，提高 WLAN 的用户体验是一项长期和复杂的工作，也是网络管理员应该特别重视的。张老师要求小郭以此为契机，学习如何管理 WLAN 射频资源，努力做一个优秀的 WLAN 工程师……

任务 3.1 管理 WLAN 射频资源

任务陈述

WLAN 使用射频信号传输数据，这使得 WLAN 比有线网络更加灵活，同时使得 WLAN 的服务质量更容易受到周围环境的影响。射频资源管理能够自动检查网络环境，并根据网络环境的变化自动调整射频信道和发射功率等网络参数，最终改善无线用户的上网体验。

知识准备

3.1.1 射频资源管理概述

WLAN 使用射频信号（2.4G 频段或 5G 频段的电磁波）传输数据。射频信号在自由空间中传播时几乎不可避免地受到各种环境因素的干扰。例如，射频信号在传播过程中出现的反射、折射和多径等现象；多个 AP 间存在同频或邻频干扰；AP 与其他无线设备（微波炉、雷达）之间的相互干扰。这些干扰往往导致无线信号衰减从而影响无线网络的服务质量。

面对不断变化的外部网络环境，网络管理员往往很难及时有效地发现和解决射频信号问题。理想的情况是 AP 和 AC 根据外部环境的变化自动调整网络参数。射频资源管理就是实现这一目标的强大“武器”。通过配置 WLAN 射频资源管理，AP 和 AC 能够自动检查周围无线网络环境，根据实际情况动态调整信道和无线发射功率、协调用户接入合适的 AP，最终改善用户无线上网体验。常见的射频资源管理相关功能包括射频调优、终端迁移、频谱导航、负载均衡、智能漫游、用户连接准入控制（Call Admission Control，CAC）等，如图 3-1 所示。

图 3-1 射频资源管理相关功能

3.1.2 射频调优

在高密度应用场景中，一般需要部署多个 AP 才能满足无线网络的覆盖要求。此时，位置相邻的 AP 可能会相互干扰。例如，相邻 AP 的工作信道相同（同频干扰）或存在重叠频段（邻频干扰），或者某个 AP 的发射功率过大而影响相邻 AP 的射频信号。通过射频调优功能，AP 可以在 AC 的控制下自动调整自身的工作信道和发射功率，使得受同一 AC 管理的各个 AP 尽量避免相互干扰，工作在最佳状态。

射频调优需要 AP 和 AC 协同完成，其工作过程如图 3-2 所示。AP 将收集到的射频信息发送给 AC；AC 根据各个 AP 上送的射频信息建立并维护 AP 邻居拓扑结构；AC 运行调优算法统筹分配 AP 的工作信道和发射功率，并将调优结果下发给 AP；AP 执行 AC 下发的调优结果。

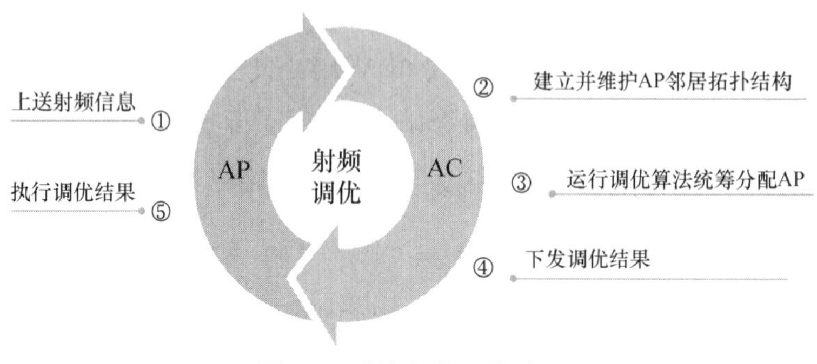

图 3-2　射频调优工作过程

1. 信道调整

前文曾经提到，位置相邻的 AP 应工作在非重叠信道以减少信号干扰。以 2.4G 频段为例，通常认为 1、6、11 信道是互不重叠的。5G 频段的信道资源相对比较丰富，AP 的选择空间也就更大。通过配置 WLAN 的信道调整功能，可以保证每个 AP 在最优的信道工作，尽可能地减少甚至避免同频和邻频干扰，提高 WLAN 的可靠性。

例如，在图 3-3（a）中，AP2 和 AP4 都使用信道 6，彼此之间存在同频干扰。信道调整后，AP2 改为使用信道 11，避免了与 AP4 的信道冲突，如图 3-3（b）所示。

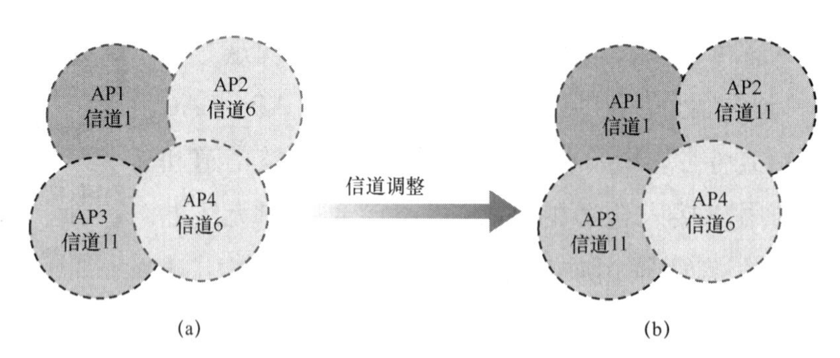

图 3-3　射频信道调整

除了射频调优外，信道调整还可以用于动态频率选择（Dynamic Frequency Selection，DFS）。例如，工作在 5G 频段的雷达系统可能与同样工作在 5G 频段的 AP 存在射频信号干扰。通过 DFS 功能，当 AP 检测到其工作的信道存在雷达干扰时，会自动切换工作信道。

2. 功率调整

AP 射频信号的覆盖范围由 AP 的发射功率决定。发射功率越大，射频信号强度越高，AP 的覆盖范围也越大。但如果简单地提高 AP 发射功率以扩展覆盖范围，则可能不会出现预期的效果，甚至会带来一定的负面效果。因为 AP 发射功率太大会给其他邻近的无线设备造成干扰。

功率调整是指在无线网络运行过程中，通过监测周围无线网络环境的变化选择合适的发射功率，以兼顾 AP 覆盖范围和信号质量，减少 AP 间信号干扰。例如，当某个范围内有新的 AP 加入时，原有的 AP 应适当地降低发射功率。当有 AP 离开（离线或故障）时，剩下的 AP 应适当地增加发射功率，如图 3-4 所示。注意，图 3-4 中圆圈的大小代表 AP 的发射功率。圆圈越大，表示发射功率越大。

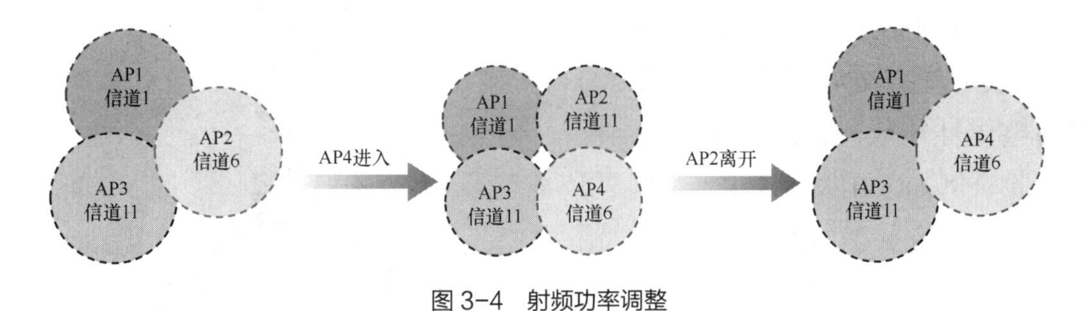

图 3-4 射频功率调整

3.1.3 频谱导航

目前，大多数 AP 和 STA 都同时支持 2.4G 频段和 5G 频段。默认情况下，STA 通过 AP 接入 2.4G 频段无线网络。由于 2.4G 频段信道较少，STA 的这个默认行为容易导致 2.4G 频段负载过高。与此同时，5G 频段信道较多，在高密度用户或 2.4G 频段干扰较为严重的环境中可以提供更好的接入能力，改善无线用户的上网体验。频谱导航就是对于同时支持 2.4G 频段和 5G 频段的 AP 和 STA，AP 引导 STA 优先接入 5G 频段，实现 2.4G 频段和 5G 频段之间的负载均衡，如图 3-5 所示。

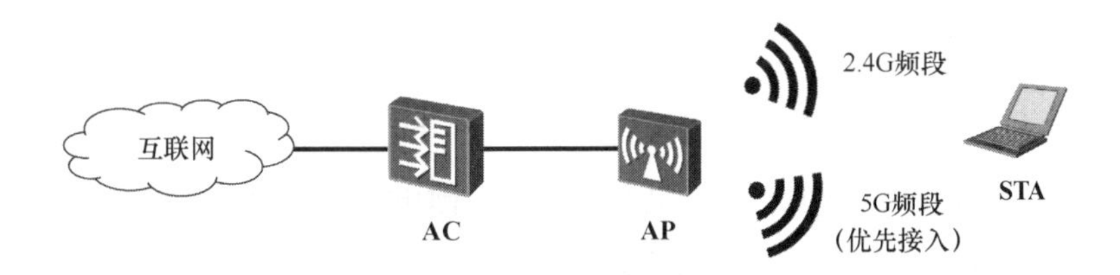

图 3-5 频谱导航功能

频谱导航的工作过程分为以下两个阶段。

（1）当 AP 的接入用户数达到双频负载均衡的阈值前，AP 引导 STA 优先接入 5G 频段。具体来说，当 AP 从两个频段收到一个新 STA 发送的探测请求（Probe Request）帧时，只在 5G 频段发送探测响应（Probe Response）帧，从而引导 STA 接入 5G 频段无线网络。

（2）当 AP 的接入用户数达到双频负载均衡的阈值，且 5G 频段接入用户数在总接入用户数中超过一定比例时，由 STA 自主选择接入哪个频段。

注意

实现频谱导航功能的 AP 的两个频段必须配置相同的 SSID 和安全策略。

3.1.4 负载均衡

在高密度用户的无线网络环境中，如果同一 AC 管理的各个 AP 之间负载（接入 STA 数）差别较大，则可能造成无线网络整体性能较差，影响无线用户上网体验。例如，在图 3-6 中，AP1 和 AP2 连接到同一 AC。AP1 接入 3 个 STA，而 AP2 只接入 1 个 STA。如果 AP1 覆盖范围内的 STA 都通过 AP1 接入无线网络，就会造成 AP1 负载过重，AP2 资源浪费。

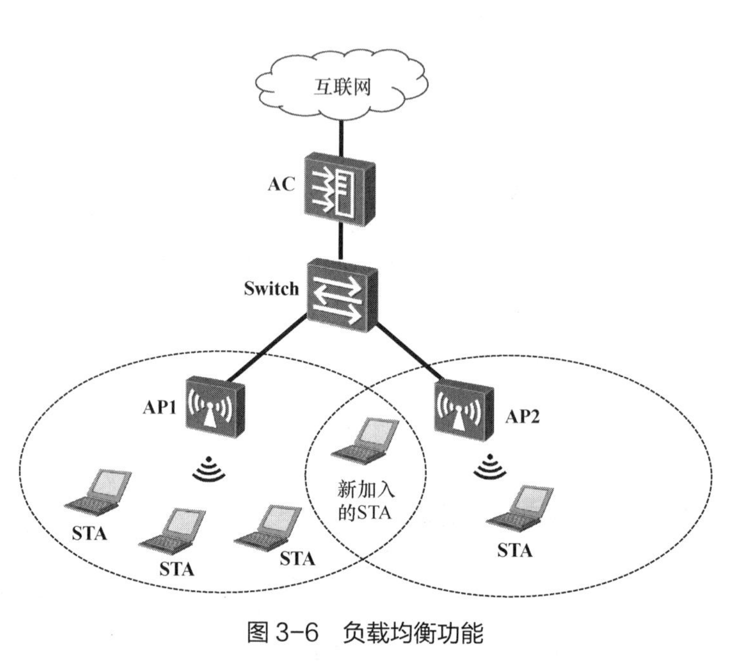

图 3-6 负载均衡功能

启用负载均衡功能后，AC 会综合考虑 AP 负载、STA 双频能力和射频信号质量等因素，保证 STA 的合理接入，即限制 STA 接入负载较重的 AP，引导 STA 优先接入资源空闲的 AP。

根据是否需要手动创建负载均衡组，负载均衡可分为静态负载均衡和动态负载均衡。

1. 静态负载均衡

静态负载均衡是指将提供相同业务的多个 AP 手动配置为一个负载均衡组。组中的 AP 将各自关联的 STA 信息周期性地发送给 AC，AC 根据这些信息实施负载均衡。静态负载均衡要求组内的 AP 工作在同一频段。如果是支持多频的 AP，则只能在相同频段实现负载均衡。另外，静态负载均衡的负载均衡组最多只能有 16 个成员。

2. 动态负载均衡

动态负载均衡的运行过程是这样的：STA 接入 AP 之前广播发送探测请求帧以扫描周围的 AP；AP 收到 STA 的探测请求帧后上报给 AC；AC 将所有上报该 STA 的 AP 动态组成一个负载均衡组，并通过负载均衡算法引导 STA 接入负载较轻的 AP。动态负载均衡没有静态负载均衡的成员数量限制。

实验 1：配置 WLAN 射频调优

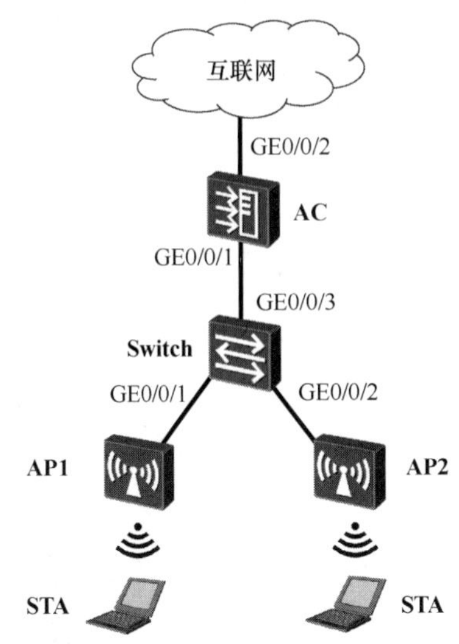

图 3-7　配置 WLAN 射频调优实验拓扑

【实验背景】在高密度用户无线网络环境中，由于 AP 数量较多，AP 间经常出现信道干扰问题。通过在 AC 上配置射频调优功能，使AC根据AP收集的周围环境信息自动为AP分配信道、调整 AP 发射功率，能够及时、有效地解决无线网络信号问题。

【实验设备】华为设备（AirEngine 5760，2 台；AC6508，1 台；S5731S-S24P4X，1 台；PC，Windows 10 操作系统，1 台）。

【实验拓扑】配置 WLAN 射频调优实验拓扑如图 3-7 所示。

【实验要求】本实验涉及的配置项及其要求和设备IP地址相关参数分别如表3-1和表3-2所示。

表 3-1　配置项及其要求

配置项	要求	配置项	要求
管理 VLAN	VLAN 100	业务 VLAN	VLAN 101
DHCP 服务器	AC 作为 AP 和 STA 的 DHCP 服务器	AP 地址池	VLAN 100： 10.23.100.2 ~ 10.23.100.254/24； 网关：AC VLANIF 100 接口
STA 地址池	VLAN 101： 10.23.101.2 ~ 10.23.101.254/24。 网关：AC VLANIF 101 接口	AC 源接口	VLANIF 100：10.23.100.1/24
AP 组	名称：group-opt。 引用模板：VAP 模板、域管理模板	AP 配置	名称：ap202、ap203。 组名称：group-opt
域管理模板	名称：domain。 国家或地区识别码：CN	SSID 模板	模板名称：wlan-opt。 SSID 名称：wlan-opt
安全模板	模板名称：sec-opt。 安全策略：WPA/WPA2-PSK-AES。 密码：huawei123	VAP 模板	模板名称：vap-opt。 转发方式：隧道转发。 业务 VLAN ：VLAN 101。 引用模板：SSID 模板和安全模板
2.4GHz 射频模板	模板名称：wlan-radio2g。 引用模板：空口扫描模板	5GHz 射频模板	模板名称：wlan-radio5g。 引用模板：空口扫描模板
空口扫描模板	模板名称：wlan-airscan。 探测信道集合：调优信道。 空口扫描间隔时间：60000ms。 空口扫描持续时间：60ms		

表 3-2　设备 IP 地址相关参数

设备	接口	IP 地址或接口类型	备注
Switch	GE0/0/1	Trunk	PVID：100。 放通 VLAN：VLAN 100
	GE0/0/2	Trunk	PVID：100。 放通 VLAN：VLAN 100
	GE0/0/3	Trunk	放通 VLAN：VLAN 100
AC	GE0/0/1	Trunk	放通 VLAN：VLAN 100
	GE0/0/2	Trunk	放通 VLAN：VLAN 101
	VLANIF 100	10.23.100.1/24	接口地址池
	VLANIF 101	10.23.101.1/24	接口地址池

【实验步骤】以下是本实验的具体步骤。

1. 配置接入交换机

（1）配置要点

- 创建 VLAN 100，并为其分配相关接口。
- 设置接口 GE0/0/1、GE0/0/2 和 GE0/0/3 放通 VLAN 100。

（2）配置命令

具体配置命令如下。

```
<HUAWEI> system-view
[HUAWEI] sysname  Switch
[Switch] vlan  100
[Switch-vlan100] interface  gi0/0/1
[Switch-GigabitEthernet0/0/1] port  link-type  trunk
[Switch-GigabitEthernet0/0/1] port  trunk  pvid  vlan  100
[Switch-GigabitEthernet0/0/1] port  trunk  allow-pass  vlan  100
[Switch-GigabitEthernet0/0/1] port-isolate  enable
[Switch-GigabitEthernet0/0/1] quit
[Switch] interface  gi0/0/2
[Switch-GigabitEthernet0/0/2] port  link-type  trunk
[Switch-GigabitEthernet0/0/1] port  trunk  pvid  vlan  100
[Switch-GigabitEthernet0/0/2] port  trunk  allow-pass  vlan  100
[Switch-GigabitEthernet0/0/1] port-isolate  enable
[Switch-GigabitEthernet0/0/2] quit
[Switch] interface  gi0/0/3
[Switch-GigabitEthernet0/0/2] port  link-type  trunk
[Switch-GigabitEthernet0/0/2] port  trunk  allow-pass  vlan  100
[Switch-GigabitEthernet0/0/2] quit
```

2. 配置 AC 基础业务参数

（1）配置要点

- 创建 VLAN 100 和 VLAN 101，并为其分配相关接口。
- 设置在接口 VLANIF 100 和 VLANIF 101 上创建接口地址池，为 AP 和 STA 提供

DHCP 服务。

（2）配置命令

具体配置命令如下。

```
<HUAWEI> system-view
[HUAWEI] sysname AC
[AC] vlan batch 100 101
[AC] interface gi0/0/1
[AC-GigabitEthernet0/0/1] port link-type trunk
[AC-GigabitEthernet0/0/1] port trunk allow-pass vlan 100
[AC-GigabitEthernet0/0/1] quit
[AC] interface gi0/0/2
[AC-GigabitEthernet0/0/2] port link-type trunk
[AC-GigabitEthernet0/0/2] port trunk allow-pass vlan 101
[AC-GigabitEthernet0/0/2] quit
[AC] dhcp enable
[AC] interface vlanif 100
[AC-Vlanif100] ip address 10.23.100.1 24
[AC-Vlanif100] dhcp select interface
[AC-Vlanif100] quit
[AC] interface vlanif 101
[AC-Vlanif101] ip address 10.23.101.1 24
[AC-Vlanif101] dhcp select interface
[AC-Vlanif101] quit
```

3. 配置 AP 上线

（1）配置要点

- 创建域管理模板，配置 AC 国家或地区识别码；创建 AP 组，引用域管理模板。
- 配置 AC 源接口。
- 离线导入 AP，配置 AP 组和 AP 名称；监控 AP 上线情况。

（2）配置命令

具体配置命令如下。

```
[AC] wlan
[AC-wlan-view] regulatory-domain-profile name default
[AC-wlan-regulate-domain-default] country-code cn
[AC-wlan-regulate-domain-default] quit
[AC-wlan-view] ap-group name group-opt
[AC-wlan-ap-group-group-ito] regulatory-domain-profile default
[AC-wlan-ap-group-group-ito] quit
[AC-wlan-view] quit
[AC] capwap source interface vlanif 100
[AC] wlan
[AC-wlan-view] ap auth-mode mac-auth
[AC-wlan-view] ap-id 0 ap-mac 60d7-55ec-3260
[AC-wlan-ap-0] ap-name ap202
[AC-wlan-ap-0] ap-group group-opt
[AC-wlan-ap-0] quit
[AC-wlan-view] ap-id 1 ap-mac b008-75cb-49e0
[AC-wlan-ap-0] ap-name ap203
[AC-wlan-ap-0] ap-group group-opt
[AC-wlan-ap-0] quit
[AC-wlan-view] display ap all
ID   MAC           Name  Group            IP          Type    State  STA  Uptime
-----------------------------------------------------------------------------------
```

```
0  60d7-55ec-3260  ap202  group-opt  10.23.100.252  AirEngine5760-10  nor  0  24S
1  b008-75cb-49e0  ap203  group-opt  10.23.100.116  AirEngine5760-10  nor  0  8S
```

4. 配置 WLAN 业务参数

（1）配置要点

- 创建安全模板，设置安全策略。
- 创建 SSID 模板，设置 SSID 名称。
- 创建 VAP 模板，设置业务数据转发方式和业务 VLAN，引用安全模板和 SSID 模板。
- 配置 AP 组引用 VAP 模板，配置 AP 射频的信道和功率。

（2）配置命令

具体配置命令如下。

```
[AC-wlan-view] security-profile  name  sec-opt
[AC-wlan-sec-prof-wlan-ito] security  wpa-wpa2  psk  pass-phrase  huawei123  aes
[AC-wlan-sec-prof-wlan-ito] quit
[AC-wlan-view] ssid-profile  name  wlan-opt
[AC-wlan-ssid-prof-wlan-ito] ssid  wlan-opt
[AC-wlan-ssid-prof-wlan-ito] quit
[AC-wlan-view] vap-profile  name  vap-opt
[AC-wlan-vap-prof-wlan-ito] forward-mode  tunnel
[AC-wlan-vap-prof-wlan-ito] service-vlan  vlan-id  101
[AC-wlan-vap-prof-wlan-ito] security-profile  sec-opt
[AC-wlan-vap-prof-wlan-ito] ssid-profile  wlan-opt
[AC-wlan-vap-prof-wlan-ito] quit
[AC-wlan-view] ap-group  name  group-opt
[AC-wlan-ap-group-group-ito] vap-profile  vap-opt wlan  1  radio  0
[AC-wlan-ap-group-group-ito] vap-profile  vap-opt wlan  1  radio  1
[AC-wlan-ap-group-group-ito] quit
```

5. 配置调频调优功能

（1）配置要点

- 启用信道自动选择和发射功率自动选择功能。
- 创建空口扫描模块，配置扫描间隔时间和扫描持续时间。创建 2.4GHz 射频模板和 5GHz 射频模板，并引用空口扫描模块。配置 AP 组引用 2.4GHz 射频模板和 5GHz 射频模板。

（2）配置命令

具体配置命令如下。

```
[AC-wlan-view] air-scan-profile  name  wlan-airscan
[AC-wlan-air-scan-prof-wlan-airscan] scan-channel-set  dca-channel
[AC-wlan-air-scan-prof-wlan-airscan] scan-period  60
[AC-wlan-air-scan-prof-wlan-airscan] scan-interval  60000
[AC-wlan-air-scan-prof-wlan-airscan] quit
[AC-wlan-view] radio-2g-profile  name  wlan-radio2g
[AC-wlan-radio-2g-prof-wlan-radio2g] air-scan-profile  wlan-airscan
[AC-wlan-radio-2g-prof-wlan-radio2g] quit
[AC-wlan-view] radio-5g-profile  name  wlan-radio5g
[AC-wlan-radio-5g-prof-wlan-radio5g] air-scan-profile  wlan-airscan
```

```
[AC-wlan-radio-5g-prof-wlan-radio5g] quit
[AC-wlan-view] ap-group name group-opt
[AC-wlan-ap-group-group-roaming] radio-2g-profile wlan-radio2g radio 0
[AC-wlan-ap-group-group-roaming] radio-5g-profile wlan-radio5g radio 1
[AC-wlan-ap-group-group-roaming] quit
```

6. 实验验证

（1）验证要点

- 将 STA 加入无线网络后查看已关联的无线用户。
- 在 AC 上查看射频调优效果。

（2）验证命令

具体验证命令如下。

```
[AC-wlan-view] display station ssid wlan-opt
STA MAC        AP ID Ap name  Rf/WLAN  Band  Type  Rx/Tx   RSSI  VLAN  IP address
---------------------------------------------------------------------------------
626b-2929-8b19  1  ap203      1/1      5G    11ac  130/130 -32   101   10.23.101.2
[AC-wlan-view] display radio all
AP ID Name    RfID    Band  Type   ST   CH/BW   CE/ME   STA   CU   WM
---------------------------------------------------------------------------------
0     ap202   0       2.4G  11ax   on   6/20M   9/28    0     20%  normal
0     ap202   1       5G    11ax   on   44/20M  29/29   0     1%   normal
1     ap203   0       2.4G  11ax   on   1/20M   9/28    0     3%   normal
1     ap203   1       5G    11ax   on   36/20M  29/29   1     1%   normal
```

实验 2：配置 WLAN 频谱导航

【实验背景】现网应用中的一些 STA 默认接入 2.4G 频段无线网络，使得信道本就较少的 2.4G 频段更加拥挤，信号质量较差。通过配置频谱导航功能，AP 可以引导 STA 优先接入 5G 频段无线网络，提高 5G 频段信道资源的利用率，减少 2.4G 频段的干扰和负载，提升无线用户的上网体验。

【实验设备】华为设备（AirEngine 5760，1 台；AC6508，1 台；S5731S-S24P4X，2 台；AR6140-16G4XG，1台；PC，Windows 10操作系统，1台）。

【实验拓扑】配置 WLAN 频谱导航实验拓扑如图 3-8 所示。

【实验要求】本实验涉及的配置项及其要求和设备 IP 地址相关参数分别如表 3-3 和表 3-4 所示。

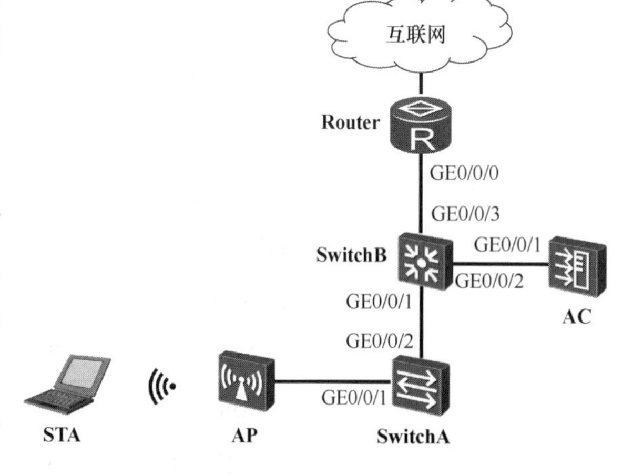

图 3-8　配置 WLAN 频谱导航实验拓扑

表 3-3　配置项及其要求

配置项	要求	配置项	要求
管理 VLAN	VLAN 100	业务 VLAN	VLAN 101

续表

配置项	要求	配置项	要求
DHCP 服务器	AC作为AP的DHCP服务器和网关，Router 作为 STA 的 DHCP 服务器	AP 地址池	VLAN 100： 10.45.100.2 ～ 10.45.100.254/24。 网关：AC VLANIF 100 接口
STA 地址池	VLAN 101： 10.45.101.2 ～ 10.45.101.254/24。 网关：路由器 VLANIF 101 接口	AC 源接口	VLANIF 100：10.45.100.1/24
AP 组	名称：group-nav。 引用模板：VAP 模板、域管理模板	AP 配置	名称：ap205。 组名称：group-nav
域管理模板	名称：domain。 国家或地区识别码：CN	SSID 模板	模板名称：wlan-nav。 SSID 名称：wlan-nav
安全模板	模板名称：sec-nav。 安全策略：WPA/WPA2-PSK-AES。 密码：huawei123	VAP 模板	模板名称：vap-nav。 转发方式：隧道转发。 业务 VLAN ：VLAN 101。 引用模板：SSID 模板和安全模板。 频谱导航功能：开启
无线资源管理模板	模板名称：rrm-nav。 双频间负载均衡起始阈值：15。 双频间负载均衡差值阈值：25%	2.4GHz 射频模板	模板名称：radio2g。 引用模板：RRM 模板

表 3-4　设备 IP 地址相关参数

设备	接口	IP 地址或接口类型	备注
SwitchA	GE0/0/1	Trunk	PVID ：100。 放通 VLAN ：VLAN 100
	GE0/0/2	Trunk	放通 VLAN ：VLAN 100
SwitchB	GE0/0/1	Trunk	放通 VLAN ：VLAN 100
	GE0/0/2	Trunk	放通 VLAN ：VLAN 100、VLAN 101
	GE0/0/3	Trunk	放通 VLAN ：VLAN 101
AC	GE0/0/1	Trunk	放通 VLAN ：VLAN 100、VLAN 101
	VLANIF 100	10.45.100.1/24	接口地址池
Router	GE0/0/0	Trunk	放通 VLAN ：VLAN 101
	VLANIF 101	10.45.101.1/24	接口地址池

【实验步骤】以下是本实验的具体步骤。

1. 配置接入交换机

（1）配置要点

- 创建 VLAN 100，并为其分配相关接口。

- 设置接口 GE0/0/1 和 GE0/0/2 放通 VLAN 100。

（2）配置命令

具体配置命令如下。

```
<HUAWEI> system-view
[HUAWEI] sysname  SwitchA
[SwitchA] vlan  100
[SwitchA-vlan100] interface  gi0/0/1
[SwitchA-GigabitEthernet0/0/1] port  link-type  trunk
[SwitchA-GigabitEthernet0/0/1] port  trunk  pvid  vlan  100
[SwitchA-GigabitEthernet0/0/1] port  trunk  allow-pass  vlan  100
[SwitchA-GigabitEthernet0/0/1] port-isolate  enable
[SwitchA-GigabitEthernet0/0/1] quit
[SwitchA] interface  gi0/0/2
[SwitchA-GigabitEthernet0/0/2] port  link-type  trunk
[SwitchA-GigabitEthernet0/0/2] port  trunk  allow-pass  vlan  100
[SwitchA-GigabitEthernet0/0/2] quit
```

2. 配置汇聚交换机

（1）配置要点

- 创建 VLAN 100 和 VLAN 101，并为其分配相关接口。
- 设置接口 GE0/0/1 放通 VLAN 100，接口 GE0/0/2 放通 VLAN 100 和 VLAN 101，接口 GE0/0/3 放通 VLAN 101。

（2）配置命令

具体配置命令如下。

```
<HUAWEI> system-view
[HUAWEI] sysname  SwitchB
[SwitchB] vlan  batch  100  101
[SwitchB] interface  gi0/0/1
[SwitchB-GigabitEthernet0/0/1] port  link-type  trunk
[SwitchB-GigabitEthernet0/0/1] port  trunk  allow-pass  vlan  100
[SwitchB-GigabitEthernet0/0/1] quit
[SwitchB] interface  gi0/0/2
[SwitchB-GigabitEthernet0/0/2] port  link-type  trunk
[SwitchB-GigabitEthernet0/0/2] port  trunk  allow-pass  vlan  100  101
[SwitchB-GigabitEthernet0/0/2] quit
[SwitchB] interface  gi0/0/3
[SwitchB-GigabitEthernet0/0/3] port  link-type  trunk
[SwitchB-GigabitEthernet0/0/3] port  trunk  allow-pass  vlan  101
[SwitchB-GigabitEthernet0/0/3] quit
```

3. 配置 Router

（1）配置要点

- 创建 VLAN 101，将接口 GE0/0/0 切换为二层接口（物理设备上不需要）并加入 VLAN 101。
- 创建接口 VLANIF 101，设置 IP 地址，创建接口地址池，为 STA 提供 DHCP 服务。

（2）配置命令

具体配置命令如下。

```
<Huawei> system-view
[Huawei] sysname  Router
[Router] vlan  101
[Router-vlan 101] interface  gi0/0/0
[Router-GigabitEthernet0/0/0] portswitch
[Router-GigabitEthernet0/0/0] port  link-type  trunk
[Router-GigabitEthernet0/0/0] port  trunk  allow-pass  vlan  101
[Router-GigabitEthernet0/0/0] quit
[Router] dhcp  enable
[Router] interface  vlanif  101
[Router-Vlanif101] ip  address  10.45.101.1  24
[Router-Vlanif101] dhcp  select  interface
[Router-Vlanif101] quit
```

4. 配置 AC 基本业务参数

（1）配置要点

- 创建 VLAN 100 和 VLAN 101，设置接口 GE0/0/1 放通 VLAN 100 和 VLAN 101。
- 在 VLANIF 100 上创建接口地址池，为 AP 提供 DHCP 服务。

（2）配置命令

具体配置命令如下。

```
<HUAWEI> system-view
[HUAWEI] sysname  AC
[AC] vlan  batch  100  101
[AC] interface  gi0/0/1
[AC-GigabitEthernet0/0/1] port  link-type  trunk
[AC-GigabitEthernet0/0/1] port  trunk  allow-pass  vlan  100  101
[AC-GigabitEthernet0/0/1] quit
[AC] dhcp  enable
[AC] interface  vlanif  100
[AC-Vlanif100] ip  address  10.45.100.1  24
[AC-Vlanif100] dhcp  select  interface
[AC-Vlanif100] quit
```

5. 配置 AP 上线

（1）配置要点

- 创建域管理模板，配置 AC 国家或地区识别码；创建 AP 组，引用域管理模板。
- 配置 AC 源接口。
- 离线导入 AP，配置 AP 组和 AP 名称；监控 AP 上线情况。

（2）配置命令

具体配置命令如下。

```
[AC] wlan
[AC-wlan-view] regulatory-domain-profile  name  default
[AC-wlan-regulate-domain-default] country-code  cn
[AC-wlan-regulate-domain-default] quit
[AC-wlan-view] ap-group  name  group-nav
[AC-wlan-ap-group-group-dts] regulatory-domain-profile  default
[AC-wlan-ap-group-group-dts] quit
[AC-wlan-view] quit
[AC] capwap  source  interface  vlanif  100
```

```
[AC] wlan
[AC-wlan-view] ap  auth-mode  mac-auth
[AC-wlan-view] ap-id  0  ap-mac  00e0-fcc0-6ee0
[AC-wlan-ap-0] ap-name  ap205
[AC-wlan-ap-0] ap-group  group-nav
[AC-wlan-ap-0] quit
[AC-wlan-view] display  ap  all
ID  MAC             Name   Group       IP            Type        State  STA  Uptime
--------------------------------------------------------------------------------------
0   00e0-fcc0-6ee0  ap205  group-nav  10.45.100.30  AP3030DN    nor    0    43S
```

6. 配置 WLAN 业务参数

（1）配置要点

- 创建安全模板，设置安全策略。
- 创建 SSID 模板，设置 SSID 名称。
- 创建 VAP 模板，设置业务数据转发方式和业务 VLAN，引用安全模板和 SSID 模板。
- 配置 AP 组引用 VAP 模板，配置 AP 射频的信道和功率。

（2）配置命令

具体配置命令如下。

```
[AC-wlan-view] security-profile  name  sec-nav
[AC-wlan-sec-prof-wlan-dts] security  wpa-wpa2  psk  pass-phrase  huawei123  aes
[AC-wlan-sec-prof-wlan-dts] quit
[AC-wlan-view] ssid-profile  name  wlan-nav
[AC-wlan-ssid-prof-wlan-dts] ssid  wlan-nav
[AC-wlan-ssid-prof-wlan-dts] quit
[AC-wlan-view] vap-profile  name  vap-nav
[AC-wlan-vap-prof-wlan-dts] forward-mode  tunnel
[AC-wlan-vap-prof-wlan-dts] service-vlan  vlan-id  101
[AC-wlan-vap-prof-wlan-dts] security-profile  sec-nav
[AC-wlan-vap-prof-wlan-dts] ssid-profile  wlan-nav
[AC-wlan-vap-prof-wlan-dts] quit
[AC-wlan-view] ap-group  name  group-nav
[AC-wlan-ap-group-group-dts] vap-profile  vap-nav  wlan  1  radio  0
[AC-wlan-ap-group-group-dts] vap-profile  vap-nav  wlan  1  radio  1
[AC-wlan-ap-group-group-dts] quit
```

7. 配置射频导航功能

（1）配置要点

- 在 VAP 模板下启用频谱导航功能。默认情况下该功能已启用。
- 创建无线资源管理（Radio Resource Management，RRM）模板并在其中配置频谱导航射频间的负载均衡。默认的射频间负载均衡起始阈值是 15，差值阈值是 25%。本实验使用默认值。
- 创建2.4GHz射频模板，并在该模板下引用RRM模板。配置AP组引用2.4GHz射频模板。

注意

只要在任意频段启用频谱导航功能即可使该 SSID 启用频谱导航功能。

（2）配置命令

具体配置命令如下。

```
[AC-wlan-view] vap-profile name vap-nav
[AC-wlan-vap-prof-wlan-vap] undo band-steer disable
[AC-wlan-vap-prof-wlan-vap] quit
[AC-wlan-view] rrm-profile name rrm-nav
[AC-wlan-rrm-prof-wlan-rrm] band-steer balance start-threshold 15
[AC-wlan-rrm-prof-wlan-rrm] band-steer balance gap-threshold 25
[AC-wlan-rrm-prof-wlan-rrm] quit
[AC-wlan-view] radio-2g-profile name radio2g
[AC-wlan-radio-2g-prof-radio2g] rrm-profile rrm-nav
[AC-wlan-radio-2g-prof-radio2g] quit
[AC-wlan-view] ap-group name group-nav
[AC-wlan-ap-group-ap-group1] radio-2g-profile radio2g radio 0
[AC-wlan-ap-group-ap-group1] quit
```

8. 实验验证

（1）验证要点

- 在 AC 上查看 VAP 模板是否启用了频谱导航功能。
- 在 AC 上查看频谱导航功能的具体信息。

（2）验证命令

具体验证命令如下。

```
[AC-wlan-view] display vap-profile name vap-nav
Forward mode                          :  tunnel
Service VLAN ID                       :  101
Band steer                            :  enable
[AC-wlan-view] display rrm-profile name rrm-nav
Band balance start threshold          :  15
Band balance gap threshold(%)         :  25
```

实验 3：配置 WLAN 负载均衡

【实验背景】 如果同一 AC 管理的各个 AP 之间负载不均衡，则会降低无线网络的整体质量。启用负载均衡功能后，AC 会综合考虑 AP 负载、STA 双频能力和射频信号质量等因素，引导 STA 优先接入资源空闲的 AP。

【实验设备】 华为设备（AirEngine 5760，2 台；AC6508，1 台；S5731S-S24P4X，2 台；AR6140-16G4XG，1 台；PC，Windows 10 操作系统，1 台）。

【实验拓扑】 配置 WLAN 负载均衡实验拓扑如图 3-9 所示。

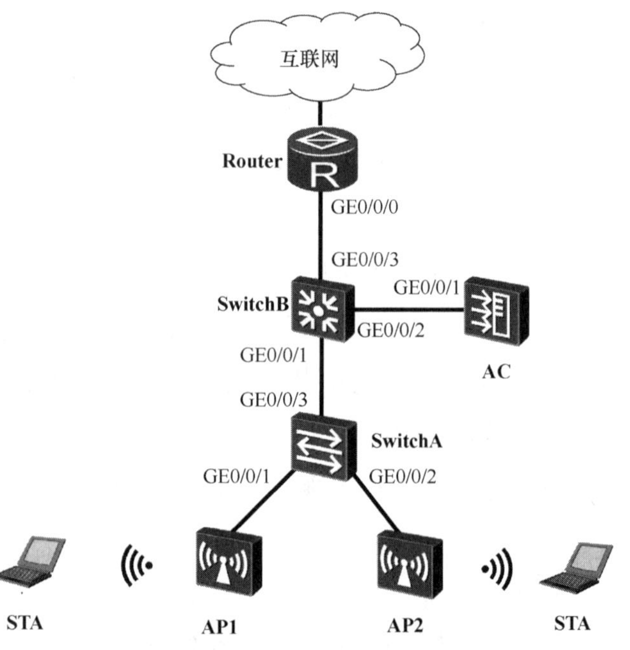

图 3-9 配置 WLAN 负载均衡实验拓扑

【**实验要求**】本实验涉及的配置项及其要求和设备 IP 地址相关参数分别如表 3-5 和表 3-6 所示。

表 3-5　配置项及其要求

配置项	要求	配置项	要求
管理 VLAN	VLAN 100	业务 VLAN	VLAN 101
DHCP 服务器	AC 作为 AP 的 DHCP 服务器和网关，Router 作为 STA 的 DHCP 服务器	AP 地址池	VLAN 100： 10.67.100.2 ~ 10.67.100.254/24。 网关：AC VLANIF 100 接口
STA 地址池	VLAN 101： 10.67.101.2 ~ 10.67.101.254/24。 网关：AC VLANIF 101 接口	AC 源接口	VLANIF 100：10.67.100.1/24
AP 组	名称：group-bal。 引用模板：VAP 模板、域管理模板	AP 配置	名称：ap207、ap208。 组名称：group-bal
域管理模板	名称：domain。 国家或地区识别码：CN	SSID 模板	模板名称：wlan-bal。 SSID 名称：wlan-bal
安全模板	模板名称：sec-bal。 安全策略：WPA/WPA2-PSK-AES。 密码：huawei123	VAP 模板	模板名称：vap-bal。 转发方式：隧道转发。 业务 VLAN：VLAN 101。 引用模板：SSID 模板和安全模板
静态负载均衡组	名称：bal-static。 基于用户数的负载均衡起始阈值：10。 基于用户数的负载均衡差值阈值：5%		

表 3-6　设备 IP 地址相关参数

设备	接口或 VLAN	IP 地址或接口类型	备注
SwitchA	GE0/0/1	Trunk	PVID：100。 放通 VLAN：VLAN 100
	GE0/0/2	Trunk	PVID：100。 放通 VLAN：VLAN 100
	GE0/0/3	Trunk	放通 VLAN：VLAN 100
SwitchB	GE0/0/1	Trunk	放通 VLAN：VLAN 100
	GE0/0/2	Trunk	放通 VLAN：VLAN 100、VLAN 101
	GE0/0/3	Trunk	放通 VLAN：VLAN 101

续表

设备	接口或 VLAN	IP 地址或接口类型	备注
AC	GE0/0/1	Trunk	放通 VLAN：VLAN 100、VLAN 101
	VLANIF 100	10.67.100.1/24	接口地址池
Router	GE0/0/0	Trunk	放通 VLAN：VLAN 101
	VLANIF 101	10.67.101.1/24	接口地址池

【实验步骤】以下是本实验的具体步骤。

1. 配置接入交换机

（1）配置要点

- 创建 VLAN 100，并为其分配相关接口。
- 设置接口 GE0/0/1 和 GE0/0/2 放通 VLAN 100。

（2）配置命令

具体配置命令如下。

```
<HUAWEI> system-view
[HUAWEI] sysname  SwitchA
[SwitchA] vlan  100
[SwitchA-vlan100] interface  gi0/0/1
[SwitchA-GigabitEthernet0/0/1] port  link-type  trunk
[SwitchA-GigabitEthernet0/0/1] port  trunk  pvid  vlan  100
[SwitchA-GigabitEthernet0/0/1] port  trunk  allow-pass  vlan  100
[SwitchA-GigabitEthernet0/0/1] port-isolate  enable
[SwitchA-GigabitEthernet0/0/1] quit
[SwitchA] interface  gi0/0/2
[SwitchA-GigabitEthernet0/0/1] port  link-type  trunk
[SwitchA-GigabitEthernet0/0/1] port  trunk  pvid  vlan  100
[SwitchA-GigabitEthernet0/0/1] port  trunk  allow-pass  vlan  100
[SwitchA-GigabitEthernet0/0/1] port-isolate  enable
[SwitchA-GigabitEthernet0/0/1] quit
[SwitchA] interface  gi0/0/3
[SwitchA-GigabitEthernet0/0/2] port  link-type  trunk
[SwitchA-GigabitEthernet0/0/2] port  trunk  allow-pass  vlan  100
[SwitchA-GigabitEthernet0/0/2] quit
```

2. 配置汇聚交换机

（1）配置要点

- 创建 VLAN 100 和 VLAN 101，并为其分配相关接口。
- 设置接口 GE0/0/1 放通 VLAN 100，接口 GE0/0/2 放通 VLAN 100 和 VLAN 101，接口 GE0/0/3 放通 VLAN 101。

（2）配置命令

具体配置命令如下。

```
<HUAWEI> system-view
[HUAWEI] sysname SwitchB
[SwitchB] vlan batch 100 101
[SwitchB] interface gi0/0/1
[SwitchB-GigabitEthernet0/0/1] port link-type trunk
[SwitchB-GigabitEthernet0/0/1] port trunk allow-pass vlan 100
[SwitchB-GigabitEthernet0/0/1] quit
[SwitchB] interface gi0/0/2
[SwitchB-GigabitEthernet0/0/2] port link-type trunk
[SwitchB-GigabitEthernet0/0/2] port trunk allow-pass vlan 100 101
[SwitchB-GigabitEthernet0/0/2] quit
[SwitchB] interface gi0/0/3
[SwitchB-GigabitEthernet0/0/3] port link-type trunk
[SwitchB-GigabitEthernet0/0/3] port trunk allow-pass vlan 101
[SwitchB-GigabitEthernet0/0/3] quit
```

3. 配置 Router

（1）配置要点

- 创建 VLAN 101，将接口 GE0/0/0 切换为二层接口（物理设备上不需要）并加入 VLAN 101。
- 创建接口 VLANIF 101，设置 IP 地址，创建接口地址池，为 STA 提供 DHCP 服务。

（2）配置命令

具体配置命令如下。

```
<Huawei> system-view
[Huawei] sysname Router
[Router] vlan 101
[Router-vlan 101] interface gi0/0/0
[Router-GigabitEthernet0/0/0] portswitch
[Router-GigabitEthernet0/0/0] port link-type trunk
[Router-GigabitEthernet0/0/0] port trunk allow-pass vlan 101
[Router-GigabitEthernet0/0/0] quit
[Router] dhcp enable
[Router] interface vlanif 101
[Router-Vlanif101] ip address 10.67.101.1 24
[Router-Vlanif101] dhcp select interface
[Router-Vlanif101] quit
```

4. 配置 AC 基本业务参数

（1）配置要点

- 创建 VLAN 100 和 VLAN 101，设置接口 GE0/0/1 放通 VLAN 100 和 VLAN 101。
- 在 VLANIF 100 上创建接口地址池，为 AP 提供 DHCP 服务。

（2）配置命令

具体配置命令如下。

```
<HUAWEI> system-view
[HUAWEI] sysname AC
[AC] vlan batch 100 101
[AC] interface gi0/0/1
[AC-GigabitEthernet0/0/1] port link-type trunk
[AC-GigabitEthernet0/0/1] port trunk allow-pass vlan 100 101
```

```
[AC-GigabitEthernet0/0/1] quit
[AC] dhcp enable
[AC] interface vlanif 100
[AC-Vlanif100] ip address 10.67.100.1 24
[AC-Vlanif100] dhcp select interface
[AC-Vlanif100] quit
```

5. 配置 AP 上线

（1）配置要点

- 创建域管理模板，配置 AC 国家或地区识别码；创建 AP 组，引用域管理模板。
- 配置 AC 源接口。
- 离线导入 AP，配置 AP 组和 AP 名称；监控 AP 上线情况。

（2）配置命令

具体配置命令如下。

```
[AC] wlan
[AC-wlan-view] regulatory-domain-profile name default
[AC-wlan-regulate-domain-default] country-code cn
[AC-wlan-regulate-domain-default] quit
[AC-wlan-view] ap-group name group-bal
[AC-wlan-ap-group-group-dts] regulatory-domain-profile default
[AC-wlan-ap-group-group-dts] quit
[AC-wlan-view] quit
[AC] capwap source interface vlanif 100
[AC] wlan
[AC-wlan-view] ap auth-mode mac-auth
[AC-wlan-view] ap-id 0 ap-mac 60d7-55ec-3260
[AC-wlan-ap-0] ap-name ap207
[AC-wlan-ap-0] ap-group group-bal
[AC-wlan-ap-0] quit
[AC-wlan-view] ap auth-mode mac-auth
[AC-wlan-view] ap-id 1 ap-mac b008-75cb-49e0
[AC-wlan-ap-0] ap-name ap208
[AC-wlan-ap-0] ap-group group-bal
[AC-wlan-ap-0] quit
[AC-wlan-view] display ap all
ID  MAC            Name   Group      IP             Type              State  STA  Uptime
-----------------------------------------------------------------------------------------
0   60d7-55ec-3260 ap207  group-bal  10.67.100.200  AirEngine5760-10  nor    0    38S
1   b008-75cb-49e0 ap208  group-bal  10.67.100.59   AirEngine5760-10  nor    0    11S
```

6. 配置 WLAN 业务参数

（1）配置要点

- 创建安全模板，设置安全策略。
- 创建 SSID 模板，设置 SSID 名称。
- 创建 VAP 模板，设置业务数据转发方式和业务 VLAN，引用安全模板和 SSID 模板。
- 配置 AP 组引用 VAP 模板，配置 AP 射频的信道和功率。

（2）配置命令

具体配置命令如下。

```
[AC-wlan-view] security-profile name sec-bal
[AC-wlan-sec-prof-wlan-dts] security wpa-wpa2 psk pass-phrase huawei123 aes
[AC-wlan-sec-prof-wlan-dts] quit
[AC-wlan-view] ssid-profile name wlan-bal
[AC-wlan-ssid-prof-wlan-dts] ssid wlan-bal
[AC-wlan-ssid-prof-wlan-dts] quit
[AC-wlan-view] vap-profile name vap-bal
[AC-wlan-vap-prof-wlan-dts] forward-mode tunnel
[AC-wlan-vap-prof-wlan-dts] service-vlan vlan-id 101
[AC-wlan-vap-prof-wlan-dts] security-profile sec-bal
[AC-wlan-vap-prof-wlan-dts] ssid-profile wlan-bal
[AC-wlan-vap-prof-wlan-dts] quit
[AC-wlan-view] ap-group name group-bal
[AC-wlan-ap-group-group-dts] vap-profile vap-bal wlan 1 radio 0
[AC-wlan-ap-group-group-dts] vap-profile vap-bal wlan 1 radio 1
[AC-wlan-ap-group-group-dts] quit
```

7. 配置静态负载均衡功能

（1）配置要点

- 创建静态负载均衡组，将 2 个 AP 加入组中。
- 配置静态负载均衡模式及其参数。

（2）配置命令

具体配置命令如下。

```
[AC-wlan-view] sta-load-balance static-group name bal-static
[AC-wlan-sta-lb-static-wlan-static] member ap-name ap207
[AC-wlan-sta-lb-static-wlan-static] member ap-name ap208
[AC-wlan-sta-lb-static-wlan-static] mode sta-number
[AC-wlan-sta-lb-static-wlan-static] sta-number start-threshold 10
[AC-wlan-sta-lb-static-wlan-static] sta-number gap-threshold percentage 5
[AC-wlan-sta-lb-static-wlan-static] quit
```

8. 实验验证

（1）验证要点

在 AC 上查看静态负载均衡参数。

（2）验证命令

具体验证命令如下。

```
[AC-wlan-view] display sta-load-balance static-group name bal-static
-------------------------------------------------------------------------------
Group name                                  : bal-static
Load-balance mode                           : sta-number
Sta-number start threshold                  : 10
Sta-number gap threshold(percentage)        : 5
-------------------------------------------------------------------------------
AP ID    AP Name    RfID    Act CH/Cfg    CH       CurEIRP/MaxEIRP    Client CU
-------------------------------------------------------------------------------
0        ap207      0       6/-           9/28     0                  13%
0        ap207      1       44/-          29/29    0                  1%
1        ap208      0       1/-           9/28     0                  4%
1        ap208      1       36/-          29/29    0                  0%
```

拓展知识

其他射频资源管理功能

除了前文提到的射频调优、频谱导航和负载均衡之外，还有其他射频资源管理功能，如智能漫游、终端迁移和用户 CAC 等。限于篇幅，下面仅对这些功能进行简单介绍。感兴趣的读者可以查阅相关资料进行深入学习。

1. 智能漫游

有些终端的漫游主动性较差，即使在其与当前关联的 AP 距离很远、信号很弱时，仍不主动关联其他信号更好的 AP。这类终端被称为黏性终端。在黏性终端上配置智能漫游功能，可以促使终端主动关联其他信号更好的 AP，除了能提升终端用户自身的上网体验外，还能在一定程度上实现 AP 间的负载均衡。

2. 终端迁移

终端迁移的主要目的是引导终端关联合适的 AP。在终端关联前，通过抑制 2.4G 频段探测响应帧引导终端优先接入 5GHz 信道；在终端关联后，通过综合考虑终端的双频能力、AP 负载及信号质量，引导终端接入更适合的 AP。可见，终端迁移功能实际上融合了频谱导航、负载均衡和智能漫游等功能。

3. 用户 CAC

在高密度用户的无线网络环境中，配置用户 CAC 功能可以减少用户间的信道抢占，提升在线用户的上网体验。配置用户 CAC 功能后，AP 通过统计信道利用率、在线用户数或终端信噪比，采取隐藏 SSID、预留漫游资源等手段限制新用户的接入，保证在线用户的上网质量。

拓展实训

射频信号在自由空间中传输时会受到各种因素的影响，导致无线网络服务质量下降。射频资源管理通过 AC 与 AP 的协同工作，根据网络环境的变化自动调整 AP 射频参数，引导 STA 合理接入 AP，进而提升无线用户的上网体验。希望读者通过完成以下的实训内容，深入理解相关知识。

【实训目的】

（1）掌握射频资源管理的常见形式。

（2）掌握射频调优的配置方法。

（3）掌握频谱导航的配置方法。

（4）掌握负载均衡的配置方法。

【实训内容】

（1）参考本任务实验 1 组建一个 FIT AP+AC WLAN，采用旁挂式二层组网，完成直接转发方式下的射频调优配置。

（2）参考本任务实验 2 组建一个 FIT AP+AC WLAN，采用旁挂式二层组网，完成直接转发方式下的频谱导航配置。

（3）参考本任务实验 3 组建一个 FIT AP+AC WLAN，采用旁挂式二层组网，完成直接转发方式下的负载均衡配置。

项目小结

WLAN 采用射频信号传输数据。射频信号在自由空间中传播时容易受到环境因素的影响，无线网络存在各种干扰，如同频干扰、邻频干扰。如果无线网络环境比较复杂，则网络管理员往往无法及时、有效地根据环境变化调整 AP 射频参数。射频资源管理功能可以在一定程度上解决这个问题。本项目重点介绍了几种常见的射频资源管理功能。射频调优是指 AC 根据 AP 上送的网络环境信息统筹分配 AP 的工作信道和发射功率，尽量减少 AP 间的干扰。频谱导航的主要目的是引导 STA 接入信道资源更加丰富的 5G 频段，减少 2.4G 频段的信号干扰。负载均衡则能够均衡 AP 接入的无线用户数，以免有些 AP 负载过重，而另一些 AP 资源空闲。除此之外，还有其他射频调优功能，如智能漫游、终端迁移和用户 CAC 等。射频资源管理是优化 WLAN 的常用手段，正确配置射频资源管理功能，可以提高 WLAN 的服务质量，提升无线用户的上网体验。

项目练习题

1. 选择题

（1）下列不是 WLAN 中常见干扰的一项是（　　）。

A. 同频干扰　　B. 邻频干扰

C. AP 与微波炉的相互干扰　　D. MAC 地址欺骗攻击

（2）射频资源管理的目标不包括（　　）。

A. STA 在 AP 间移动时保持业务不中断

B. 自动调整 AP 的信道和发射功率

C. 引导 STA 合理接入 AP

D. 使 AP 间负载相对均衡

（3）下列不属于射频资源管理的一项是（　　）。

A. 射频调优 B. 频谱导航
C. CAPWAP 隧道转发 D. 负载均衡

（4）射频调优是指（ ）。
A. 引导用户接入 5G 频段，减少 2.4G 频段干扰
B. 根据网络环境自动调整 AP 的工作信道和发射功率
C. 促使终端主动关联其他信号更好的 AP
D. 引导终端接入更适合的 AP

（5）频谱导航是指（ ）。
A. 引导用户接入 5G 频段，减少 2.4G 频段干扰
B. 根据网络环境自动调整 AP 的工作信道和发射功率
C. 促使终端主动关联其他信号更好的 AP
D. 引导终端接入更适合的 AP

（6）负载均衡是指（ ）。
A. 引导用户接入 5G 频段，减少 2.4G 频段干扰
B. 根据网络环境自动调整 AP 的工作信道和发射功率
C. 促使终端主动关联其他信号更好的 AP
D. 使 AP 间负载相对均衡

2. 填空题

（1）常见的无线网络干扰包括 _______、_______ 和 _______。
（2）常见的射频资源管理相关功能包括 _______、_______ 和 _______。
（3）根据网络环境自动调整 AP 的工作信道和发射功率，这是指 _________ 功能。
（4）引导用户接入 5G 频段，减少 2.4G 频段干扰，这是指 __________ 功能。
（5）使 AP 间负载相对均衡，这是指 ___________ 功能。

3. 简答题

（1）简述 WLAN 中常见的干扰。
（2）简述 WLAN 射频调优的主要作用。
（3）简述 WLAN 频谱导航的主要作用。
（4）简述 WLAN 负载均衡的主要作用。

项目4 校园WLAN漫游部署

学习目标

【知识目标】

（1）熟悉无线漫游的基本概念和应用场景。

（2）掌握无线漫游的基本原理和类型。

（3）掌握无线漫游的流量转发模型。

【能力目标】

（1）能够解释无线漫游的基本概念和常用术语。

（2）能够阐明无线漫游的基本原理和类型。

（3）能够说明无线漫游的流量转发模型。

【素质目标】

（1）培养团结互助的合作精神。

（2）提高思辨能力。

（3）培养善于倾听和理解他人想法的能力。

引例描述

张老师告诉小郭，漫游是当前校园WLAN的必备功能，在WLAN规划和设计之初，应该将漫游作为重要因素加以考虑，否则很可能满足不了移动用户的需求。掌握漫游技术是无线网络组网配置的基本要求，因此要多花一些时间学习漫游的理论知识和组网方法。小郭收到张老师的指示后，明确了自己的下一个学习方向。他深吸一口气，准备开始一段新的“征途”……

任务 4.1 实施 WLAN 漫游

任务陈述

漫游技术是当前企业部署 WLAN 的必备技术，支持用户在 AP 之间移动时保持上层应用连接不中断，维持业务的连续性。本任务将详细介绍漫游的基本概念和工作原理，重点分析不同漫游场景中业务流量的转发模型。

知识准备

1. 漫游基本概念

灵活性是 WLAN 的主要特点之一。WLAN 使用开放的无线信道传输信息，使用户得以摆脱有线线缆的桎梏，在 AP 的覆盖范围内自由移动。单个 AP 的覆盖范围有限，在用户数较多的大型网络环境中，往往要部署数量众多的 AP 以实现更大范围的网络覆盖。这就涉及 WLAN 漫游的概念。漫游是指用户从一个 AP 的覆盖范围移动至另一个 AP 的覆盖范围时，保持已有的业务连接不中断。漫游是当前 WLAN 组网的必备技术，通过实施漫游以提升无线用户的体验也成为网络管理员的普遍做法。

以图 4-1 为例，无线漫游的过程可以这样理解。

（1）无线终端 STA 在 AP1 的覆盖范围内，通过扫描、认证和关联 3 个阶段和 AP1 建立连接。

（2）STA 从 AP1 逐渐向 AP2 移动，来自 AP1 的信号强度越来越低。在这个过程中，STA 会在各个信道持续发送探测请求帧以发现其他 AP 并进行认证。STA 可以和多个 AP 进行认证，但只能和一个 AP 关联。

（3）随着 STA 逐渐远离 AP1（假设移动到两个 AP 的信号重叠区域），当 STA 判断 AP1 的信号强度降低到一定程度时，就主动向信号强度更高的 AP2 发送关联请求帧。AP2 回复关联响应帧，从而完成关联过程。

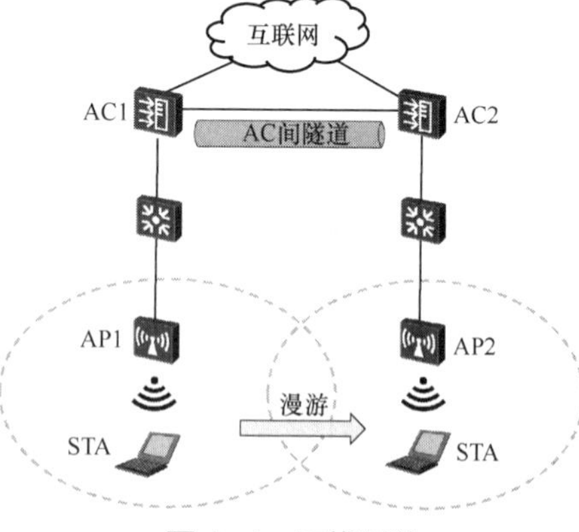

图 4-1 无线漫游

（4）STA 与 AP2 建立关联后，向 AP1 发送解除关联帧，解除与 AP1 的关联。

可以看到，在 STA 漫游过程中，两个 AP 必须要有信号重叠区域，否则 STA 无法顺利与信号强度更高的 AP 关联。一般来说，在实际组网时，这个重叠区域至少应保持为总覆盖范围的 15%。除此之外，无线漫游发生的必要条件还包括相同的安全策略和 SSID。也就是说，在实际组网时应该对 AP 配置相同的安全策略和 SSID。假如 AP1 和 AP2 的 SSID 分别为 huawei1 和 huawei2，即使 STA 顺利关联到 huawei2，这个过程也不能算漫游。

对用户来说，漫游的典型特征是业务不中断。但实际上，漫游不能保证绝对意义上的“无缝衔接”，只是在 STA 关联其他 AP 时，网络丢包数量很少而用户觉察不到。为了实现漫游时业务不中断，要确保用户的认证和授权信息及 IP 地址不变。用户的认证和授权信息是用户访问无线网络的凭据，如果认证和授权信息发生变化，则意味着用户必须重新进行认证，这样可能获得不同的网络访问权限。IP 地址是 TCP/UDP 的基础。如果 IP 地址发生变化，则必须重新建立 TCP 连接或 UDP 会话。

2. 漫游相关术语

在进一步学习漫游类型和漫游流量转发模型之前，需要了解几个和漫游相关的常用术语。下面以图 4-2 为例，解释常用术语的含义。在图 4-2 中，STA 先后与 AP1、AP2 和 AP3 关联。AC1 管理 AP1 和 AP2，AC2 管理 AP3。

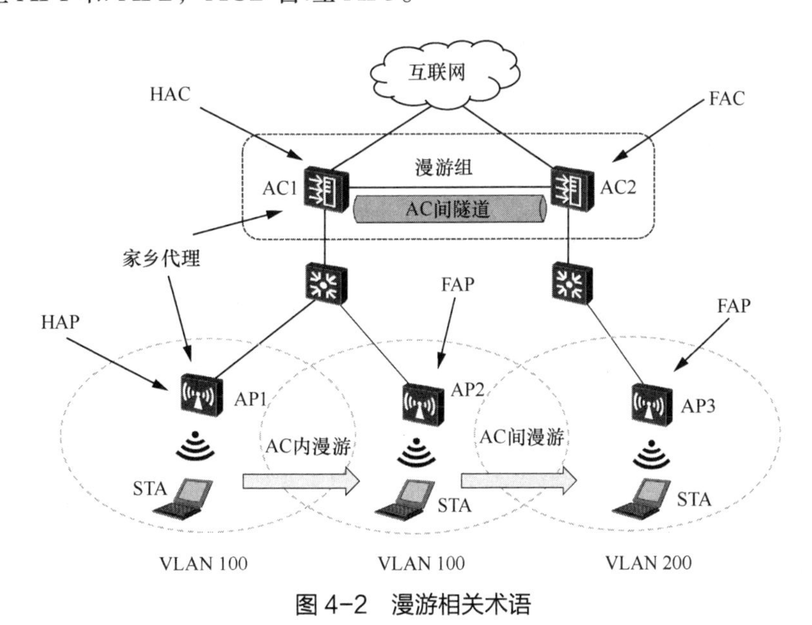

图 4-2 漫游相关术语

（1）Home AP。Home AP（HAP）是指 STA 首次关联的 AP，如图 4-2 中的 AP1。

（2）Home AC。Home AC（HAC）是指 STA 首次关联的 AC，如图 4-2 中的 AC1。

（3）Foreign AP。Foreign AP（FAP）是指 STA 漫游后关联的 AP，如在图 4-2 中，STA 从 AP1 漫游至 AP2 时，AP2 即此次漫游的 FAP，AP3 是 STA 从 AP2 漫游至 AP3 时的 FAP。

（4）Foreign AC。Foreign AC（FAC）是指 STA 漫游后关联的 AC，如在图 4-2 中，AC2 是 STA 从 AP2 漫游至 AP3 时的 FAC。

（5）AC 内漫游。如果漫游过程中关联的是同一个 AC，则为 AC 内漫游，如在图 4-2 中，STA 从 AP1 漫游到 AP2 属于 AC 内漫游。

（6）AC 间漫游。如果漫游过程中关联的是不同的 AC，则为 AC 间漫游，如在图 4-2 中，STA 从 AP2 漫游到 AP3 属于 AC 间漫游。

（7）家乡代理。能够和STA漫游前的网络（家乡网络）中的网关二层互通的设备称为家乡代理。为了使STA漫游后仍能正常访问家乡网络，需要将STA的业务报文通过隧道转发到家乡代理，并由家乡代理继续转发。STA的家乡代理一般是HAC或HAP，如图4-2中的AC1或AP1。

3. 漫游类型

下面介绍两种划分漫游类型的方法。

（1）AC内漫游与AC间漫游。前面已经讲过，根据STA漫游前后关联的AC是否相同，可将漫游分为AC内漫游和AC间漫游。AC内漫游可以看作AC间漫游的一种特殊情况，即HAC和FAC相同。在WLAN中，可以对不同的AC进行分组，STA在同一个组的AC间进行漫游，这个组称为漫游组。在图4-2中，AC1与AC2组成了一个漫游组。为了支持AC间漫游，漫游组内的所有AC需要同步每个AC管理的STA和AP设备的信息，因此需要在AC间建立一条隧道作为数据同步和报文转发的通道，这条隧道称为AC间隧道。与控制通道及数据通道一样，AC间隧道也是根据CAPWAP协议创建的。

（2）二层漫游与三层漫游。根据STA漫游前后是否在同一个子网中，可将漫游分为二层漫游和三层漫游。

二层漫游是指STA在漫游前后属于同一个业务VLAN，即同一个IP地址段。在图4-2中，AP1和AP2的业务VLAN均为VLAN 100，因此STA从AP1漫游到AP2属于二层漫游。STA在二层漫游时业务VLAN及IP地址没有任何变化，在漫游过程中没有丢包和断线重连的现象，它是一种平滑过渡的漫游。二层漫游可以在AC内漫游中实现，也可以在AC间漫游中实现。

三层漫游是指STA在漫游前后属于不同的业务VLAN，即不同的IP地址段。在图4-2中，AP2和AP3的业务VLAN分别为VLAN 100和VLAN 200，因此STA从AP2漫游到AP3属于三层漫游。STA在三层漫游时进入另一个子网，为了保持IP地址不变，需要将业务流量先转发至家乡网络（初始的子网），再由家乡代理进行转发。

严格来说，根据业务VLAN的VLAN ID是否相同来区分二层漫游和三层漫游并不准确，有可能两个VLAN的VLAN ID相同，但属于不同的子网。考虑到这种情况，需要通过配置漫游域来确定设备是否在同一个子网内。可以把漫游域理解为VLAN和IP地址或网段的对应关系，只有当VLAN相同且漫游域也相同时才认为是二层漫游，否则是三层漫游。

4. 漫游流量转发模型

在不同的漫游类型中，业务流量的转发方式各不相同，需要考虑的因素包括是AC内漫游还是AC间漫游、是二层漫游还是三层漫游，以及是隧道转发还是直接转发。总体来说，可以根据以下3个原则分析漫游流量的转发模型。

（1）二层漫游时，漫游用户仍在原来的子网中，FAP/FAC把漫游用户当作新上线用户。

对于漫游用户的流量转发直接在FAP/FAC本地的网络中进行，不需要通过AC间隧道转发至家乡代理。

（2）三层漫游隧道转发时，漫游前HAP和HAC的业务报文通过CAPWAP隧道封装，由HAC统一转发。因此可以将HAP和HAC看作在同一个子网内，漫游后的业务报文无须返回HAP，仍由HAC统一转发至目的网络。

（3）三层漫游直接转发时，漫游前的业务报文由HAP直接转发，无须经由HAC转发。漫游后的业务报文需要先转发至HAP，再由HAP继续转发。

下面根据这3个原则分析不同场景中漫游流量如何转发。

（1）AC内二层漫游。

① 隧道转发。漫游前的流量转发过程如图4-3（a）所示。

a. STA向HAP发送业务报文。

b. HAP对业务报文进行CAPWAP封装，通过CAPWAP隧道发送至AC。

c. AC将业务报文解封装后经由交换机发送至上行网络。

漫游后的流量转发过程如图4-3（b）所示。

a. STA向FAP发送业务报文。

b. FAP对业务报文进行CAPWAP封装，通过CAPWAP隧道发送至AC。

c. AC将业务报文解封装后经由交换机发送至上行网络。

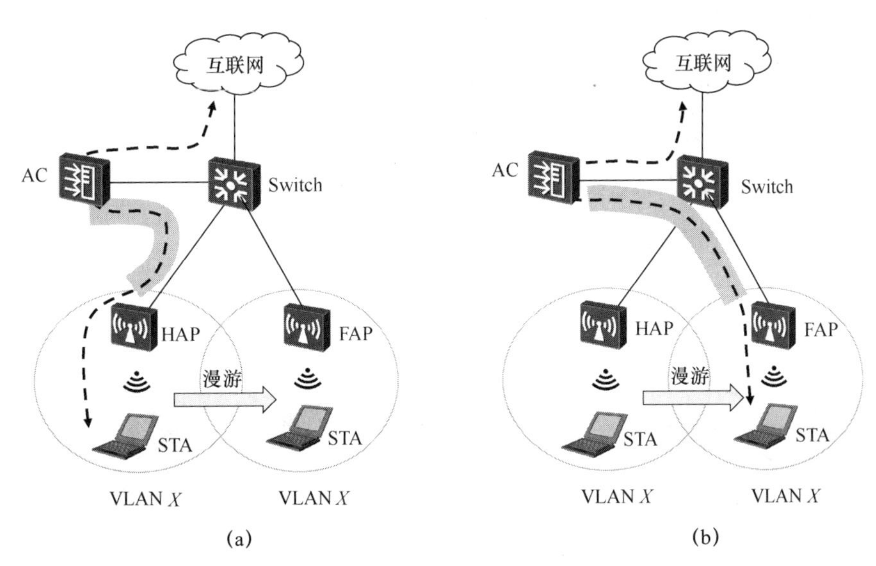

图4-3 AC内二层漫游隧道转发

② 直接转发。漫游前的流量转发过程如图4-4（a）所示。

a. STA向HAP发送业务报文。

b. HAP将业务报文发送至交换机（网关）并由交换机继续向上行网络转发。

漫游后的流量转发过程如图4-4（b）所示。

a. STA向FAP发送业务报文。

b. FAP 将业务报文直接发送至交换机（网关）并由交换机继续向上行网络转发。

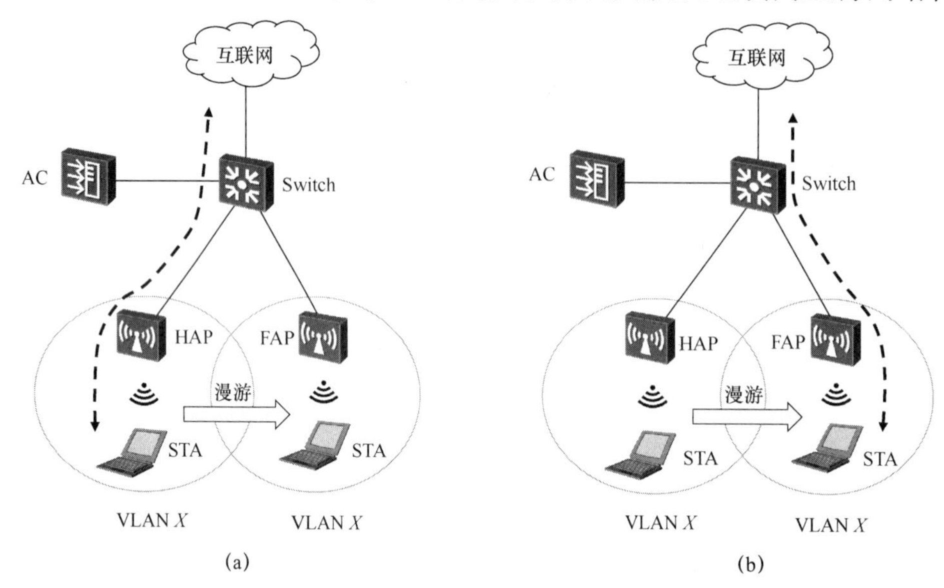

图 4-4　AC 内二层漫游直接转发

（2）AC 内三层漫游。

① 隧道转发。漫游前的流量转发过程如图 4-5（a）所示。

a. STA 向 HAP 发送业务报文。

b. HAP 对业务报文进行 CAPWAP 封装，通过 CAPWAP 隧道发送至 AC。

c. AC 将业务报文解封装后经由交换机发送至上行网络。

漫游后的流量转发过程如图 4-5（b）所示。

a. STA 向 FAP 发送业务报文。

b. FAP 对业务报文进行 CAPWAP 封装，通过 CAPWAP 隧道发送至 AC。

c. AC 将业务报文解封装后经由交换机发送至上行网络。

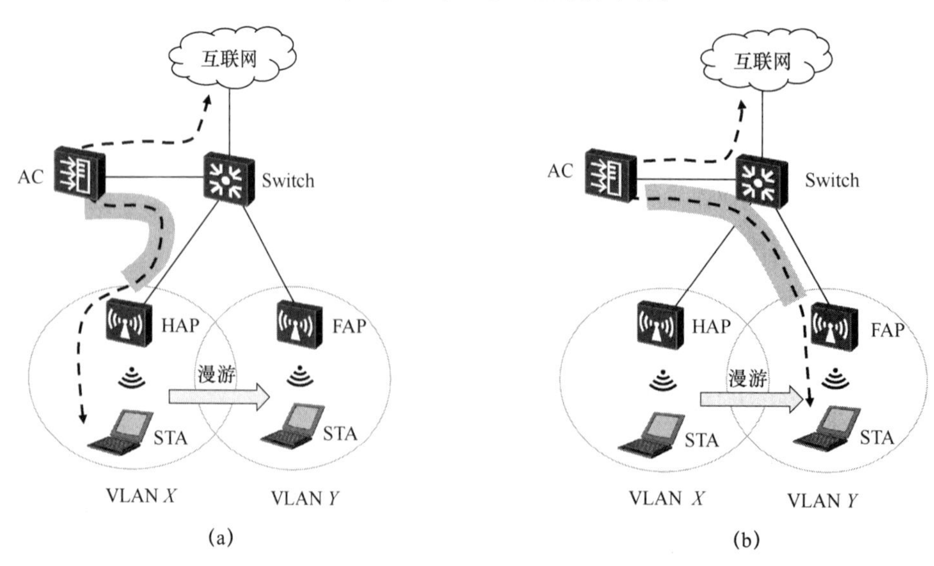

图 4-5　AC 内三层漫游隧道转发

② 直接转发。漫游前的流量转发过程如图 4-6（a）所示。

a. STA 向 HAP 发送业务报文。

b. HAP 将业务报文发送至交换机（网关）并由交换机继续向上行网络转发。

家乡代理为 HAP 时，漫游后的流量转发过程如图 4-6（b）所示。

a. STA 向 FAP 发送业务报文。

b. FAP 通过 CAPWAP 隧道将业务报文发送至 AC。

c. AC 通过 CAPWAP 隧道将业务报文发送至 HAP。

d. HAP 将业务报文解封装后直接发送至交换机（网关）并由交换机继续向上行网络转发。

家乡代理为 HAC 时，漫游后的流量转发过程如图 4-6（c）所示。

a. STA 向 FAP 发送业务报文。

b. FAP 通过 CAPWAP 隧道将业务报文发送至 AC。

c. AC 将业务报文解封装后直接发送至交换机（网关）并由交换机继续向上行网络转发。

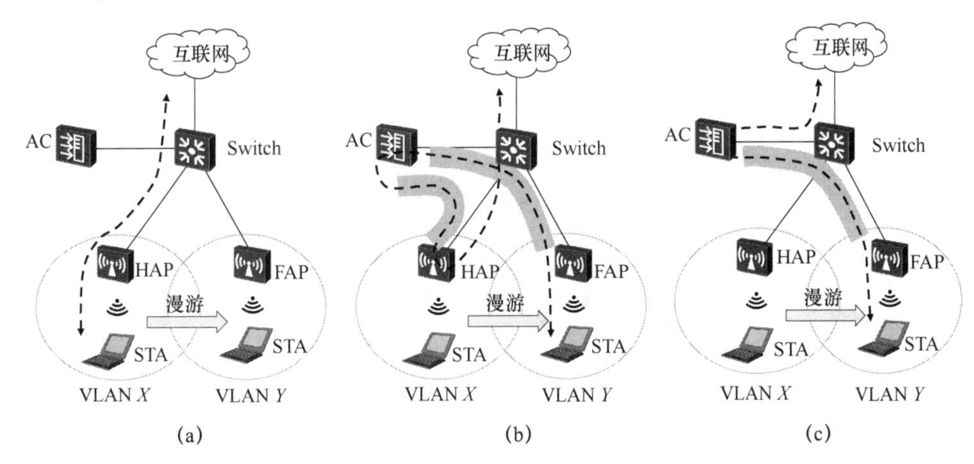

图 4-6 AC 内三层漫游直接转发

（3）AC 间二层漫游。

① 隧道转发。漫游前的流量转发过程如图 4-7（a）所示。

a. STA 向 HAP 发送业务报文。

b. HAP 对业务报文进行 CAPWAP 封装，通过 CAPWAP 隧道发送至 HAC。

c. HAC 将业务报文解封装后经由交换机发送至上行网络。

漫游后的流量转发过程如图 4-7（b）所示。

a. STA 向 FAP 发送业务报文。

b. FAP 对业务报文进行 CAPWAP 封装，通过 CAPWAP 隧道发送至 FAC。

c. FAC 将业务报文解封装后经由交换机发送至上行网络。

② 直接转发。漫游前的流量转发过程如图 4-8（a）所示。

a. STA 向 HAP 发送业务报文。

b. HAP 将业务报文发送至交换机（网关）并由交换机继续向上行网络转发。

漫游后的流量转发过程如图 4-8（b）所示。

a. STA 向 FAP 发送业务报文。

b. FAP 将业务报文直接发送至交换机（网关）并由交换机继续向上行网络转发。

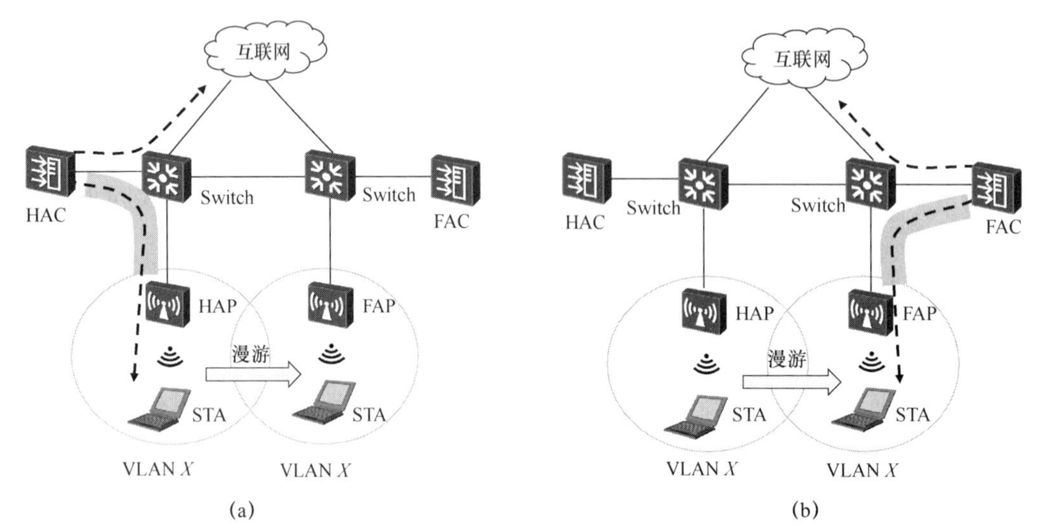

图 4-7 AC 间二层漫游隧道转发

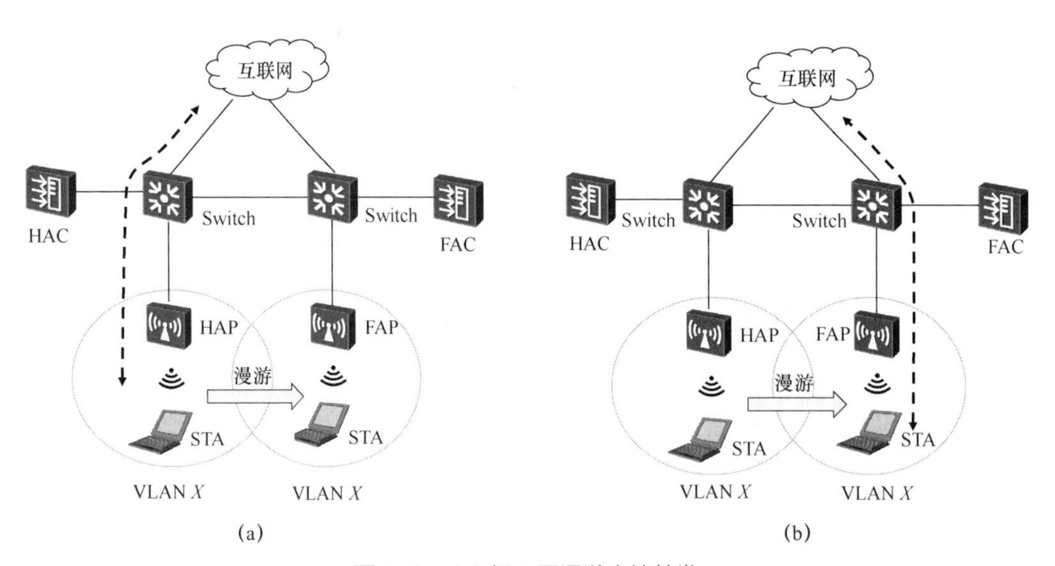

图 4-8 AC 间二层漫游直接转发

（4）AC 间三层漫游。

① 隧道转发。漫游前的流量转发过程如图 4-9（a）所示。

a. STA 向 HAP 发送业务报文。

b. HAP 对业务报文进行 CAPWAP 封装，通过 CAPWAP 隧道发送至 HAC。

c. HAC 将业务报文解封装后经由交换机发送至上行网络。

漫游后的流量转发过程如图 4-9（b）所示。

a. STA 向 FAP 发送业务报文。

b. FAP 对业务报文进行 CAPWAP 封装，通过 CAPWAP 隧道发送至 FAC。

c. FAC 通过 AC 间隧道将业务报文转发至 HAC。

d. HAC 将业务报文解封装后经由交换机发送至上行网络。

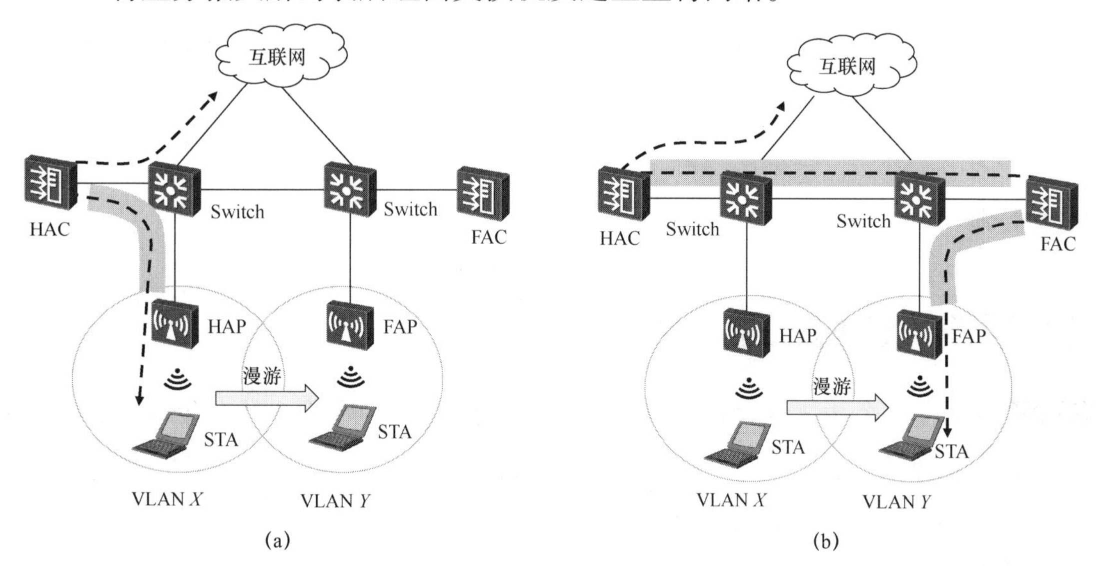

图 4-9 AC 间三层漫游隧道转发

② 直接转发。漫游前的流量转发过程如图 4-10（a）所示。

a. STA 向 HAP 发送业务报文。

b. HAP 将业务报文发送至交换机（网关）并由交换机继续向上行网络转发。

家乡代理为 HAP 时，漫游后的流量转发过程如图 4-10（b）所示。

a. STA 向 FAP 发送业务报文。

b. FAP 通过 CAPWAP 隧道将业务报文发送至 FAC。

c. FAC 通过 AC 间隧道将业务报文发送至 HAC。

d. HAC 通过 CAPWAP 隧道将业务报文发送至 HAP。

e. HAP 将业务报文解封装后直接发送至交换机（网关）并由交换机继续向上行网络转发。

家乡代理为 HAC 时，漫游后的流量转发过程如图 4-10（c）所示。

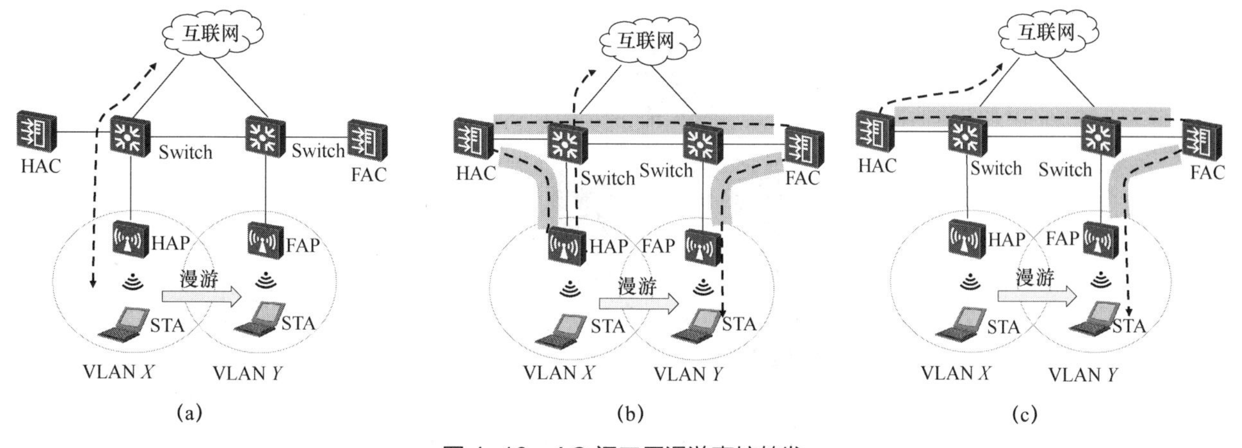

图 4-10 AC 间三层漫游直接转发

a. STA 向 FAP 发送业务报文。

b. FAP 通过 CAPWAP 隧道将业务报文发送至 FAC。

c. FAC 通过 AC 间隧道将业务报文发送至 HAC。

d. HAC 将业务报文解封装后直接发送至交换机（网关）并由交换机继续向上行网络转发。

实验 1：配置 AC 内二层漫游

【实验背景】在一个由大量 AP 组成的无线网络环境中，当用户从一个 AP 切换到另一个 AP 时，漫游功能使用户能保持业务的连续性。最简单的漫游是 AC 内二层漫游，即漫游前后无线用户属于相同的二层网络，且两个 AP 关联到同一个 AC。

【实验设备】华为 eNSP 网络仿真工具（AP4050，2 台；AC6005，1 台；S5700，1 台；S3700，1 台；Router，1 台；STA，1 台）或华为设备（AirEngine 5760，2 台；AC6508，1 台；S5731S-S24P4X，2 台；AR6140-16G4XG，1 台；PC，Windows 10 操作系统，1 台）。

【实验拓扑】本实验采用旁挂式二层组网，配置 AC 内二层漫游实验拓扑如图 4-11 所示。

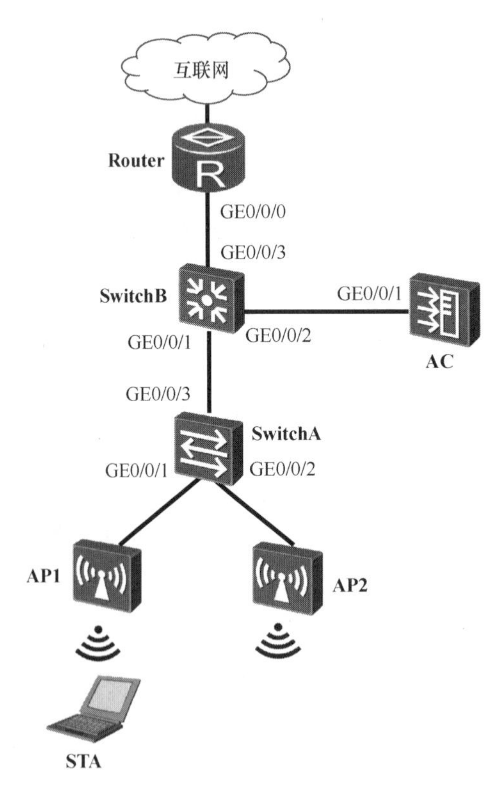

图 4-11 配置 AC 内二层漫游实验拓扑

【**实验要求**】本实验涉及的配置项及其要求如表4-1所示，设备IP地址参数如表4-2所示。

表4-1 配置项及其要求

配置项	要求	配置项	要求
管理VLAN	VLAN 100	业务VLAN	VLAN 101
DHCP服务器	AC作为AP的DHCP服务器，Router作为STA的DHCP服务器	AP地址池	VLAN 100。 10.23.100.2 ~ 10.23.100.254/24。 网关：AC VLANIF 100接口
STA地址池	VLAN 101。 10.23.101.3 ~ 10.23.101.254/24。 网关：路由器VLANIF 101接口	AC源接口	VLANIF 100：10.23.100.1/24
AP组	名称：group-roaming。 引用模板：VAP模板、域管理模板、2.4GHz射频模板、5GHz射频模板	AP配置	名称：ap301。 组名称：group-roaming 名称：ap302。 组名称：group-roaming
域管理模板	名称：default。 国家或地区识别码：CN。 调优信道集合：配置2.4GHz和5GHz调优带宽和调优信道	SSID模板	模板名称：wlan-roaming。 SSID名称：wlan-roaming
安全模板	模板名称：sec-roaming。 安全策略：WPA/WPA2-PSK-AES。 密码：huawei123	VAP模板	模板名称：vap-roaming。 转发方式：隧道转发。 业务VLAN：VLAN 101。 引用模板：SSID模板、安全模板
2.4GHz射频模板	模板名称：wlan-radio2g。 引用模板：空口扫描模板	5GHz射频模板	模板名称：wlan-radio5g。 引用模板：空口扫描模板
空口扫描模板	模板名称：wlan-airscan。 探测信道集合：调优信道。 空口扫描间隔时间：60000ms。 空口扫描持续时间：60ms		

表4-2 设备IP地址参数

设备	接口	IP地址或接口类型	备注
SwitchA	GE0/0/1	Trunk	PVID：100。 放通VLAN：VLAN 100
	GE0/0/2	Trunk	PVID：100。 放通VLAN：VLAN 100
	GE0/0/3	Trunk	放通VLAN：VLAN 100
SwitchB	GE0/0/1	Trunk	放通VLAN：VLAN 100

续表

设备	接口	IP 地址或接口类型	备注
SwitchB	GE0/0/2	Trunk	放通 VLAN：VLAN 100、VLAN 101
	GE0/0/3	Trunk	放通 VLAN：VLAN 101
AC	GE0/0/1	Trunk	放通 VLAN：VLAN 100、VLAN 101
	VLANIF 100	10.23.100.1/24	接口地址池
Router	GE0/0/0	Trunk	放通 VLAN：VLAN 101
	VLANIF 101	10.23.101.1/24	接口地址池

【实验步骤】下面是本实验的具体步骤。

1. 配置接入交换机

（1）配置要点

- 创建 VLAN 100，设置接口 GE0/0/1、GE0/0/2 和 GE0/0/3 放通 VLAN 100。

（2）配置命令

具体配置命令如下。

```
<HUAWEI> system-view
[HUAWEI] sysname  SwitchA
[SwitchA] vlan  100
[SwitchA-vlan100] interface  gi0/0/1
[SwitchA-GigabitEthernet0/0/1] port  link-type  trunk
[SwitchA-GigabitEthernet0/0/1] port  trunk  pvid  vlan  100
[SwitchA-GigabitEthernet0/0/1] port  trunk  allow-pass  vlan  100
[SwitchA-GigabitEthernet0/0/1] port-isolate  enable
[SwitchA-GigabitEthernet0/0/1] quit
[SwitchA] interface  gi0/0/2
[SwitchA-GigabitEthernet0/0/2] port  link-type  trunk
[SwitchA-GigabitEthernet0/0/2] port  trunk  pvid  vlan  100
[SwitchA-GigabitEthernet0/0/2] port  trunk  allow-pass  vlan  100
[SwitchA-GigabitEthernet0/0/2] port-isolate  enable
[SwitchA-GigabitEthernet0/0/2] quit
[SwitchA] interface  gi0/0/3
[SwitchA-GigabitEthernet0/0/3] port  link-type  trunk
[SwitchA-GigabitEthernet0/0/3] port  trunk  allow-pass  vlan  100
[SwitchA-GigabitEthernet0/0/3] quit
```

2. 配置汇聚交换机

（1）配置要点

- 创建 VLAN 100 和 VLAN 101，并为其分配相关接口。
- 设置接口 GE0/0/1 放通 VLAN 100，接口 GE0/0/2 放通 VLAN 100 和 VLAN 101，接口 GE0/0/3 放通 VLAN 101。

（2）配置命令

具体配置命令如下。

```
<HUAWEI> system-view
[HUAWEI] sysname  SwitchB
[SwitchB] vlan  batch  100  101
[SwitchB] interface  gi0/0/1
[SwitchB-GigabitEthernet0/0/1] port  link-type  trunk
[SwitchB-GigabitEthernet0/0/1] port  trunk  allow-pass  vlan  100
[SwitchB-GigabitEthernet0/0/1] quit
[SwitchB] interface  gi0/0/2
[SwitchB-GigabitEthernet0/0/2] port  link-type  trunk
[SwitchB-GigabitEthernet0/0/2] port  trunk  allow-pass  vlan  100  101
[SwitchB-GigabitEthernet0/0/2] quit
[SwitchB] interface  gi0/0/3
[SwitchB-GigabitEthernet0/0/3] port  link-type  trunk
[SwitchB-GigabitEthernet0/0/3] port  trunk  allow-pass  vlan  101
[SwitchB-GigabitEthernet0/0/3] quit
```

3. 配置 Router

（1）配置要点

- 创建 VLAN 101，将接口 GE0/0/0 切换为二层接口（物理设备上不需要）并加入 VLAN 101。
- 创建接口 VLANIF 101，设置 IP 地址，创建接口地址池，为 STA 提供 DHCP 服务。

（2）配置命令

具体配置命令如下。

```
<Huawei> system-view
[Huawei] sysname  Router
[Router] vlan  101
[Router-vlan 101] interface  gi0/0/0
[Router-GigabitEthernet0/0/0] portswitch
[Router-GigabitEthernet0/0/0] port  link-type  trunk
[Router-GigabitEthernet0/0/0] port  trunk  allow-pass  vlan  101
[Router-GigabitEthernet0/0/0] quit
[Router] dhcp  enable
[Router] interface  vlanif  101
[Router-Vlanif101] ip  address  10.23.101.1  24
[Router-Vlanif101] dhcp  select  interface
[Router-Vlanif101] quit
```

4. 配置 AC 基础业务参数

（1）配置要点

- 创建 VLAN 100 和 VLAN 101，将接口 GE0/0/1 加入其中。
- 在 VLANIF 100 上创建接口地址池，为 AP 提供 DHCP 服务。

（2）配置命令

具体配置命令如下。

```
<AC6508> system-view
[AC6508] sysname  AC
[AC] vlan  batch  100  101
[AC] interface  gi0/0/1
[AC-GigabitEthernet0/0/1] port  link-type  trunk
[AC-GigabitEthernet0/0/1] port  trunk  allow-pass  vlan  100  101
```

```
[AC-GigabitEthernet0/0/1] quit
[AC] dhcp  enable
[AC] interface  vlanif  100
[AC-Vlanif100] ip  address  10.23.100.1  24
[AC-Vlanif100] dhcp  select  interface
[AC-Vlanif100] quit
```

5. 配置 AP 上线

（1）配置要点

- 创建域管理模板，配置 AC 国家或地区识别码；创建 AP 组，引用域管理模板。
- 配置 AC 源接口。
- 离线导入 2 个 AP，配置 AP 组和 AP 名称；监控 AP 上线情况。

（2）配置命令

具体配置命令如下。

```
[AC] wlan
[AC-wlan-view] regulatory-domain-profile  name  default
[AC-wlan-regulate-domain-default] country-code  cn
[AC-wlan-regulate-domain-default] quit
[AC-wlan-view] ap-group  name  group-roaming
[AC-wlan-ap-group-group-roaming] regulatory-domain-profile  default
[AC-wlan-ap-group-group-roaming] quit
[AC-wlan-view] quit
[AC] capwap  source  interface  vlanif  100
[AC] wlan
[AC-wlan-view] ap  auth-mode  mac-auth
[AC-wlan-view] ap-id  0  ap-mac  00e0-fcb6-40a0
[AC-wlan-ap-0] ap-name  ap301
[AC-wlan-ap-0] ap-group  group-roaming
[AC-wlan-ap-0] quit
[AC-wlan-view] ap  auth-mode  mac-auth
[AC-wlan-view] ap-id  1  ap-mac  00e0-fc70-4d00
[AC-wlan-ap-1] ap-name  ap302
[AC-wlan-ap-1] ap-group  group-roaming
[AC-wlan-ap-1] quit
[AC-wlan-view] display  ap  all
ID MAC            Name  Group         IP             Type         State STA Uptime
------------------------------------------------------------------------------------
0  00e0-fcb6-40a0 ap301 group-roaming 10.23.100.72   AP4050DN-E   nor   0   40S
1  00e0-fc70-4d00 ap302 group-roaming 10.23.100.206  AP4050DN-E   nor   0   32S
```

6. 配置 WLAN 业务参数。

（1）配置要点

- 创建安全模板，设置安全策略。
- 创建 SSID 模板，设置 SSID 名称。
- 创建 VAP 模板，设置业务数据转发方式和业务 VLAN，引用安全模板和 SSID 模板，配置 AP 组引用 VAP 模板。
- 配置 AP 射频的信道和功率。启用射频的信道和功率自动调优功能以自动选择 AP 最佳信道和功率。

（2）配置命令

具体配置命令如下。

```
[AC-wlan-view] security-profile name sec-roaming
[AC-wlan-sec-prof-sec-roaming] security wpa-wpa2 psk pass-phrase huawei123 aes
[AC-wlan-sec-prof-sec-roaming] quit
[AC-wlan-view] ssid-profile name wlan-roaming
[AC-wlan-ssid-prof-wlan-roaming] ssid wlan-roaming
[AC-wlan-ssid-prof-wlan-roaming] quit
[AC-wlan-view] vap-profile name vap-roaming
[AC-wlan-vap-prof-vap-roaming] forward-mode tunnel
[AC-wlan-vap-prof-vap-roaming] service-vlan vlan-id 101
[AC-wlan-vap-prof-vap-roaming] security-profile sec-roaming
[AC-wlan-vap-prof-vap-roaming] ssid-profile wlan-roaming
[AC-wlan-vap-prof-vap-roaming] quit
[AC-wlan-view] ap-group name group-roaming
[AC-wlan-ap-group-group-roaming] vap-profile vap-roaming wlan 1 radio 0
[AC-wlan-ap-group-group-roaming] vap-profile vap-roaming wlan 1 radio 1
[AC-wlan-ap-group-group-roaming] quit
[AC-wlan-view] regulatory-domain-profile name default
[AC-wlan-regulate-domain-default] dca-channel 2.4g channel-set 1,6,11
[AC-wlan-regulate-domain-default] dca-channel 5g bandwidth 20mhz
[AC-wlan-regulate-domain-default] dca-channel 5g channel-set 149,153,157,161
[AC-wlan-regulate-domain-default] quit
[AC-wlan-view] air-scan-profile name wlan-airscan
[AC-wlan-air-scan-prof-wlan-airscan] scan-channel-set dca-channel
[AC-wlan-air-scan-prof-wlan-airscan] scan-period 60
[AC-wlan-air-scan-prof-wlan-airscan] scan-interval 60000
[AC-wlan-air-scan-prof-wlan-airscan] quit
[AC-wlan-view] radio-2g-profile name wlan-radio2g
[AC-wlan-radio-2g-prof-wlan-radio2g] air-scan-profile wlan-airscan
[AC-wlan-radio-2g-prof-wlan-radio2g] quit
[AC-wlan-view] radio-5g-profile name wlan-radio5g
[AC-wlan-radio-5g-prof-wlan-radio5g] air-scan-profile wlan-airscan
[AC-wlan-radio-5g-prof-wlan-radio5g] quit
[AC-wlan-view] ap-group name group-roaming
[AC-wlan-ap-group-group-roaming] radio-2g-profile wlan-radio2g radio 0
[AC-wlan-ap-group-group-roaming] radio-5g-profile wlan-radio5g radio 1
[AC-wlan-ap-group-group-roaming] quit
```

7. 实验验证

（1）验证要点

- 检查 VAP 是否创建成功。
- 使 STA 先关联 AP1，再关联 AP2。在 AC 上查看 STA 接入信息并观察前后变化情况。
- 在 AC 上查看 STA 的漫游轨迹。

（2）验证命令

具体验证命令如下。

```
[AC-wlan-view] display vap ssid wlan-roaming
AP ID AP name  RfID WID  BSSID           Status  Auth type     STA   SSID
-------------------------------------------------------------------------------
0     ap301    0    1    00E0-FCB6-40A0  ON      WPA/WPA2-PSK  0     wlan-roaming
0     ap301    1    1    00E0-FCB6-40B0  ON      WPA/WPA2-PSK  0     wlan-roaming
1     ap302    0    1    00E0-FC70-4D00  ON      WPA/WPA2-PSK  0     wlan-roaming
1      ap302   1    1    00E0-FC70-4D10  ON      WPA/WPA2-PSK  0     wlan-roaming
[AC-wlan-view] display station ssid wlan-roaming
```

```
STA MAC        AP ID Ap name  Rf/WLAN  Band  Type  Rx/Tx  RSSI VLAN  IP address
-------------------------------------------------------------------------------
5489-98e3-2644 0    ap301    0/1      2.4G   -     -/-     -     101   10.23.101.254
[AC-wlan-view] display station ssid wlan-roaming
STA MAC      AP ID Ap name  Rf/WLAN  Band  Type  Rx/Tx    RSSI  VLAN  IP address
-------------------------------------------------------------------------------
5489-98e3-2644 1  ap302    0/1      2.4G  -     -/-       -     101    10.23.101.254
[AC-wlan-view] display station roam-track sta-mac 5489-98e3-2644
L2/L3          AC IP                      AP name             Radio ID
BSSID          TIME                       In/Out RSSI         Out Rx/Tx
-------------------------------------------------------------------------------
--             10.23.100.1                ap301               0
00e0-fcb6-40a0 2022/12/30 15:01:16        -95/-95             0/0
L2             10.23.100.1                ap302               0
00e0-fc70-4d00 2022/12/30 15:04:09        -95/-               -/-
```

实验 2：配置 AC 间二层漫游

【实验背景】如果 STA 在漫游前后关联不同的 AC，则称为 AC 间漫游。这些 AC 形成一个漫游组，漫游组内的所有 AC 同步各自管理的 STA 和 AP 信息。AC 之间还会建立一条隧道作为数据同步和报文转发的通道，这条隧道称为 AC 间隧道。AC 间漫游支持二层漫游和三层漫游。对于 AC 间二层漫游，漫游前后 STA 属于相同的二层网络，因此业务数据无须发送回家乡网络，可以在新网络中直接转发。

【实验设备】华为 eNSP 网络仿真工具（AP4050，2 台；AC6005，2 台；S5700，2 台；STA，1 台）或华为设备（AirEngine 5760，2 台；AC6508，2 台；S5731S-S24P4X，2 台；PC，Windows 10 操作系统，1 台）。

【实验拓扑】本实验采用直连式二层组网，配置 AC 间二层漫游实验拓扑如图 4-12 所示。

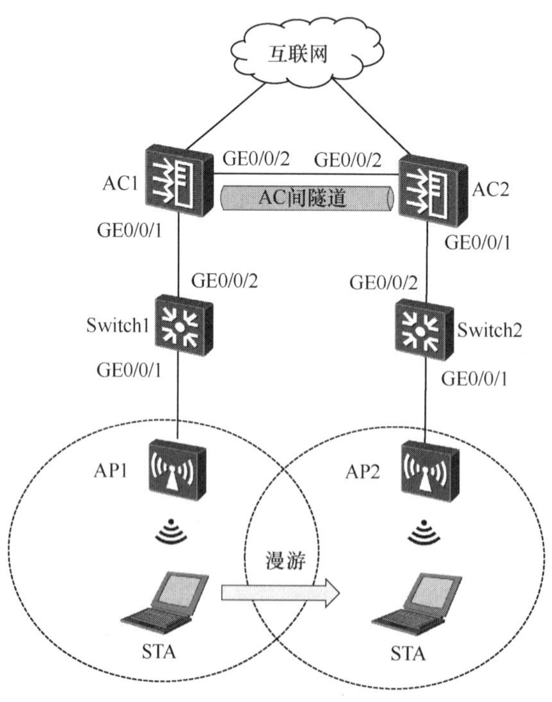

图 4-12 配置 AC 间二层漫游实验拓扑

【实验要求】本实验涉及的配置项及其要求如表4-3所示，设备IP地址参数如表4-4所示。

表4-3 配置项及其要求

配置项	要求	配置项	要求
管理VLAN	VLAN 100	业务VLAN	VLAN 101
DHCP服务器	AC1作为AP和STA的DHCP服务器	AP地址池	VLAN 100： 10.67.100.3～254/24。 网关：10.67.100.2
STA地址池	VLAN 101。 10.67.101.3～254/24。 网关：10.67.101.1	AC源接口	AC1：VLANIF 100（10.67.100.1/24） AC2：VLANIF 100（10.67.100.2/24）
漫游组	名称：mobility。 成员：AC1和AC2	AP组	名称：group-roaming。 引用模板：VAP模板、域管理模板、2.4GHz射频模板、5GHz射频模板
AP配置	名称：ap306。 组名称：group-roaming 名称：ap307。 组名称：group-roaming	域管理模板	名称：default。 国家或地区识别码：CN。 调优信道集合：配置2.4GHz和5GHz调优带宽和调优信道
SSID模板	模板名称：wlan-roaming。 SSID名称：wlan-roaming	安全模板	模板名称：sec-roaming。 安全策略：WPA/WPA2-PSK-AES。 密码：huawei123
VAP模板	模板名称：vap-roaming。 转发方式：隧道转发。 业务VLAN：VLAN 101。 引用模板：SSID模板、安全模板	空口扫描模板	名称：wlan-airscan。 探测信道集合：调优信道。 空口扫描间隔时间：60000ms。 空口扫描持续时间：60ms
2.4GHz射频模板	名称：wlan-radio2g。 引用模板：空口扫描模板wlan-airscan	5GHz射频模板	名称：wlan-radio5g。 引用模板：空口扫描模板wlan-airscan

表4-4 设备IP地址参数

设备	接口	IP地址或接口类型	备注
Switch1	GE0/0/1	Trunk	PVID：100。 放通VLAN：VLAN 100

续表

设备	接口	IP 地址或接口类型	备注
Switch1	GE0/0/2	Trunk	放通 VLAN：VLAN 100
Switch2	GE0/0/1	Trunk	PVID：100。 放通 VLAN：VLAN 100
	GE0/0/2	Trunk	放通 VLAN：VLAN 100
AC1	GE0/0/1	Trunk	放通 VLAN：VLAN 100
	GE0/0/2	Trunk	放通 VLAN：VLAN 100、VLAN 101
	VLANIF 100	10.67.100.1/24	接口地址池
	VLANIF 101	10.67.101.1/24	接口地址池
AC2	GE0/0/1	Trunk	放通 VLAN：VLAN 100
	GE0/0/2	Trunk	放通 VLAN：VLAN 100、VLAN 101
	VLANIF 100	10.67.100.2/24	
	VLANIF 101	10.67.101.2/24	

【实验步骤】下面是本实验的具体步骤。

1. 配置接入交换机 1

（1）配置要点

- 创建 VLAN 100，设置接口 GE0/0/1 和 GE0/0/2 放通 VLAN 100。

（2）配置命令

具体配置命令如下。

```
<HUAWEI> system-view
[HUAWEI] sysname  Switch1
[Switch1] vlan  100
[Switch1-vlan100] interface  gi0/0/1
[Switch1-GigabitEthernet0/0/1] port  link-type  trunk
[Switch1-GigabitEthernet0/0/1] port  trunk  pvid  vlan  100
[Switch1-GigabitEthernet0/0/1] port  trunk  allow-pass  vlan  100
[Switch1-GigabitEthernet0/0/1] quit
[Switch1] interface  gi0/0/2
[Switch1-GigabitEthernet0/0/2] port  link-type  trunk
[Switch1-GigabitEthernet0/0/2] port  trunk  allow-pass  vlan  100
[Switch1-GigabitEthernet0/0/2] quit
```

2. 配置接入交换机 2

（1）配置要点

- 创建 VLAN 100，设置接口 GE0/0/1 和 GE0/0/2 放通 VLAN 100。

（2）配置命令

具体配置命令如下。

```
<HUAWEI> system-view
[HUAWEI] sysname  Switch2
[Switch2] vlan  100
[Switch2-vlan100] interface  gi0/0/1
[Switch2-GigabitEthernet0/0/1] port  link-type  trunk
[Switch2-GigabitEthernet0/0/1] port  trunk  pvid  vlan  100
[Switch2-GigabitEthernet0/0/1] port  trunk  allow-pass  vlan  100
[Switch2-GigabitEthernet0/0/1] quit
[Switch2] interface  gi0/0/2
[Switch2-GigabitEthernet0/0/2] port  link-type  trunk
[Switch2-GigabitEthernet0/0/2] port  trunk  allow-pass  vlan  100
[Switch2-GigabitEthernet0/0/2] quit
```

3. 配置 AC1 基础业务参数

（1）配置要点

- 创建 VLAN 100 和 VLAN 101，并为其分配相关接口。
- 在接口 VLANIF 100 和 VLANIF 101 上创建接口地址池，为 AP 和 STA 提供 DHCP 服务。

（2）配置命令

具体配置命令如下。

```
<AC6508> system-view
[AC6508] sysname  AC1
[AC1] vlan  batch  100  101
[AC1] interface  gi0/0/1
[AC1-GigabitEthernet0/0/1] port  link-type  trunk
[AC1-GigabitEthernet0/0/1] port  trunk  allow-pass  vlan  100
[AC1-GigabitEthernet0/0/1] quit
[AC1] interface  gi0/0/2
[AC1-GigabitEthernet0/0/2] port  link-type  trunk
[AC1-GigabitEthernet0/0/2] port  trunk  allow-pass  vlan  100  101
[AC1-GigabitEthernet0/0/2] quit
[AC1] interface  vlanif  100
[AC1-Vlanif100] ip  address  10.67.100.1 255.255.255.0
[AC1-Vlanif100] quit
[AC1] interface  vlanif  101
[AC1-Vlanif101] ip  address  10.67.101.1 255.255.255.0
[AC1-Vlanif101] quit
[AC1] dhcp  enable
[AC1] interface  vlanif  100
[AC1-Vlanif100] dhcp  select  interface
[AC1-Vlanif100] dhcp  server  excluded-ip-address  10.67.100.2
[AC1-Vlanif100] quit
[AC1] interface  vlanif  101
[AC1-Vlanif101] dhcp  select  interface
[AC1-Vlanif101] dhcp  server  excluded-ip-address  10.67.101.2
[AC1-Vlanif101] quit
```

4. 配置 AC2 基础业务参数

（1）配置要点

- 创建 VLAN 100 和 VLAN 101，并为其分配相关接口。
- 创建接口 VLANIF 100 和 VLANIF 101，设置 IP 地址。

（2）配置命令

具体配置命令如下。

```
<AC6508> system-view
[AC6508] sysname  AC2
[AC2] vlan  batch  100  101
[AC2] interface  gi0/0/1
[AC2-GigabitEthernet0/0/1] port  link-type  trunk
[AC2-GigabitEthernet0/0/1] port  trunk  allow-pass  vlan  100
[AC2-GigabitEthernet0/0/1] quit
[AC2] interface  gi0/0/2
[AC2-GigabitEthernet0/0/2] port  link-type  trunk
[AC2-GigabitEthernet0/0/2] port  trunk  allow-pass  vlan  100  101
[AC2-GigabitEthernet0/0/2] quit
[AC2] interface  vlanif  100
[AC2-Vlanif100] ip  address  10.67.100.2  24
[AC2-Vlanif100] quit
[AC2] interface  vlanif  101
[AC2-Vlanif101] ip  address  10.67.101.2  24
[AC2-Vlanif101] quit
```

5. 配置 AP 上线

（1）配置要点

- 创建域管理模板，配置 AC 国家或地区识别码；创建 AP 组，引用域管理模板。
- 配置 AC 源接口。
- 离线导入 AP，配置 AP 组和 AP 名称；监控 AP 上线情况。
- 除了 AP2 的名称和 MAC 地址以外，AC2 与 AC1 配置相同。

（2）配置命令

具体配置命令如下。

```
[AC1] wlan
[AC1-wlan-view] regulatory-domain-profile  name  default
[AC1-wlan-regulate-domain-default] country-code  cn
[AC1-wlan-regulate-domain-default] quit
[AC1-wlan-view] ap-group  name  group-roaming
[AC1-wlan-ap-group-group-roaming] regulatory-domain-profile  default
[AC1-wlan-ap-group-group-roaming] quit
[AC1-wlan-view] quit
[AC1] capwap  source  interface  vlanif  100
[AC1] wlan
[AC1-wlan-view] ap  auth-mode  mac-auth
[AC1-wlan-view] ap-id  0  ap-mac  00e0-fcbf-1490
[AC1-wlan-ap-0] ap-name  ap306
[AC1-wlan-ap-0] ap-group  group-roaming
[AC1-wlan-ap-0] quit
[AC1-wlan-view] display  ap  all
ID  MAC              Name   Group            IP            Type         State STA  Uptime
-----------------------------------------------------------------------------------------
0  00e0-fcc6-12e0  ap306  group-roaming  10.67.100.37  AP4050DN-E  nor   0   26S

[AC2-wlan-view] display  ap  all
ID  MAC              Name  Group             IP            Type         State STA  Uptime
-----------------------------------------------------------------------------------------
0  00e0-fcbf-1490  ap307  group-roaming  10.67.100.182  AP4050DN-E  nor   0   48S
```

6. 配置 WLAN 业务参数

（1）配置要点

- 创建安全模板，设置安全策略。
- 创建 SSID 模板，设置 SSID 名称。
- 创建 VAP 模板，设置业务数据转发方式和业务 VLAN，引用安全模板和 SSID 模板。
- 配置 AP 组引用 VAP 模板，启用 AP 射频的信道和功率自动调优功能以自动选择最佳信道和功率。
- AC2 与 AC1 配置相同。

（2）配置命令

具体配置命令如下。

```
[AC1-wlan-view] security-profile  name  sec-roaming
[AC1-wlan-sec-prof-sec-roaming] security wpa-wpa2 psk  pass-phrase  huawei123  aes
[AC1-wlan-sec-prof-sec-roaming] quit
[AC1-wlan-view] ssid-profile  name  wlan-roaming
[AC1-wlan-ssid-prof-wlan-roaming] ssid  wlan-roaming
[AC1-wlan-ssid-prof-wlan-roaming] quit
[AC1-wlan-view] vap-profile  name  vap-roaming
[AC1-wlan-vap-prof-vap-roaming] forward-mode  tunnel
[AC1-wlan-vap-prof-vap-roaming] service-vlan  vlan-id  101
[AC1-wlan-vap-prof-vap-roaming] security-profile  sec-roaming
[AC1-wlan-vap-prof-vap-roaming] ssid-profile  wlan-roaming
[AC1-wlan-vap-prof-vap-roaming] quit
[AC1-wlan-view] ap-group  name  group-roaming
[AC1-wlan-ap-group-group-roaming] vap-profile  vap-roaming wlan  1  radio  0
[AC1-wlan-ap-group-group-roaming] vap-profile  vap-roaming wlan  1  radio  1
[AC1-wlan-ap-group-group-roaming] quit
[AC1-wlan-view] regulatory-domain-profile  name  default
[AC1-wlan-regulate-domain-default] dca-channel  2.4g  channel-set  1,6,11
[AC1-wlan-regulate-domain-default] dca-channel  5g  bandwidth  20mhz
[AC1-wlan-regulate-domain-default] dca-channel  5g  channel-set  149,153,157,161
[AC1-wlan-regulate-domain-default] quit
[AC1-wlan-view] air-scan-profile  name  wlan-airscan
[AC1-wlan-air-scan-prof-wlan-airscan] scan-channel-set  dca-channel
[AC1-wlan-air-scan-prof-wlan-airscan] scan-period  60
[AC1-wlan-air-scan-prof-wlan-airscan] scan-interval  60000
[AC1-wlan-air-scan-prof-wlan-airscan] quit
[AC1-wlan-view] radio-2g-profile  name  wlan-radio2g
[AC1-wlan-radio-2g-prof-wlan-radio2g] air-scan-profile  wlan-airscan
[AC1-wlan-radio-2g-prof-wlan-radio2g] quit
[AC1-wlan-view] radio-5g-profile  name  wlan-radio5g
[AC1-wlan-radio-5g-prof-wlan-radio5g] air-scan-profile  wlan-airscan
[AC1-wlan-radio-5g-prof-wlan-radio5g] quit
[AC1-wlan-view] ap-group  name  group-roaming
[AC1-wlan-ap-group-group-roaming] radio-2g-profile  wlan-radio2g  radio  0
[AC1-wlan-ap-group-group-roaming] radio-5g-profile  wlan-radio5g  radio  1
[AC1-wlan-ap-group-group-roaming] quit
```

7. 配置无线漫游功能

（1）配置要点

- 在 AC1 和 AC2 上分别创建漫游组，并配置 AC1 和 AC2 为漫游组成员。

（2）配置命令

具体配置命令如下。

```
[AC1-wlan-view] mobility-group  name mobility
[AC1-mc-mg-mobility] member  ip-address  10.67.100.1
[AC1-mc-mg-mobility] member  ip-address  10.67.100.2
[AC1-mc-mg-mobility] quit

[AC2-wlan-view] mobility-group  name mobility
[AC2-mc-mg-mobility] member  ip-address  10.67.100.1
[AC2-mc-mg-mobility] member  ip-address  10.67.100.2
[AC2-mc-mg-mobility] quit
```

8. 实验验证

（1）验证要点

- 分别在 AC1 和 AC2 上查看 VAP 信息。
- 在 AC1 上查看漫游组成员 AC1 和 AC2 的状态，当“State”字段显示为“normal”时，表示 AC1 和 AC2 状态正常。
- 使 STA 先关联 AP1，再关联 AP2，分别在 AC1 和 AC2 上查看 STA 接入信息。
- 在 AC2 上查看 STA 的漫游轨迹。

（2）验证命令

具体验证命令如下。

```
[AC1-wlan-view] display  vap  ssid  wlan-roaming
AP ID AP name  RfID WID  BSSID          Status  Auth type      STA   SSID
---------------------------------------------------------------------------------------
0       ap306   0    1    00E0-FCC6-12E0 ON      WPA/WPA2-PSK   0     wlan-roaming
0       ap306   1    1    00E0-FCC6-12F0 ON      WPA/WPA2-PSK   1     wlan-roaming

[AC2-wlan-view] display  vap  ssid  wlan-roaming
AP ID AP name  RfID WID  BSSID          Status  Auth type      STA     SSID
---------------------------------------------------------------------------------------
0    ap307    0    1    00E0-FCBF-1490 ON  WPA/WPA2-PSK        0       wlan-roaming
0    ap307    1    1    00E0-FCBF-14A0 ON  WPA/WPA2-PSK        0       wlan-roaming

[AC1-wlan-view] display  mobility-group  name  mobility
State           IP address                        Description
-------------------------------------------------------------------------------------
normal          10.67.100.1                       -
normal          10.67.100.2                       -

[AC1-wlan-view]  display  station  ssid  wlan-roaming
STA MAC         AP ID Ap name  Rf/WLAN  Band  Type  Rx/Tx RSSI  VLAN  IP address
-------------------------------------------------------------------------------------
5489-9881-7888    0  ap306  0/1      2.4G   -     -/-   -   101   10.67.101.237

[AC2-wlan-view]  display  station  ssid  wlan-roaming
STA MAC         AP ID Ap name  Rf/WLAN  Band  Type  Rx/Tx RSSI  VLAN  IP address
-------------------------------------------------------------------------------------
5489-9881-7888    0  ap307  0/1      2.4G   -     -/-    -   101   10.67.101.237
[AC2-wlan-view] display  station  roam-track  sta-mac  5489-9881-7888
L2/L3           AC IP                        AP name                    Radio ID
BSSID           TIME                         In/Out RSSI                Out Rx/Tx
-------------------------------------------------------------------------------------
```

```
--              10.67.100.2          ap307          0
00e0-fcbf-1490  2022/12/30 17:45:36  -95/-          -/-
```

拓展知识

非快速漫游与快速漫游

漫游时，STA 通过扫描发现信号质量更好的 FAP，经评估后与 FAP 建立关联，并与 HAP 解除关联。这个过程是在链路认证阶段完成的。上述过程完成后，进入用户认证阶段。如果使用 WPA/WPA2-802.1X 认证方式且 STA 支持快速漫游，则会进入快速漫游过程。

快速漫游是相对之前讲过的非快速漫游（即二层漫游和三层漫游）而言的。非快速漫游过程如图 4-13（a）所示。在图 4-13（a）中，扫描和认证在 AP 上完成。在这之后是关联阶段、802.1X 认证阶段和密钥协商阶段。其中，对漫游时间影响最大的是 802.1X 认证。802.1X 认证一般用时较多，在此期间业务处于中断状态。为了避免每次认证时重复进行冗长的 802.1X 认证，可以采用一种称为随机密钥缓存（Opportunistic Key Caching，OKC）的技术加快认证过程。OKC 的主要原理是在 AC 中保存 STA 之前认证时获得的成对主密钥（Pairwise Master Key，PMK），待 STA 再次认证时，使用 STA 发出的重关联请求帧中携带的 PMK 与 AC 中保存的 PMK 进行匹配，如果匹配成功，则直接允许用户上线。

采用上述方式的漫游称为快速漫游，又称为无缝漫游，其过程如图 4-13（b）所示。快速漫游省去了 802.1X 认证阶段，大大减少了漫游过程中的业务中断时间。

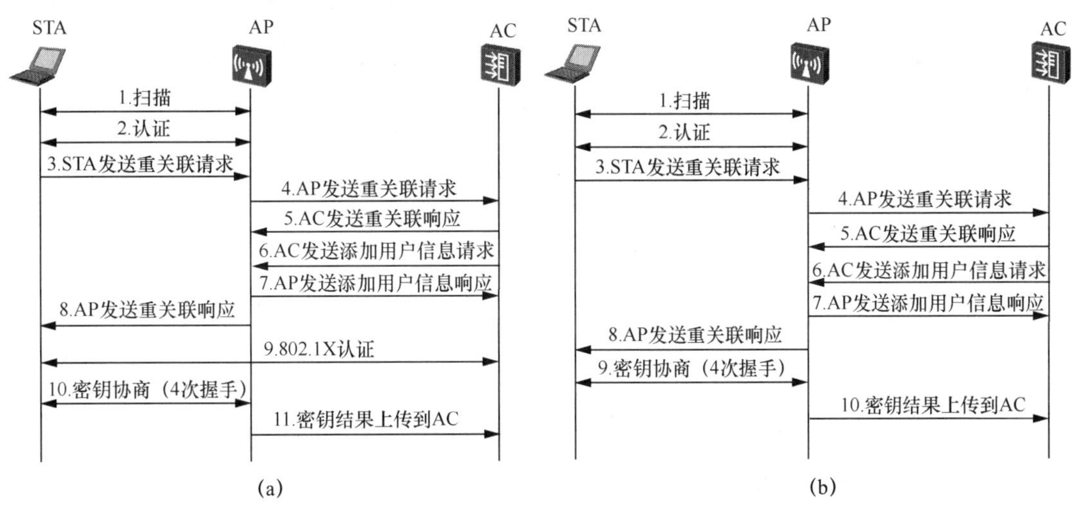

图 4-13 非快速漫游与快速漫游过程

拓展实训

组建 WLAN 时，通过实施漫游技术能够使用户在 AP 间移动时保持业务连续性。配置漫游时要考虑网络拓扑结构及 VLAN 划分，针对 AC 内漫游和 AC 间漫游、二层漫游和三层漫游分别实施。希望读者通过完成以下的实训内容，深入理解相关知识。

【实训目的】

（1）掌握无线漫游的类型和流量转发模型。

（2）掌握 AC 内二层漫游和三层漫游的配置方法。

（3）掌握 AC 间二层漫游和三层漫游的配置方法。

【实训内容】

（1）参考本任务实验 1 组建一个 FIT AP+AC WLAN，采用旁挂式二层组网，分别完成直接转发方式和隧道转发方式下的 AC 内漫游配置。

（2）参考本任务实验 2 组建一个 FIT AP+AC WLAN，采用旁挂式二层组网，分别完成直接转发方式和隧道转发方式下的 AC 间漫游配置。

项目小结

本项目主要围绕 WLAN 组网时涉及的重要因素——漫游进行讲解。漫游是指在 WLAN 中，当用户从一个 AP 切换到另一个 AP 时，业务连接不中断。在 WLAN 中实施漫游技术是提升用户体验的重要手段。本项目重点介绍了漫游的基本概念、相关术语、漫游类型和漫游流量转发模型。在学习漫游技术时，首先要明确几个常用的漫游术语——HAP、FAP、HAC 和 FAC 等；其次，要能够区分 AC 内漫游和 AC 间漫游、二层漫游和三层漫游；最后，要重点理解不同漫游场景下的业务流量的转发模型，这也是本项目的重点内容。读者在学习时可以结合本项目介绍的漫游原则独立分析漫游流量的转发模型，并通过实验验证分析结果。

1. 选择题

（1）下列关于无线漫游的说法中，错误的一项是（　　）。

A. 漫游的典型特征是业务不中断，即用户业务保持绝对的无缝衔接

B. 为了实现漫游时业务不中断，要确保用户的认证和授权信息及 IP 地址不变

C. 漫游要求两个 AP 必须要有信号重叠区域

D. STA 与 FAP 建立关联后，要解除与 HAP 的关联

（2）下列关于漫游术语的描述中，错误的一项的是（　　）。

A. Home AP（HAP）是指 STA 首次关联的 AP

B. Foreign AP（FAP）是指 STA 漫游后关联的 AP

C. Home AC（HAC）是指 STA 首次关联的 AC

D. Foreign AC（FAC）是指 STA 漫游后关联的 AC，与 HAC 不能相同

（3）当 STA 漫游前后关联的 AC 相同时，这种漫游称为（　　）。

A. AC 间漫游　　B. AC 内漫游　　C. 二层漫游　　D. 三层漫游

（4）（　　）不是三层漫游的特点。

A. STA 在漫游前后属于不同的业务 VLAN，即不同的 IP 地址段

B. 三层漫游需要将业务流量先转发至家乡网络，再由家乡代理进行转发

C. STA 在漫游前后拥有不同的 IP 地址

D. 家乡代理可以是 HAC，也可以是 HAP

（5）对于 AC 内三层漫游，当采用直接转发方式时，（　　）。

A. STA 向 FAP 发送业务报文

B. FAP 通过 CAPWAP 隧道将业务报文发送至 AC

C. 家乡代理为 HAP 时，AC 通过交换机将业务报文直接发送至 HAP

D. 家乡代理为 HAC 时，AC 将业务报文解封装后直接发送至交换机并由交换机继续向上行网络转发

2. 填空题

（1）STA 首次关联的 AP 称为____________。

（2）STA 首次关联的 AC 称为____________。

（3）STA 漫游后关联的 AP 称为__________。

（4）STA 漫游后关联的 AC 称为__________。

（5）如果漫游过程中关联的是同一个 AC，则这种漫游称为____________。

（6）如果漫游过程中关联的是不同的 AC，则这种漫游称为____________。

（7）和 STA 漫游前的网络（家乡网络）中的网关二层互通的设备称为__________。

（8）根据 STA 漫游前后是否在同一个子网中，可将漫游分为________和________。

（9）如果 STA 在漫游前后属于同一个业务 VLAN，则这种漫游称为______。

（10）如果 STA 在漫游前后属于不同的业务 VLAN，则这种漫游称为______。

3. 简答题

（1）简述和漫游相关的几个常用术语的含义。

（2）简述漫游的主要过程。

（3）简述不同漫游类型的主要特征。

05

项目5 校园WLAN安全性部署

学习目标

【知识目标】

（1）了解常见的WLAN安全威胁和风险。

（2）熟悉WLAN的安全体系和安全防御机制。

（3）熟悉常用的WLAN认证和加密技术。

【能力目标】

（1）能够说明WLAN的安全威胁和风险。

（2）能够解释WLAN的安全防御机制。

（3）能够列举WLAN链路认证和用户接入认证的几种方式。

（4）能够说明WLAN的相关安全标准和安全体系。

【素质目标】

（1）树立维护国家网络安全的意识。

（2）增强筑牢网络安全防线和坚守网络安全底线的意识。

（3）培养构建健康网络空间的责任感和荣誉感。

引例描述

小郭最近对 WLAN 的安全技术很感兴趣。张老师对小郭说，网络安全是规划、设计和组建网络时必须考虑的重要因素，筑牢网络安全防线是每一个网络管理员义不容辞的责任。张老师建议他先从无线网络安全的基本概念学起，通过实验练习 WLAN 的安全策略配置方法。小郭把张老师的告诫记在心里，带着强烈的责任感和使命感，开始了 WLAN 安全技术的学习。

任务 5.1 了解 WLAN 安全机制

任务陈述

WLAN 使用开放的无线信道传输数据，因此与有线网络相比，WLAN 面临更多的安全威胁。WLAN 的安全防御机制主要有认证、加密和安全系统等。在实际应用中，每种机制又有不同的实现方式。本任务主要介绍 WLAN 常见的安全威胁和防御机制。

知识准备

5.1.1 WLAN 安全威胁

和以太网使用电缆或光纤等有线传输介质不同，WLAN 使用射频信号在开放的无线信道中传输数据。无线信道的开放性体现在：在无线网络的覆盖范围内，所有人都能够接收射频信号。这种开放性也是无线网络固有的特点，攻击者利用这一特点很容易窃听和篡改无线信道中传输的数据，WLAN 因此面临严重的安全威胁。总体来说，WLAN 的安全威胁主要有以下几个方面，如图 5-1 所示。

（1）未经授权部署非法 AP。非法 AP 是指未经授权将 AP 接入企业有线网络，影响网络的正常运行。例如，恶意部署非法 AP，配置与合法 AP 相同的 SSID，在用户接入非法 AP 后捕获用户数据，获取用户的敏感信息。

图 5-1 WLAN 的安全威胁

（2）未经授权使用网络服务。由于无线网络具有开放性，用户能够在未经授权的情况下非法接入无线网络，与合法用户共享带宽，影响合法用户的使用体验，甚至有可能泄露合法用户的信息。

（3）无线攻击。一旦攻击者非法接入无线网络，就能够对网络发起各种攻击。例如，借助常见的拒绝服务攻击，攻击者可以使 AP 停止服务，影响其他用户正常接入无线网络。

（4）数据窃听。借助相应的分析软件，攻击者可以很容易地捕获无线信道中传输的数据。如果没有对数据进行加密，或者加密算法被破解，攻击者就能够轻易地窃取用户信息，造成信息泄露。

针对 WLAN 面临的安全威胁，目前常用的两种安全防御机制是认证和加密。除此之外，大型企业往往使用安全系统防护功能提高无线网络的安全性。下面分别介绍这些安全防御机制。

5.1.2 WLAN 认证技术

认证是指对用户的身份进行验证，要求用户提供能够证明其身份的凭据，如用户名、密码或数字证书。只有通过身份验证的用户才可以接入无线网络并使用网络资源。WLAN 安全认证有链路认证和用户接入认证两种方式，分别发生在无线接入过程的两个不同阶段，如图 5-2 所示。

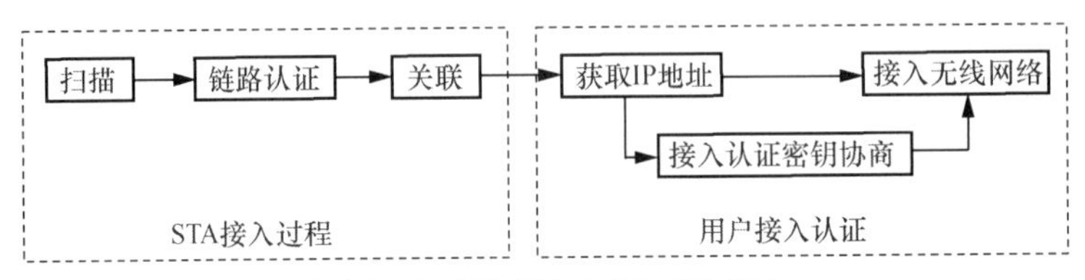

图 5-2 WLAN 安全认证过程

注意

图 5-2 中的“STA”既可表示无线用户，又可表示无线用户使用的无线终端。为表示方便，后文并不严格区分 STA 与用户。当使用“STA”时，大多表示无线终端，这一点请读者在阅读时稍加留意。

1. 链路认证

AP 对 STA 的身份验证属于链路认证。IEEE 802.11 系列标准要求 STA 准备连接到 WLAN 时必须进行链路认证，只有通过链路认证才能进入后续的关联阶段。链路认证不传递或验证任何加密密钥，也不进行双向认证，所以链路认证被视作 STA 连接到 WLAN 时与 AP 的握手过程的起点。

早期的 IEEE 802.11 系列标准定义了开放系统认证和共享密钥认证两种链路认证方式。在开放系统认证中，STA 把 MAC 地址作为身份标识发送给 AP，AP 允许任何符合 IEEE 802.11 系列标准的 STA 接入 WLAN。因此，开放系统认证更像是对 STA 通信能力的认证，而不是验证其身份。共享密钥认证要求 STA 和 AP 配置相同的共享密钥，双方通过交换几个报文验证 STA 的身份。与开放系统认证相比，共享密钥认证可提供更高的安全检查级别。

2. 用户接入认证

用户接入认证是指对用户的身份进行区分，并根据用户的身份授予用户不同的网络访问权限，允许用户访问不同的网络资源。用户接入认证涉及密钥协商和数据加密，比链路认证的安全性高。用户接入认证的方式有 MAC 认证、预共享密钥（Pre-Shared Key，PSK）认证、Portal 认证和 802.1X 认证等。

（1）MAC 认证

MAC 认证是一种基于 MAC 地址控制用户网络访问权限的认证方式。无线设备具有唯一的 MAC 地址，这个地址会封装在报文的数据链路层的头部（帧头）。接入设备在启动 MAC 认证的端口上收到报文后，根据报文的源 MAC 地址对设备进行认证，如图 5-3 所示。使用 MAC 认证需要事先将合法的设备 MAC 地址写入接入设备（AP 或 AC）的 MAC 地址列表，接入设备仅允许列表中的 MAC 地址对应的设备通过。

MAC 认证方式比较简单，不需要用户安装任何客户端软件，但 MAC 认证不是一种可靠的无线网络安全解决方案。其原因在于，帧头中的源 MAC 地址可以伪造，因此可以轻易地绕过接入设备的 MAC 地址过滤。另外，当网络中无线设备数量巨大且动态变化时，准确区分和配置合法设备的 MAC 地址将会变得非常复杂和低效，工作量巨大。

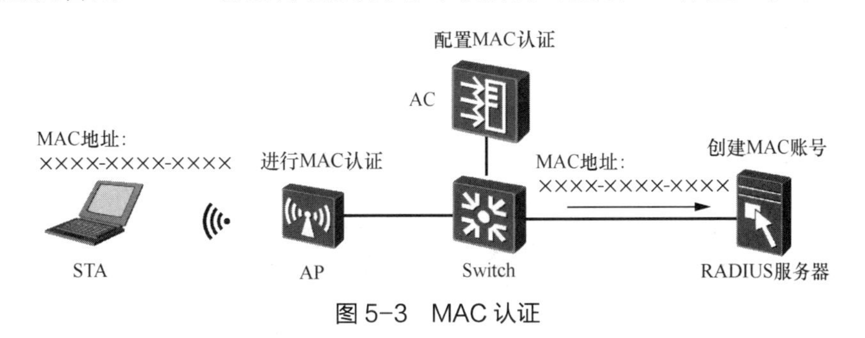

图 5-3 MAC 认证

（2）PSK 认证

PSK 认证方式要求在无线客户端（无线用户）和服务端（AP 或 AC）配置相同的预共享密钥，双方通过能否成功解密协商的消息判断本端配置的预共享密钥是否和对端相同，从而完成无线客户端和服务端的相互认证，如图 5-4（a）所示。PSK 认证和前面介绍的共享密钥认证在名称上很相似，但 PSK 认证是一种用户接入认证方式，而共享密钥认证是一种链路认证方式。

PSK 认证的部署比较简单，只需在服务端和每个客户端预配置一个预共享密钥。这种认证方式的安全性较差，容易受到暴力字典攻击。另外，所有客户端上配置的预共享密钥都是相同的，如果某个用户泄露了预共享密钥，则很可能导致未授权用户接入无线网络，威胁无线网络的安全。

在 PSK 认证的基础上，有些厂商提出了私有 PSK（Private PSK，PPSK）认证方式。使用 PPSK 认证时，连接到同一无线网络的用户拥有不同的密钥，如图 5-4（b）所示。如果一个用户有多个终端设备，则这些终端设备可以使用同一个 PPSK 账号连接到无线网络。这样，当某个用户泄露了自己的密钥后，网络管理员为这个用户单独配置新的密钥即可，不必重置其他用户和服务端的密钥。

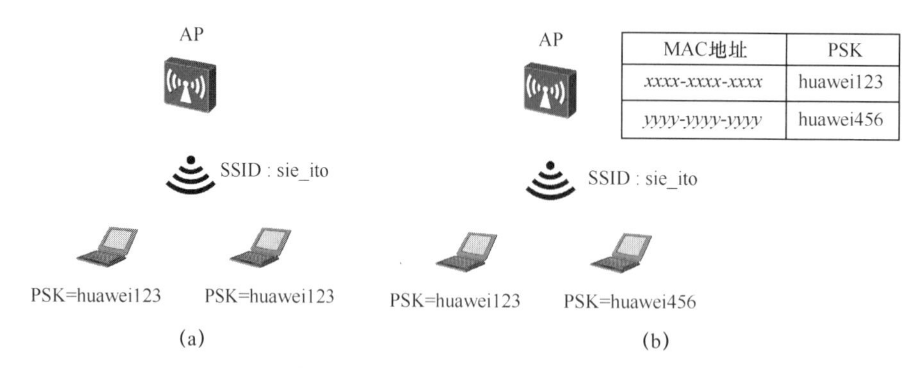

图 5-4 PSK 认证与 PPSK 认证

（3）Portal 认证

Portal 认证又称为 Web 认证，用户不用安装特殊的客户端软件，在标准的 Web 浏览器中输入账号信息提交认证即可，如图 5-5 所示。在主动 Portal 认证方式下，用户主动访问位于 Portal 服务器上的认证页面并提交账号信息。在被动 Portal 认证方式下，用户访问外网时被强制重定向到 Portal 认证页面。

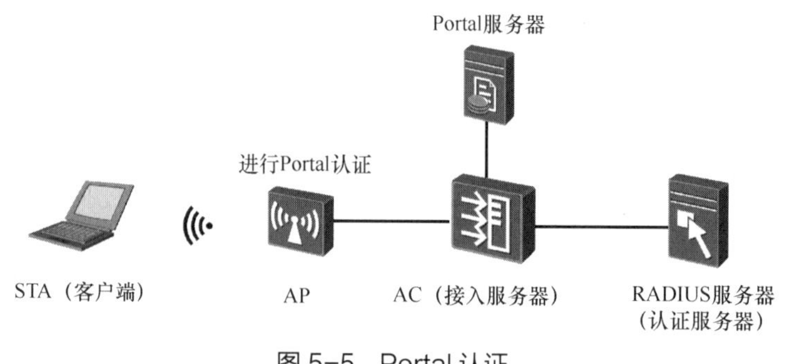

图 5-5 Portal 认证

Portal 认证过程涉及 4 个参与者，分别是客户端、接入服务器、Portal 服务器和认证服务器。它们的交互过程主要包括以下几个步骤。

① 用户访问 Portal 服务器上的认证页面，输入并提交账号信息，一般是用户名和密码。

② Portal 服务器通过 Portal 协议将用户信息转交给接入服务器，即图 5-5 中的 AC。

③ 接入服务器联系认证服务器（即图 5-5 中的 RADIUS 服务器）对用户信息进行认证。

④ 认证服务器向接入服务器返回认证结果。

⑤ 接入服务器通知 Portal 服务器认证结果。

⑥ Portal 服务器将认证结果通过 Web 页面返回给用户。

Portal 认证的部署位置比较灵活，可以在网络接入层或关键数据入口做访问控制。Portal 认证在技术上也很成熟，目前广泛应用于电信运营商、酒店、连锁快餐店、学校和企业等组织的网络中。这些组织借助 Portal 认证可方便地开展业务，如企业宣传、广告推送等。

将 MAC 认证和 Portal 认证结合起来就能形成 MAC 优先的 Portal 认证。用户进行 Portal 认证成功后，认证服务器会保存其 MAC 地址。在 MAC 地址有效期内，用户可以直接通过 MAC 认证接入网络，无须再次输入账号信息进行 Portal 认证，这样可以为用户节省重复获取短信验证码或关注公众号等操作的时间。使用MAC优先的Portal认证需要在认证服务器上配置MAC地址的有效时间。超过有效时间之后，MAC地址失效，用户需要重新通过Portal认证完成身份认证。

（4）802.1X认证

802.1X认证是IEEE制定的关于用户接入网络的认证标准，主要用于解决网络接入认证和安全方面的问题。802.1X认证既能用于有线网络，又能用于无线网络。802.1X认证体系具有典型的客户端/服务器（Client/Server，C/S）结构，由3部分组成，即请求方、认证方和认证服务器，如图5-6所示。

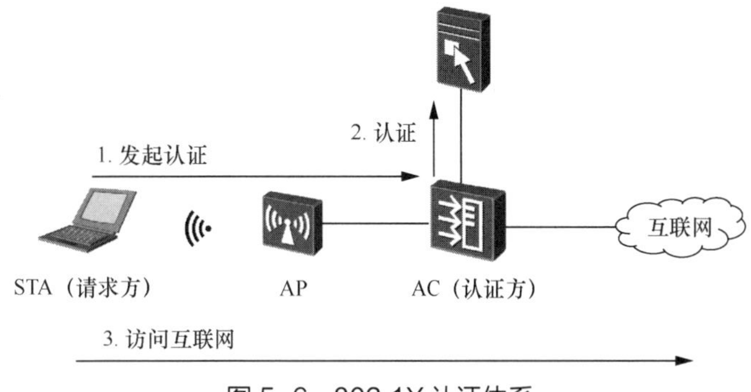

图5-6　802.1X认证体系

请求方即认证客户端，是请求认证以访问网络的终端设备。每个客户端都有唯一的身份凭证，在认证时可交由认证服务器进行验证。认证方是对请求方进行认证以允许或拒绝其报文通过的设备。在FAT AP组网模式中，认证方是FAT AP。在FIT AP+AC组网模式中，认证方是AC。认证服务器对请求方提供的身份凭证进行验证，并将认证结果通知请求方。认证服务器一般维护一个用户数据库，或者使用外部用户数据库对用户信息进行验证。从逻辑上看，认证过程是在请求方和认证服务器之间进行的，认证方只起到中转的作用。在客户端身份认证成功之前，只允许认证报文通过，拒绝其他报文通过。

802.1X认证提供了一个通用的认证架构，而不是关于认证的具体实现细节。802.1X认证体系使用可扩展认证协议（Extensible Authentication Protocol，EAP）实现请求方、认证方和认证服务器三者之间的交互。EAP是一种非常灵活的二层协议，支持多种EAP认证类型。设备厂商既可以使用标准的EAP类型，又可以开发专用的认证类型。常用的802.1X认证协议有防护扩展认证协议（Protected Extensible Authentication Protocol，PEAP）和传输层安全（Transport Layer Security，TLS）协议。EAP-PEAP使用用户名和密码进行认证，数据传输采用双层加密通道实现，由微软、思科等公司发起。EAP-TLS基于证书进行双向认证，认证方和认证服务器相互验证对方的证书。

5.1.3　AAA与RADIUS

WLAN通过认证技术验证用户的合法性，保证只有合法用户才能访问网络。一般认为，一个完整的认证体系应该包括请求方、认证方和认证服务器3部分，Portal认证和802.1X认证都体现了这一点。其中，认证服务器承担实际的认证工作，即根据用户提交的信息确认其合法性和身份级别，并据此授权用户使用网络服务。在实际应用中，AAA服务器就是一种被广泛使用的认证服务器。

AAA 是 Authentication（认证）、Authorization（授权）和 Accounting（记账）的缩写，提供了认证、授权和记账 3 种功能，是一种非常有效的网络安全管理机制。

（1）认证：验证用户身份的合法性，判断用户是否可以获得网络的使用权。

（2）授权：根据认证结果对用户身份进行分类，确定用户可以使用哪些网络服务。

（3）记账：记录用户使用网络服务过程中的所有操作，包括使用的服务类型、起始时间、数据流量等，用于收集和记录用户对网络资源的使用情况，并实现基于时间、流量的记账。

AAA 一般采用 C/S 架构，如图 5-7 所示。认证客户端运行于用户的终端设备，而认证服务器用于集中保存用户信息。AAA 支持动态添加新的服务器以升级管理服务，因此它具有良好的扩展性。在实际应用中，AAA 可以通过多种协议实现，常用的是远程身份认证拨号用户服务（Remote Authentication Dial-In User Service，RADIUS）协议。RADIUS 协议是一种分布式的、基于 C/S 架构的信息交互协议，定义了基于 UDP 的 RADIUS 报文格式及其传输机制。RADIUS 协议规定了 UDP 端口 1812 和 1813 分别作为默认的认证和记账端口。RADIUS 协议能有效保护网络不受未授权访问的干扰，常被应用于既要求高安全性，又允许远程用户访问的各种网络环境中。

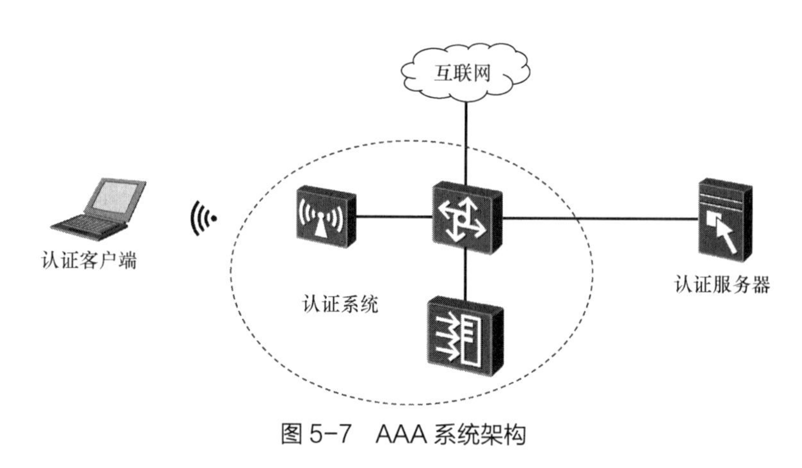

图 5-7　AAA 系统架构

5.1.4　WLAN 加密技术

前文已多次提到，无线网络使用开放的信道传输数据，攻击者利用适当的设备即可轻易窃取用户数据。在用户通过认证并被授权访问网络后，应该保护用户数据不被窃取或篡改，这主要通过对用户数据进行加密来完成。数据加密一般要实现以下 3 个目的。

（1）秘密性（Confidentiality）。秘密性是为了防止数据被未经授权的第三者拦截，在传输数据之前对其进行加密。

（2）完整性（Integrity）。完整性是指接收方接收的数据没有被篡改。

（3）认证。认证是为了确保数据来源的正确性，它是所有安全策略的基础，因为数据的可信度与数据来源的正确性密切相关。

WLAN 可使用多种加密技术，如 WEP、TKIP 和 CCMP 等。任务 5.2 将详细介绍这些加密技术的特点和应用场景，这里不赘述。

5.1.5　WLAN 安全防护系统

1. WIDS/WIPS

WLAN 容易受到各种安全威胁的影响，如未经授权的非法 AP、拒绝服务攻击等。在无线网络中部署安全防护系统能够及时发现网络中的非法设备或干扰设备，减轻网络攻击的影响。典型的安全防护系统是无线入侵检测系统（Wireless Intrusion Detection System，WIDS）和无线入侵保护系统（Wireless Intrusion Prevention System，WIPS）。WIDS 通过在无线网络中部署监测 AP 来了解无线网络中设备的情况，目的是及早发现非法设备、干扰设备及恶意的攻击行为。WIPS 通过对非法设备或干扰设备采取相应的防范措施，来保护网络不被未授权的用户访问。

WIDS/WIPS 可提供对无线网络安全威胁的检测、识别、防护、反制等功能。在实际应用中，根据网络规模的不同，一般使用不同的 WIDS/WIPS 功能以应对相应的安全威胁。

（1）在家庭网络或小型企业网络中，可以使用基于设备黑白名单的接入方式。一般的做法如下：将 STA 加入黑白名单，如果在黑名单中匹配到 STA，则拒绝其关联 AP；如果在白名单中匹配到 STA，则允许其关联 AP。

（2）在中小型企业网络中，可以启用 WIDS 的攻击检测功能，对网络中的泛洪攻击、弱向量和欺骗攻击进行检测。

（3）在大中型企业网络中，一般启用 WIDS/WIPS 的检测、识别、防范和反制等功能，最大限度地保护网络安全运行。

2. 设备检测机制

（1）AP 的工作模式

① 正常模式，也称为接入模式。如果 AP 射频接口未启用空口扫描相关功能，如 WIDS、频谱分析和终端定位，那么该 AP 仅用于传输正常的业务数据。如果启用了这些功能，则该 AP 除了可以传输业务数据外，还具备监测功能。

② 监测模式。工作于监测模式的 AP 不能传输业务数据，只能监测无线网络中的设备。

③ 混合模式。AP 既可以传输业务数据，又具备监测功能。在扫描周期内可能会使业务时延出现瞬时增加，但是一般不会影响用户正常使用。如果有低时延要求的业务应用，如视频会议等，则建议使用具备监测模式的 AP 进行空口扫描。

（2）设备类型监测

监测 AP 通过监听周边其他设备发送的 802.11 MAC 帧收集无线设备信息，并根据收集到的帧判断帧类型和设备类型。使用监测 AP 可以识别出的设备类型有 AP、STA、无线网桥和 Ad-hoc 设备等。无线网桥是采用无线传输方式在两个或多个网络之间搭起通信桥梁的设备，Ad-hoc 设备就是构成 Ad-hoc 网络的设备。

（3）设备合法性判断

监测 AP 将收集到的设备信息定期上报给 AC，AC 通过监测结果判断设备的合法性。这里涉及一些常用的术语，简单解释如下。

① 非法 AP：不在 WIDS 白名单中，未经授权提供与本地 SSID 相同或冒充本地 SSID 的 AP。非法 AP 一般未经授权接入无线网络，攻击者常利用非法 AP 收集用户隐私信息。

② 非法网桥：不在 WIDS 白名单中，是未经授权或有恶意的网桥，与非法 AP 类似。

③ 非法 STA：没有经过正常过程接入无线网络的客户端设备。

④ 非法 Ad-hoc 设备：在基础设施组网架构中，检测到的 Ad-hoc 设备均认为是非法设备。

以监测非法 AP 为例。监测 AP 收集周边 AP 的信息并上报给 AC，AC 对 AP 的 MAC 地址、SSID、信号强度等信息进行分析，并对照预先配置好的 WIDS 规则判断 AP 是合法 AP、非法 AP 还是干扰 AP。WIDS 规则中包含的基础信息包括静态攻击列表、允许 MAC 地址列表、允许 SSID 列表、允许厂商列表等。非法 AP 检测流程如图 5-8 所示。

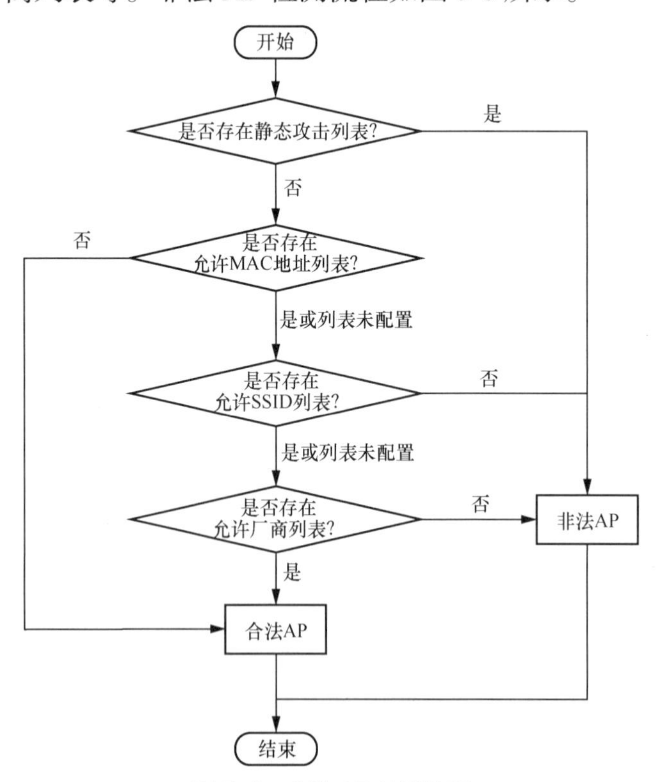

图 5-8　非法 AP 检测流程

非法 STA 的检测流程与非法 AP 的检测流程基本相同，不同之处在于，AC 在匹配 SSID

时，使用的是 STA 关联的 AP 的 BSSID。对于无线网桥和 Ad-hoc 设备的检测只涉及静态攻击列表和允许 MAC 地址列表，具体流程这里不赘述。

3. 设备反制机制

设备反制机制是指对非法设备采取反制措施以阻止其工作，目前支持对 3 种设备进行反制。

（1）非法 AP 或干扰 AP

AC 确定非法 AP 或干扰 AP 的身份后，将非法 AP 或干扰 AP 告知监测 AP。监测 AP 以非法 AP 或干扰 AP 的身份广播解除认证（Deauthentication）帧。解除认证帧用于中断已经建立的无线链路，AP 和 STA 都可以发送解除认证帧以断开当前链路。接入非法 AP 或干扰 AP 的 STA 收到解除认证帧后，就会断开与非法 AP 或干扰 AP 的连接。这种反制机制可以阻止 STA 与非法 AP 或干扰 AP 的连接。

（2）非法 STA 或干扰 STA

AC 确定非法 STA 或干扰 STA 的身份后，就将非法 STA 或干扰 STA 告知监测 AP，监测 AP 会以非法 STA 或干扰 STA 的身份发送单播解除认证帧。与非法 STA 或干扰 STA 连接的 AP 收到解除认证帧后，就会断开与非法 STA 或干扰 STA 的连接。通过这种反制机制，可以阻止 AP 与非法 STA 或干扰 STA 的连接。

（3）Ad-hoc 设备

AC 确定 Ad-hoc 设备的身份后，将 Ad-hoc 设备告知监测 AP，监测 AP 会以 Ad-hoc 设备的身份发送单播解除认证帧。接入 Ad-hoc 网络的 STA 收到解除认证帧后，就会断开与 Ad-hoc 设备的连接。通过这种反制机制，可以阻止 STA 与 Ad-hoc 设备的连接。

4. 非法攻击检测

在中小型企业 WLAN 中，为了及时发现和阻止网络受到攻击，可以启用 WIDS 检测功能，对常见的泛洪攻击、弱向量、欺骗攻击和暴力破解攻击等行为进行检测。可通过将检测到的攻击设备加入动态黑名单、丢弃攻击设备的报文等方法阻止攻击行为，提高网络安全性。

（1）泛洪攻击检测

泛洪攻击是指 AP 在短时间内收到大量来自相同 MAC 地址的管理报文或空数据帧，导致 AP 的系统资源被攻击报文占用，无法处理合法的 STA 报文。启用泛洪攻击检测后，AP 会持续监测每个 STA 的流量。如果超出预设的流量阈值（如每秒 50 个报文），则可以认为该 STA 在网络中实施了泛洪操作。一种可能的处理方法是，将该 STA 加入动态黑名单。在动态黑名单老化之前，AP 会丢弃该 STA 的所有报文。

（2）弱向量检测

在 WEP 加密方式中，使用一个 3 字节的初始向量（Initialization Vector，IV）和相同的共享密钥一起加密报文，这样可使相同的共享密钥产生不同的加密效果。STA 将初始向量作为报文头的一部分明文发送，如果使用弱向量（即初始向量的第 1 个字节取值为 3 ～ 15，第 2 个字节取值为 255），则攻击者可以很容易地暴力破解出共享密钥进而访问网络。

弱向量检测通过识别 WEP 报文中的初始向量来预防这种攻击。AP 根据相应的安全策略判断 WEP 报文中的初始向量是否为弱向量。当检测到包含弱向量的 WEP 报文时，AP 向 AC 上报相关信息。用户可以启用其他安全策略，以避免使用弱向量加密。

（3）欺骗攻击检测

欺骗攻击也称为中间人攻击，是指攻击者（恶意 AP 或恶意 STA）以合法设备的身份发送欺骗攻击报文，导致合法 STA 不能上线。欺骗攻击报文主要包括解除关联帧和解除认证帧。例如，恶意 AP 或恶意 STA 发送一个欺骗的解除认证帧，导致合法 STA 下线。AP 收到解除关联帧或解除认证帧后，会检测该帧的源 MAC 地址是否为 AP 自身的 MAC 地址。如果是，则表明网络受到了欺骗攻击（前提是该 AP 没有发送解除关联帧或解除认证帧）。

（4）暴力破解攻击检测

暴力破解法又称穷举法，是通过逐个推算找出真正密码的破解方法。当 WLAN 采用的安全策略为 WPA/WPA2-PSK、WAPI-PSK 或 WEP-Share-Key 时，攻击者即可利用暴力破解法破解密码。为了提高密码的安全性，可以启用防暴力破解功能。防暴力破解的关键是延长攻击者破解密码的时间，AP 根据在一定时间内失败的密钥协商次数确定是否存在暴力破解攻击。如果失败次数超过预设的阈值，则认为网络受到暴力破解攻击。与处理泛洪攻击相似，AP 可以将该攻击者加入动态黑名单。在动态黑名单老化之前，AP 会丢弃该攻击者的所有报文。

任务实施

实验：配置 STA 黑白名单

【实验背景】在 WLAN 环境中应用黑白名单可以对 STA 接入网络进行控制，保证合法 STA 能够正常接入无线网络，同时阻止非法 STA 接入。黑白名单保存的是 STA 的 MAC 地址。启用白名单功能后，只有白名单中的 STA 可以接入无线网络，其他 STA 无法接入无线网络。启用黑名单功能后，黑名单中的 STA 无法接入无线网络，其他 STA 可以正常接入无线网络。在不同的模板上应用黑白名单时，其生效范围有所不同。基于 AP 系统模板的黑白名单对接入该 AP 的所有 STA 生效，包括该 AP 的所有 VAP。基于 VAP 模板的黑白名单只对接入该 VAP 的 STA 生效。

【实验设备】华为 eNSP 网络仿真工具（AP4050，1 台；AC6005，1 台；S5700，1 台；S3700，1 台；Router，1 台；STA，2 台）或华为设备（AirEngine 5760，1 台；AC6508，1 台；S5731S-S24P4X，2 台；AR6140-16G4XG，1 台；PC，Windows 10 操作系统，2 台）。

【实验拓扑】本实验采用旁挂式二层组网，配置 STA 黑白名单实验拓扑如图 5-9 所示。

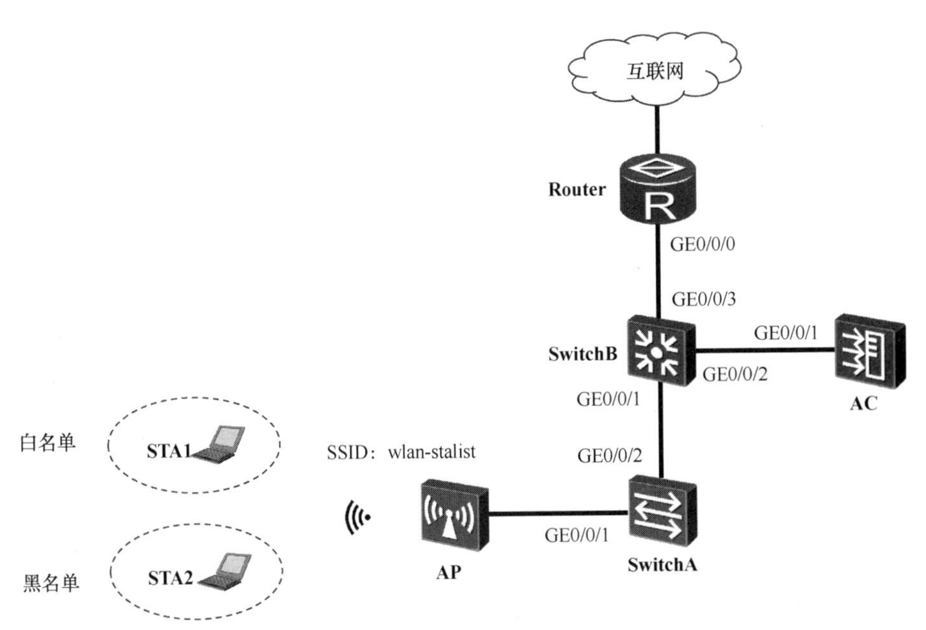

图 5-9　配置 STA 黑白名单实验拓扑

【实验要求】本实验涉及的配置项及其要求如表 5-1 所示，设备 IP 地址参数如表 5-2 所示。

表 5-1　配置项及其要求

配置项	要求	配置项	要求
管理 VLAN	VLAN 100	业务 VLAN	VLAN 101
DHCP 服务器	AC 作为 AP 的 DHCP 服务器，路由器作为 STA 的 DHCP 服务器	AP 地址池	VLAN 100： 10.23.100.2 ~ 10.23.100.254/24。 网关：AC VLANIF 100 接口
STA 地址池	VLAN 101： 10.23.101.3 ~ 10.23.101.254/24。 网关：路由器 VLANIF 101 接口	AC 源接口	VLANIF 100：10.23.100.1/24
AP 组	名称：group-stalist。 引用模板：VAP 模板、域管理模板、AP 系统模板	AP 配置	名称：ap_legal。 组名称：group-stalist
域管理模板	名称：default。 国家或地区识别码：CN	SSID 模板	模板名称：wlan-stalist。 SSID 名称：wlan-stalist
安全模板	模板名称：sec-stalist。 安全策略：WPA/WPA2-PSK-AES。 密码：huawei123	VAP 模板	模板名称：vap-stalist。 转发方式：隧道转发。 业务 VLAN ：VLAN 101。 引用模板：SSID 模板、安全模板、白名单模板
STA 白名单模板	模板名称：sta-whitelist	STA 黑名单模板	模板名称：sta-blacklist
AP 系统模板	模板名称：sys-stalist。 引用模板：黑名单模板		

表 5-2　设备 IP 地址参数

设备	接口	IP 地址或接口类型	备注
SwitchA	GE0/0/1	Trunk	PVID：100。 放通 VLAN：VLAN 100
	GE0/0/2	Trunk	放通 VLAN：VLAN 100
SwitchB	GE0/0/1	Trunk	放通 VLAN：VLAN 100
	GE0/0/2	Trunk	放通 VLAN：VLAN 100、VLAN 101
	GE0/0/3	Trunk	放通 VLAN：VLAN 101
AC	GE0/0/1	Trunk	放通 VLAN：VLAN 100、VLAN 101
	VLANIF 100	10.23.100.1/24	接口地址池
Router	GE0/0/0	Trunk	放通 VLAN：VLAN 101
	VLANIF 101	10.23.101.1/24	接口地址池

注意

在同一个 AP 或 VAP 上，白名单和黑名单仅有一种生效。在 AP 系统模板或 VAP 模板上分别配置白名单和黑名单后，当 STA 上线时，如果与白名单和黑名单均不匹配，则该 STA 无法上线。

【实验步骤】以下是本实验的具体步骤。

1. 配置接入交换机

（1）配置要点

- 创建 VLAN 100，将接口 GE0/0/1 和 GE0/0/2 加入其中。

（2）配置命令

具体配置命令如下。

```
<HUAWEI> system-view
[HUAWEI] sysname  SwitchA
[SwitchA] vlan  100
[SwitchA-vlan100] interface  gi0/0/1
[SwitchA-GigabitEthernet0/0/1] port  link-type  trunk
[SwitchA-GigabitEthernet0/0/1] port  trunk  pvid  vlan  100
[SwitchA-GigabitEthernet0/0/1] port  trunk  allow-pass  vlan  100
[SwitchA-GigabitEthernet0/0/1] port-isolate  enable
[SwitchA-GigabitEthernet0/0/1] quit
[SwitchA] interface  gi0/0/2
[SwitchA-GigabitEthernet0/0/2] port  link-type  trunk
[SwitchA-GigabitEthernet0/0/2] port  trunk  allow-pass  vlan  100
[SwitchA-GigabitEthernet0/0/2] quit
```

2. 配置汇聚交换机

（1）配置要点

- 创建 VLAN 100 和 VLAN 101，并为其分配相关接口。
- 设置接口 GE0/0/1 放通 VLAN 100，接口 GE0/0/2 放通 VLAN 100 和 VLAN 101，接口 GE0/0/3 放通 VLAN 101

（2）配置命令

具体配置命令如下。

```
<HUAWEI> system-view
[HUAWEI] sysname  SwitchB
[SwitchB] vlan  batch  100  101
[SwitchB] interface  gi0/0/1
[SwitchB-GigabitEthernet0/0/1] port  link-type  trunk
[SwitchB-GigabitEthernet0/0/1] port  trunk  allow-pass  vlan  100
[SwitchB-GigabitEthernet0/0/1] quit
[SwitchB] interface  gi0/0/2
[SwitchB-GigabitEthernet0/0/2] port  link-type  trunk
[SwitchB-GigabitEthernet0/0/2] port  trunk  allow-pass  vlan  100  101
[SwitchB-GigabitEthernet0/0/2] quit
[SwitchB] interface  gi0/0/3
[SwitchB-GigabitEthernet0/0/3] port  link-type  trunk
[SwitchB-GigabitEthernet0/0/3] port  trunk  allow-pass  vlan  101
[SwitchB-GigabitEthernet0/0/3] quit
```

3. 配置 Router

（1）配置要点

- 创建 VLAN 101，将接口 GE0/0/0 切换为二层接口（物理设备上不需要）并加入 VLAN 101。
- 创建接口 VLANIF 101，设置 IP 地址，创建接口地址池，为 STA 提供 DHCP 服务。

（2）配置命令

具体配置命令如下。

```
<Huawei> system-view
[Huawei] sysname  Router
[Router] vlan  101
[Router-vlan 101] interface  gi0/0/0
[Router-GigabitEthernet0/0/0] portswitch
[Router-GigabitEthernet0/0/0] port  link-type  trunk
[Router-GigabitEthernet0/0/0] port  trunk  allow-pass  vlan  101
[Router-GigabitEthernet0/0/0] quit
[Router] dhcp  enable
[Router] interface  vlanif  101
[Router-Vlanif101] ip  address  10.23.101.1  24
[Router-Vlanif101] dhcp  select  interface
[Router-Vlanif101] quit
```

4. 配置 AC 基础业务参数

（1）配置要点

- 创建 VLAN 100 和 VLAN 101，设置接口 GE0/0/1 放通 VLAN 100 和 VLAN 101。

- 在 VLANIF 100 上创建接口地址池，为 AP 提供 DHCP 服务。

（2）配置命令

具体配置命令如下。

```
<AC6508> system-view
[AC6508] sysname AC
[AC] vlan batch 100 101
[AC] interface gi0/0/1
[AC-GigabitEthernet0/0/1] port link-type trunk
[AC-GigabitEthernet0/0/1] port trunk allow-pass vlan 100 101
[AC-GigabitEthernet0/0/1] quit
[AC] dhcp enable
[AC] interface vlanif 100
[AC-Vlanif100] ip address 10.23.100.1 24
[AC-Vlanif100] dhcp select interface
[AC-Vlanif100] quit
```

5. 配置 AP 上线

（1）配置要点

- 创建域管理模板，配置 AC 国家或地区识别码；创建 AP 组，引用域管理模板。
- 配置 AC 源接口。
- 离线导入 AP，配置 AP 组和 AP 名称；监控 AP 上线情况。

（2）配置命令

具体配置命令如下。

```
[AC] wlan
[AC-wlan-view] regulatory-domain-profile name default
[AC-wlan-regulate-domain-default] country-code cn
[AC-wlan-regulate-domain-default] quit
[AC-wlan-view] ap-group name group-stalist
[AC-wlan-ap-group-group-stalist] regulatory-domain-profile default
[AC-wlan-ap-group-group-stalist] quit
[AC-wlan-view] quit
[AC] capwap source interface vlanif 100
[AC] wlan
[AC-wlan-view] ap auth-mode mac-auth
[AC-wlan-view] ap-id 0 ap-mac b008-75cb-49e0
[AC-wlan-ap-0] ap-name ap_legal
[AC-wlan-ap-0] ap-group group-stalist
[AC-wlan-ap-0] quit
[AC-wlan-view] display ap all
ID  MAC            Name     Group         IP           Type        State STA Uptime
---------------------------------------------------------------------------------
0   00e0-fcba-0510 ap_legal group-stalist 10.23.100.89 AP4050DN-E  nor   0   15S
```

6. 配置 WLAN 业务参数

（1）配置要点

- 创建安全模板，设置安全策略。
- 创建 SSID 模板，设置 SSID 名称。
- 创建 VAP 模板，设置业务数据转发方式和业务 VLAN，引用安全模板和 SSID 模板。

- 配置 AP 组引用 VAP 模板，配置 AP 射频的信道和功率。

（2）配置命令

具体配置命令如下。

```
[AC-wlan-view] security-profile name sec-stalist
[AC-wlan-sec-prof-sec-stalist] security wpa-wpa2 psk pass-phrase huawei123 aes
[AC-wlan-sec-prof-sec-stalist] quit
[AC-wlan-view] ssid-profile name wlan-stalist
[AC-wlan-ssid-prof-wlan-stalist] ssid wlan-stalist
[AC-wlan-ssid-prof-wlan-stalist] quit
[AC-wlan-view] vap-profile name vap-stalist
[AC-wlan-vap-prof-vap-stalist] forward-mode tunnel
[AC-wlan-vap-prof-vap-stalist] service-vlan vlan-id 101
[AC-wlan-vap-prof-vap-stalist] security-profile sec-stalist
[AC-wlan-vap-prof-vap-stalist] ssid-profile wlan-stalist
[AC-wlan-vap-prof-vap-stalist] quit
[AC-wlan-view] ap-group name group-stalist
[AC-wlan-ap-group-group-stalist] vap-profile vap-stalist wlan 1 radio 0
[AC-wlan-ap-group-group-stalist] vap-profile vap-stalist wlan 1 radio 1
[AC-wlan-ap-group-group-stalist] quit
```

7. 配置 STA 黑白名单

（1）配置要点

- 创建 STA 白名单模板，将 STA1 的 MAC 地址加入其中；在 VAP 模板中引用 STA 白名单模板，使白名单在 VAP 范围内有效，即 VAP 方式的 STA 白名单。
- 创建 STA 黑名单模板，将 STA2 的 MAC 地址加入其中；创建 AP 系统模板并引用 STA 黑名单模板，使黑名单在 AP 范围内有效，即全局方式的 STA 黑名单。在 AP 组中引用 AP 系统模板。

（2）配置命令

具体配置命令如下。

```
[AC-wlan-view] sta-whitelist-profile name sta-whitelist
[AC-wlan-whitelist-prof-sta-whitelist] sta-mac 245b-a714-5cdf
[AC-wlan-whitelist-prof-sta-whitelist] quit
[AC-wlan-view] vap-profile name vap-stalist
[AC-wlan-vap-prof-vap-stalist] sta-access-mode whitelist sta-whitelist
[AC-wlan-vap-prof-vap-stalist] quit
[AC-wlan-view] sta-blacklist-profile name sta-blacklist
[AC-wlan-blacklist-prof-sta-blacklist] sta-mac 00e1-8cfd-9d1e
[AC-wlan-blacklist-prof-sta-blacklist] quit
[AC-wlan-view] ap-system-profile name sys-stalist
[AC-wlan-ap-system-prof-sys-stalist] sta-access-mode blacklist sta-blacklist
[AC-wlan-ap-system-prof-sys-stalist] quit
[AC-wlan-view] ap-group name group-stalist
[AC-wlan-ap-group-group-stalist] ap-system-profile sys-stalist
[AC-wlan-ap-group-group-stalist] quit
```

8. 实验验证

（1）验证要点

- 在 STA1 上搜索并尝试加入 WLAN（可以成功加入），查看已关联的无线用户。

- 在 STA2 上搜索并尝试加入 WLAN（无法加入）。

（2）验证命令

具体验证命令如下。

```
[AC-wlan-view] display station ssid wlan-stalist
STA MAC     AP ID Ap name  Rf/WLAN  Band  Type  Rx/Tx    RSSI  VLAN  IP address
-------------------------------------------------------------------------------------
2456-a714-5cdf  0   ap_legal 0/1      2.4G  -      -/-        -     101  10.23.101.254
```

拓展知识

VIP 用户优先接入功能

在之前讨论的各种接入认证方式中，无线用户拥有平等的身份。也就是说，AC 或 AP 对无线用户进行认证时，仅参考事先制定的客观规则，不用考虑无线用户本身的优先级。但是在某些实际的应用场景中，需要保证 VIP 用户能够优先接入无线网络。例如，在用户密集的球场、展馆等场景，单个射频或 VAP 上接入的用户数可能很多。如果对接入用户数不做限制，那么一旦达到最大接入用户数，VIP 用户将无法正常接入，从而影响 VIP 用户的体验。在这些场景中，可以为无线网络配置 VIP 用户优先接入功能，使 VIP 用户在接入用户数达到上限的情况下，仍能通过"挤掉"普通用户接入无线网络。

启用 VIP 用户优先接入功能后，当接入用户数达到上限时，如果还有新用户接入无线网络，则 AP 或 AC 会先对用户进行正常认证。认证成功后，在授权阶段检查用户身份。如果是 VIP 用户，则允许该 VIP 用户替换一个普通用户接入无线网络，被替换的普通用户随之被强制下线。如果不是 VIP 用户，则无法接入无线网络。

对于 VIP 用户，其业务流量不会被限速，且会被优先调度。但 VIP 用户优先接入功能在使用上也有一些限制，下面仅列举几条限制。

（1）Portal 认证不支持 VIP 用户优先接入功能。

（2）离线 AP 不支持 VIP 用户优先接入功能。

（3）接入用户数达到 AP 整机容量上限时，VIP 用户优先接入功能无法生效。

（4）VIP 用户业务优先调度仅适用于用户下行流量，且仅 IEEE 802.11ac wave2 协议支持该功能。

拓展实训

网络安全是组建 WLAN 时应重点考虑的因素。认证和加密是提高无线网络安全性的两种主要手段。除此之外，大型企业往往使用安全防护系统提高无线网络的安全性。希望读者通过完成以下的实训内容，深入理解相关知识。

【实训目的】

（1）了解常见的 WLAN 安全威胁。

（2）熟悉几种常用的认证方式及其特点。

（3）了解常用的 WLAN 加密技术。

（4）熟悉 WLAN 中非法设备检测和反制的工作原理。

【实训内容】

（1）学习 WLAN 面临的主要威胁。

（2）理解链路认证和用户接入认证的关系。

（3）研究常用的用户接入认证方式及其特点。

（4）学习 WLAN 加密的目的和主要算法。

（5）研究安全防护系统的主要功能和关键技术。

（6）完成配置 STA 黑白名单实验。

任务 5.2 学习 WLAN 安全标准

任务陈述

链路认证和用户接入认证技术能解决无线用户身份的合法性问题，但无法解决数据传输过程中的保密性问题。要解决这个问题，必须对数据进行加密。在 WLAN 的发展过程中，先后出现了多种安全标准，如 WEP、WPA、WPA2、WPA3 和 WAPI 等。这些标准既包括链路认证和用户接入认证技术，又包括数据加密技术。本任务将依次介绍 WLAN 安全标准的主要功能和特点，重点介绍各种标准涉及的数据加密技术。

5.2.1 WEP

WEP 是 IEEE 802.11 系列标准定义的链路层加密协议，用来保护 WLAN 中授权用户的数据安全，提供和有线网络相同级别的安全性。WEP 安全标准只涉及链路认证和数据加密，不涉及网络层的接入认证和密钥协商。

WEP 的核心是李维斯特加密（Rivest Cipher 4，RC4）算法，通过 RC4 算法实现对称加密。RC4 算法是一种密钥长度可变的对称流加密算法，密钥长度可以为 64 位、128 位和 152 位，WEP 密钥构成如图 5-10 所示。其中，24 位的初始向量由无线网卡的驱动程序生成，每一帧的初始向量都不相同，以明文形式传输。初始向量只有 24 位，因此当帧的数量超过 2^{24} 时，初始向量就会重复。可在 AP 和 STA 上配置 40 位、104 位或 128 位的静态密钥，与初始向量共同构成用于最终加密的密钥。

WEP 加密采用静态的共享密钥，也就是说，接入同一 SSID 的所有 STA 使用相同的密钥。因此最初的 WEP 标准也被称为静态 WEP 标准。静态 WEP 标准是 WLAN 发展历程中的第 1 个安全标准，但静态 WEP 标准的技术特点决定了它的安全性较低，原因有以下几点。

（1）初始向量和静态密钥长度太短，很容易被破解。攻击者利用 WEP 破解工具可以轻松地破解 WEP 密钥。攻击者一旦获得 WEP 密钥，就能解密所有数据帧。

（2）初始向量以明文形式传输，在 5h 内可以重复使用，对加强密钥强度没有实质帮助。

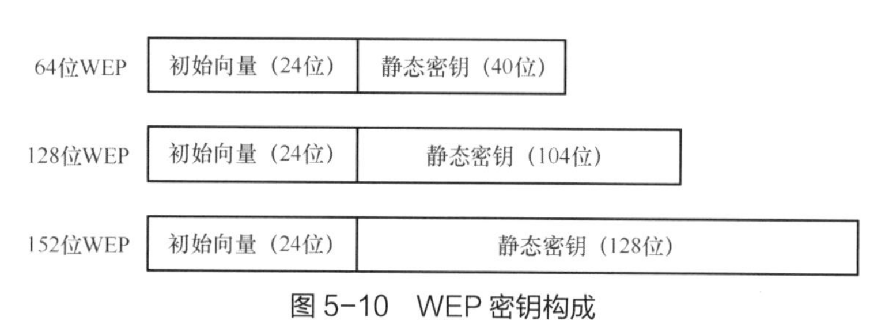

图 5-10 WEP 密钥构成

（3）静态 WEP 标准不支持自动更换密钥，必须手动重设。这种密钥管理方式很不方便，也会造成相同密钥的长期重复使用。

（4）静态 WEP 标准采用的对称加密方案被证明存在漏洞。静态 WEP 标准只能实现 AP 对 STA 的单向认证，STA 无法判断网络可能存在的非法 AP。

针对安全性较低的静态 WEP 标准，有些厂商对其进行了改良，结合 802.1X 认证技术，推出了动态 WEP 标准。动态 WEP 标准使用的 40 位、104 位或 128 位的密钥由 802.1X 认证中的认证服务器动态生成和下发，可以实现对不同用户采用不同的 WEP 密钥进行加密。

5.2.2 WPA/WPA2

静态 WEP 标准采用基于 RC4 对称流的加密算法，无论是加密机制还是加密算法本身，都很容易受到安全威胁。IEEE 一直致力于 IEEE 802.11i 标准的研发，以替代静态 WEP 标准。但是 IEEE 802.11i 标准的研发过于漫长，迟迟没有最终结果。为了满足市场对于更高安全标准的无线产品和技术的需求，Wi-Fi 联盟在 IEEE 802.11i 标准发布之前推出了改良的 WEP 标准，即 Wi-Fi 保护接入（Wi-Fi Protected Access，WPA）标准。WPA 的核心加密算法还是 RC4，但是在 WEP 的基础上提出了时限密钥完整性协议（Temporal Key Integrity Protocol，TKIP）加密算法。在 IEEE 802.11i 标准于 2004 年 6 月正式推出之后，Wi-Fi 联盟对 WPA 进行了修订，以 IEEE 802.11i 标准为基准推出了 WPA2。和 WPA 不同，WPA2 采用安全性更高的计数器模式密码块链信息认证协议（Counter Mode with CBC-MAC Protocol，CCMP）加密算法。下面分别简单介绍 TKIP 和 CCMP 的主要技术要点。

1. TKIP

TKIP 保留了 WEP 的基本架构与操作方式，仍然使用 RC4 算法的流加密机制，但 TKIP 做了一些针对性的改进以提高安全性。为克服 WEP 容易遭受攻击的缺点，TKIP 将初始向量由 24 位增加到 48 位。不同于 WEP 共用单一共享密钥的做法，TKIP 采用一套动态密钥协商和管理方法，为每个用户动态生成一套独立的密钥。用户密钥是由密钥协商阶段协商出来的成对临时密钥（Pairwise Transient Key，PTK）、发送方的MAC地址和报文序列号计算生成的，这个过程称为密钥混合。通过密钥混合的方式可以有效地防范针对WEP的攻击。

TKIP采用信息完整性校验（Message Integrity Check，MIC）机制保证报文的完整性与合法性。与WEP使用的线性散列算法不同，TKIP使用的是一种更为可靠的完整性校验散列算法，通过完整性校验保护源地址，能够更容易地探测宣称来自某来源的伪造帧。

TKIP的另一个改进是为每个帧分配序列号以识别顺序错乱的帧。另外，帧序列号可以防范重放攻击，即攻击者重复发送一个已被目的主机接收的报文。

2. CCMP

CCMP是IEEE 802.11i标准定义的默认加密方式，使用高级加密标准（Advanced Encryption Standard，AES）作为加密算法。AES加密算法弥补了RC4算法的缺陷，比RC4算法更难破解，安全性更高。使用AES加密算法可以满足部分企业和政府机构对于WLAN更高的安全需求。

CCMP定义了一套使用AES算法的方法，报文加密、密钥管理和消息完整性校验码都使用AES算法加密。CCMP采用了128位加密密钥，使用计数器模式（Counter Mode）进行数据加密，信息被加密为128位的定长区块。和TKIP一样，CCMP也使用8字节的MIC保证报文的完整性与合法性。但CCMP使用密码块链信息认证码（Cipher-Block Chaining Message Authentication Code，CBC-MAC）计算MIC值，安全性远优于TKIP。需要指出的是，AES算法的硬件要求比较高，一般无法通过直接升级现有设备以支持CCMP。

为了实现更好的兼容性，在目前的实现中，WPA和WPA2都可以选择使用802.1X或PSK认证，在加密算法上也都可以选择使用TKIP或CCMP。因此，WPA和WPA2的不同主要表现在协议的报文格式上。在具体的无线安全实施过程中，根据网络用途和安全需求的不同，WPA/WPA2又分为个人版和企业版两种。

（1）WPA/WPA2个人版

WPA/WPA2个人版使所有的用户使用相同的预共享密钥进行接入认证，即WPA/WPA2预共享密钥（WPA/WPA2-PSK）。WPA/WPA2-PSK不需要专门的认证服务器，仅要求在AP和STA中预先配置一个预共享密钥。只要密钥吻合，用户就可以获得WLAN的访问权。注意，这个密钥仅用于认证过程，而不用于加密过程。这种认证方式成本较低，适用于小型企业或者家庭用户的WLAN。

（2）WPA/WPA2企业版

WPA/WPA2企业版要求用户提供认证所需的凭证（如用户名和密码），通过特定的用户认证服务器来实现对用户的接入认证。例如，使用RADIUS服务器和EAP进行认证。这种认证方式称为WPA/WPA2-802.1X。在大型企业网络中，为了保护重要的商业信息，通常采用WPA/WPA2企业版的认证方式。

5.2.3 WPA3

在WPA2推出14年后，Wi-Fi联盟于2018年1月发布了新一代的WPA3，并正式开启了设备认证工作。作为WPA2的继承者，WPA3在WPA2的基础上增加了一些新的功能，目的是实现更可靠的身份验证和提高数据加密强度。WPA3的改进主要体现在以下几个方面。

（1）即使用户选择的密码不符合典型的复杂性要求，WPA3仍将为这些用户提供强力保护，以防止攻击者采用暴力破解或字典攻击的方式破解用户密码。

（2）WPA3旨在简化显示界面较小或无显示界面的设备的配置过程和提高安全性，是传感器网络和物联网设备的理想选择。

（3）WPA3针对常见的开放WLAN进行了特别的改造和设计，通过个性化的数据加密来加强保护开放网络中的用户隐私。

（4）WPA3使用改进的加密标准来保护数据安全。Wi-Fi联盟将其描述为“一个192位的安全套件，与美国国家安全局的商业国家安全算法（Commercial National Security Algorithm，CNSA）保持一致，该套件将进一步保护政府、国防和工业等领域中具有更高安全要求的WLAN”。

和WPA/WPA2一样，WPA3也根据网络用途和安全需求分为WPA3个人版和WPA3企业版。WPA3个人版增强了对密码的安全保护，而WPA3企业版支持更高级的安全协议以保护敏感数据。

（1）WPA3个人版

在认证方式上，WPA3个人版使用对等实体同时验证（Simultaneous Authentication of Equals，SAE）协议以提供更可靠的基于密码的身份验证。SAE取代了WPA/WPA2个人版中使用的PSK认证方式，可以有效抵御离线字典攻击，增加暴力破解的难度。在数据加密上，SAE能够提供前向保密，即使攻击者知道了网络中的密码，也不能解密截获的数据，大大提升了WPA3个人网络的安全性。WPA3个人版只支持AES。

（2）WPA3企业版

在一些对安全性要求较高的环境中，如大型企业、政府和金融机构等，可以使用WPA3企业版搭建无线网络。WPA3企业版基于WPA/WPA2企业版，但没有从根本上改变或取代WPA/WAP2企业版中定义的有关协议。在认证方式上，WPA/WPA2企业版支持多种EAP方式的身份验证，但是WPA3企业版仅支持EAP-TLS。在数据加密上，WPA3企业版提供了一种可选的192位安全模式，该模式规定了每一个加密组件的配置，以使网络的总体安全性保持一致，在数据保护、密钥保护、流量保护和管理帧保护等方面具有明显的优势。

5.2.4 WAPI

无线局域网鉴别与保密基础结构（WLAN Authentication and Privacy Infrastructure，WAPI）是由我国提出的以 IEEE 802.11 系列标准为基础的无线安全标准，是我国首个在计算机宽带无线网络通信领域自主创新并拥有知识产权的安全接入技术标准。WAPI 采用基于公钥密码体制的椭圆曲线密码算法和对称密码体制的分组密码算法，分别用于无线设备的数字证书、证书鉴别、密钥协商和数据的加解密，能够提供比 WEP 和 WPA 更强的安全防护。

WAPI 由以下两部分构成。

① 无线局域网鉴别基础结构（WLAN Authentication Infrastructure，WAI）：用于在 WLAN 中鉴别身份和管理密钥的安全方案。

② 无线局域网保密基础结构（WLAN Privacy Infrastructure，WPI）：用于在 WLAN 中保护数据传输的安全方案，包括数据加密、数据鉴别和重放保护等功能。

WAPI 的一个突出优势是支持客户端和接入网络的双向身份认证。双向身份认证机制既可以防止非法客户端接入 WLAN，又可以杜绝非法接入设备伪装成合法接入设备窃取用户信息。除了支持 WAPI-PSK 的身份认证方式外，WAPI 还提供了基于证书（WAPI-CERT）的认证方式。在这种方式中，WAPI 使用数字证书作为客户端和接入网络的身份凭证，并使用独立的证书服务器管理数字证书。

实验：配置 WEP 安全策略

【实验背景】WEP 标准是 WLAN 发展历程中的第 1 个安全标准，对 WLAN 早期的数据安全起到了重要的保护作用。WEP 标准只涉及链路认证和数据加密，不涉及网络层的接入认证和密钥协商。WEP 标准的技术特点决定了它的安全性较低。因此，在安全性要求不高的场景中，可以配置 WEP 安全策略，使用共享密钥认证和 WEP。

【实验设备】华为 eNSP 网络仿真工具（AP4050，1 台；AC6005，1 台；STA，1 台）或华为设备（AirEngine 5760，1 台；AC6508，1 台；PC，Windows 10 操作系统，1 台）。

【实验拓扑】本实验拓扑结构比较简单，将 AP 与 AC 直接相连即可，配置 WEP 安全策略实验拓扑如图 5-11 所示。

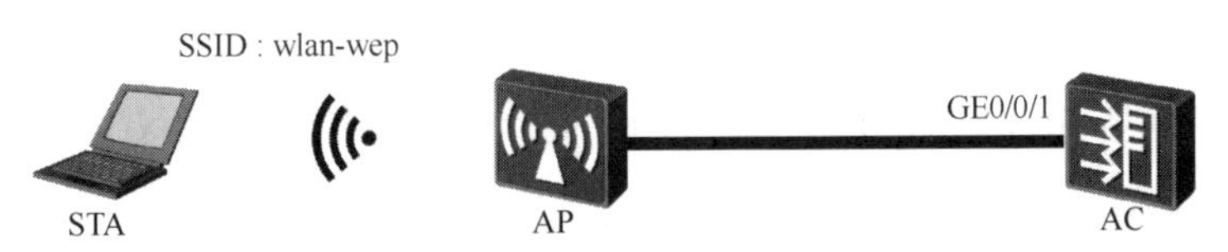

图 5-11 配置 WEP 安全策略实验拓扑

【实验要求】本实验涉及的配置项及其要求如表5-3所示，设备IP地址参数如表5-4所示。

表 5-3　配置项及其要求

配置项	要求	配置项	要求
管理 VLAN	VLAN 100	业务 VLAN	VLAN 101
DHCP 服务器	AC 作为 AP 和 STA 的 DHCP 服务器	AP 地址池	VLAN 100： 10.23.100.2 ～ 10.23.100.254/24。 网关：AC VLANIF 100 接口
STA 地址池	VLAN 101： 10.23.101.2 ～ 10.23.101.254/24。 网关：AC VLANIF 101 接口	AC 源接口	VLANIF 100：10.23.100.1/24
AP 组	名称：group-wep。 引用模板：VAP 模板、域管理模板	AP 配置	名称：ap101。 组名称：group-wep
域管理模板	名称：default。 国家或地区识别码：CN	SSID 模板	模板名称：wlan-wep。 SSID 名称：wlan-wep
安全模板	模板名称：sec-wep。 安全策略：WEP-40 加密。 密码：12345	VAP 模板	模板名称：vap-wep。 转发方式：直接转发。 业务 VLAN：VLAN 101。 引用模板：SSID 模板、安全模板

表 5-4　设备 IP 地址参数

设备	接口或 VLAN	IP 地址或接口类型	备注
AC	GE0/0/1	Trunk	PVID：100。 放通 VLAN：VLAN 100、VLAN 101
	VLANIF 100	10.23.100.1/24	接口地址池
	VLANIF 101	10.23.101.1/24	接口地址池

【实验步骤】下面是本实验的具体步骤。

1. 配置 AC 与 AP 互通

（1）配置要点

- 创建 VLAN 100 和 VLAN 101，将接口 GE0/0/1 加入 VLAN 100 和 VLAN 101。
- 在接口 VLANIF 100 和 VLANIF 101 上创建接口地址池，并分别为 AP 和 STA 提供 DHCP 服务。

(2) 配置命令

具体配置命令如下。

```
<AC6508> system-view
[AC6508] sysname  AC
[AC] vlan  batch  100  101
[AC] interface  gi0/0/1
[AC-GigabitEthernet0/0/1] port  link-type  trunk
[AC-GigabitEthernet0/0/1] port  trunk  pvid  vlan  100
[AC-GigabitEthernet0/0/1] port  trunk  allow-pass  vlan  100  101
[AC-GigabitEthernet0/0/1] quit
[AC] dhcp  enable
[AC] interface  vlanif  100
[AC-Vlanif100] ip  address  10.23.100.1  24
[AC-Vlanif100] dhcp  select  interface
[AC-Vlanif100] quit
[AC] interface  vlanif  101
[AC-Vlanif101] ip  address  10.23.101.1  24
[AC-Vlanif101] dhcp  select  interface
[AC-Vlanif101] quit
```

2. 配置 AP 上线

(1) 配置要点

- 创建域管理模板，配置 AC 国家或地区识别码；创建 AP 组，引用域管理模板。
- 配置 AC 源接口。
- 离线导入 AP，配置 AP 组和 AP 名称；监控 AP 上线情况。

(2) 配置命令

具体配置命令如下。

```
[AC] wlan
[AC-wlan-view] regulatory-domain-profile  name  default
[AC-wlan-regulate-domain-default] country-code  cn
[AC-wlan-regulate-domain-default] quit
[AC-wlan-view] ap-group  name  group-wep
[AC-wlan-ap-group-group-wep] regulatory-domain-profile  default
[AC-wlan-ap-group-group-wep] quit
[AC-wlan-view] quit
[AC] capwap  source  interface  vlanif  100
[AC] wlan
[AC-wlan-view] ap  auth-mode  mac-auth
[AC-wlan-view] ap-id  0  ap-mac  00e0-fc4b-49a0
[AC-wlan-ap-0] ap-name  ap101
[AC-wlan-ap-0] ap-group  group-wep
[AC-wlan-ap-0] quit
[AC-wlan-view] display  ap  all
ID  MAC            Name   Group      IP              Type         State STA Uptime
------------------------------------------------------------------------------------
0   00e0-fc4b-49a0 ap101  group-wep  10.23.100.130   AP4050DN-E   nor    0   6S
```

3. 配置 WLAN 业务参数

(1) 配置要点

- 创建安全模板，设置安全策略。
- 创建 SSID 模板，设置 SSID 名称。

- 创建 VAP 模板，设置业务数据转发方式和业务 VLAN，引用安全模板和 SSID 模板。
- 配置 AP 组引用 VAP 模板，配置 AP 射频的信道和功率。

（2）配置命令

具体配置命令如下。

```
[AC-wlan-view] security-profile  name  sec-wep
[AC-wlan-sec-prof-sec-wep] security  wep  share-key
[AC-wlan-sec-prof-sec-wep] wep  key  0  wep-128  pass-phrase  x123456789123456
[AC-wlan-sec-prof-sec-wep] wep default-key  0
[AC-wlan-sec-prof-sec-wep] quit
[AC-wlan-view] ssid-profile  name  wlan-wep
[AC-wlan-ssid-prof-wlan-wep] ssid  wlan-wep
[AC-wlan-ssid-prof-wlan-wep] quit
[AC-wlan-view] vap-profile  name  vap-wep
[AC-wlan-vap-prof-vap-wep] forward-mode  direct-forward
[AC-wlan-vap-prof-vap-wep] service-vlan  vlan-id  101
[AC-wlan-vap-prof-vap-wep] security-profile  sec-wep
[AC-wlan-vap-prof-vap-wep] ssid-profile  wlan-wep
[AC-wlan-vap-prof-vap-wep] quit
[AC-wlan-view] ap-group  name  group-wep
[AC-wlan-ap-group-group-wep] vap-profile  vap-wep  wlan  1  radio  0
[AC-wlan-ap-group-group-wep] vap-profile  vap-wep  wlan  1  radio  1
[AC-wlan-ap-group-group-wep] quit
```

4. 实验验证

（1）验证要点

- 将 STA 加入无线网络后查看已关联的无线用户。

（2）验证命令

具体验证命令如下。

```
[AC-wlan-view] display  station  ssid  wlan-wep
STA MAC        AP ID Ap name Rf/WLAN  Band  Type  Rx/Tx  RSSI  VLAN  IP address
----------------------------------------------------------------------------------
5489-9842-5eef  0    ap101    0/1     2.4G   -     -/-    -    101   10.23.101.168
```

IEEE 802.11i 安全标准

由于 WEP 标准的安全性相对较低，IEEE 一直致力于开发新一代的 IEEE 802.11i 安全标准以增强 WLAN 的认证和数据加密功能。IEEE 802.11i 标准具有以下几个特点。

① 基于 802.1X 认证方式，提供 STA 和 AP 之间的双向认证机制。

② 使用密钥管理算法和动态会话密钥。

③ 支持加强的 AES 和 TKIP 加密算法，其中基于 AES 的 CCMP 是设备必须实现的。

④ 支持无线设备快速漫游和预认证。

为了满足市场对于提高 WLAN 安全性的迫切需求，IEEE 802.11i 标准提出了两种网络安全构架，即过渡安全网络（Transition Security Network ，TSN）和强健安全网络（Robust

Security Network，RSN）。

（1）TSN

IEEE 802.11i 标准提出的 RSN 要求太高，现有设备无法通过升级实现，IEEE 802.11i 标准的研究进展也无法满足市场的迫切需求。因此，制定一个临时的过渡方案成为比较现实的选择。TSN 就是在这种背景下诞生的。

TSN 后向兼容 WEP 标准，使已有的基于 WEP 标准的 WLAN 可以平稳过渡到 TSN。WPA 是 TSN 的具体实现。Wi-Fi 联盟制定的 WPA 标准使用了 IEEE 802.11i 标准草案中部分已经能够投放到市场的成熟技术，但并没有包含草案中尚未完全确定的高强度数据保密技术。WPA 可看作兼顾市场与技术的折中产品。

（2）RSN

IEEE 802.11i 标准在 TSN 的基础上提出了 RSN 的概念，以进一步增强认证和数据加密的安全性。RSN 针对 WEP 标准的各种缺陷做了多方面的改进，尤其是使用了 AES 加密算法。正如在介绍 WPA2 时提到的，CCMP 机制基于 AES 加密算法和 CCM 认证方式，使得 WLAN 的安全性大大提高，这也是 RSN 的强制性要求。但 AES 对硬件要求比较高，无法通过升级现有设备实现 CCMP。

在 WLAN 的实际应用中，根据不同的安全需求可以使用多种不同的安全标准，如 WEP、WPA、WPA2、WPA3 和 WAPI 等。这些标准既包括链路认证和用户接入认证技术，又包括数据加密技术。希望读者通过完成以下的实训内容，深入理解相关知识。

【实训目的】

（1）了解 WEP 标准和 RC4 加密算法的主要技术特点。

（2）了解 WPA/WPA2 与 TKIP、CCMP 加密算法的主要技术特点。

（3）了解 WPA3 相对于 WPA/WPA2 的主要改进之处。

（4）了解 WAPI 的组成和优势。

【实训内容】

（1）组建一个 FIT AP+AC WLAN，采用直连式二层组网、直接转发方式，应用 WEP 安全策略。

（2）组建一个 FIT AP+AC WLAN，采用旁挂式三层组网、隧道转发方式，应用 PSK+AES 安全策略。

（3）组建一个 FIT AP+AC WLAN，采用旁挂式三层组网、直接转发方式，应用 PPSK 认证方式。

项目小结

不管是有线网络还是无线网络，安全性都是网络规划、设计和组建时必须着重考虑的因素。由于 WLAN 使用开放的传输信道，与有线网络相比，WLAN 面临更多的安全威胁。本项目包含两个任务，重点介绍了 WLAN 的安全防御策略和相关安全标准。任务 5.1 从 WLAN 常见威胁开始，引入两种主要的防御手段，即认证技术和加密技术。认证是指对用户身份合法性的验证，分为链路认证和用户接入认证。在 WLAN 的发展过程中，先后使用了多种认证方式，如开放系统认证和共享密钥认证、MAC 认证、PSK 认证、Portal 认证、802.1X 认证等。安全防护系统对提高 WLAN 的安全性发挥了重要作用。在用户通过认证并被授权访问网络后，一般要通过加密技术保护用户数据不被窃取或篡改。数据加密有 3 个主要目的，即秘密性、完整性和认证。任务 5.1 的最后介绍了安全防护系统的设备检测和反制机制，以及非法攻击检测的基本概念。任务 5.2 重点介绍了和 WLAN 相关的多个安全标准。从最初的 WEP 标准，到最新的 WPA3，WLAN 安全标准也随着用户安全需求的变化而不断发展。限于篇幅，任务 5.2 无法详细说明各个标准的具体实现细节，感兴趣的读者可以查找相关资料进行深入学习。

项目练习题

1. 选择题

（1）下列不属于 WLAN 的主要安全威胁的为（　　）。

A. 用户能够在未经授权的情况下非法接入无线网络

B. 将 AP 接入企业网络，使用非正常手段访问网络

C. 借助相应的分析软件捕获无线信道中传输的数据

D. 对 WLAN 的组网设备进行物理破坏

（2）在 WLAN 中恶意部署非法 AP，配置与合法 AP 相同的 SSID，这种做法属于（　　）。

A. 未经授权使用网络服务　　B. 未经授权部署非法 AP

C. 数据窃听　　D. 无线攻击

（3）开放系统认证发生在（　　）阶段。

A. 用户接入认证　　B. 扫描　　C. 链路认证　　D. 关联

（4）与其他 3 种认证不属于同一类型的是（　　）。

A. 开放系统认证　　B. PSK 认证　　C. Portal 认证　　D. 802.1X 认证

（5）关于 PSK 认证与 PPSK 认证，下列说法中错误的一项是（　　）。

A. PSK 认证要求在无线客户端和服务端配置相同的预共享密钥

B. PSK 认证属于链路认证

C. 相对来说，PSK 认证的安全性较差，容易受到暴力字典攻击

D. 使用 PPSK 认证时，连接到同一无线网络的用户拥有不同的密钥，安全性较高

（6）目前广泛应用于电信运营商、酒店、连锁快餐店、学校和企业等组织的网络中的认证方式是（ ）。

A. Portal 认证　B. 802.1X 认证　C. MAC 认证　D. 开放系统认证

（7）下列关于 AAA 与 RADIUS 的说法中错误的一项是（ ）。

A. AAA 提供了认证、授权和记账 3 种功能

B. AAA 一般采用 C/S 架构

C. AAA 具有良好的扩展性

D. AAA 只能通过 RADIUS 实现

（8）对用户身份进行分类并确定其可以使用哪些网络服务，这种操作称为（ ）。

A. 认证　B. 授权　C. 记账　D. 鉴别

（9）数据加密的目的不包括（ ）。

A. 防止数据被未经授权的第三者拦截　B. 确定接收的数据没有被篡改

C. 确定用户可以使用哪些网络服务　D. 确保数据来源的正确性

（10）（ ）不是 WIDS/WIPS 的功能。

A. 在家庭网络或小型企业网络中使用基于设备黑白名单的接入方式

B. 对无线用户的数据进行加密传输，保证数据的秘密性和完整性

C. 在中小型企业网络中启用攻击检测功能

D. 在大中型企业中启用检测、识别、防范和反制功能

（11）通过逐个推算找出真正密码的破解方法称为（ ）。

A. 泛洪攻击　B. 弱向量　C. 欺骗攻击　D. 暴力破解

（12）WEP 的核心是（ ）加密算法。

A. RC4　B. CCMP　C. AES　D. RSA

（13）（ ）不是 WPA 的特点。

A. 核心加密算法仍然采用 RC4

B. 引入了 CCMP 加密算法

C. 将初始向量由 24 位增加到 48 位

D. 采用动态密钥协商和管理方法，为每个用户动态生成一套独立的密钥

（14）WPA3 的改进中不包括（ ）。

A. 简化显示界面较小或无显示界面的设备的配置过程并提高安全性

B. 针对常见的开放 WLAN 进行特别的改造和设计

C. 使用改进的加密标准保护数据安全

D. 无法为使用弱密码的用户提供强力保护

2. 填空题

（1）捕获无线信道中传输的数据以窃取用户信息，这种行为属于 ____________。

（2）____________ 是指未经授权将 AP 接入企业有线网络，影响网络的正常运行。

（3）无线安全认证有 ____________ 和 ____________ 两种方式，分别发生在无线接入过程的两个不同阶段。

（4）用户接入认证方式有 ______、______、______ 和 ______ 等。

（5）PSK 认证方式要求在无线客户端和服务端配置相同的 ____________。

（6）连接到同一无线网络的用户拥有不同的密钥，这种认证方式称为 ____________。

（7）Portal 认证过程涉及 4 个参与者，分别是 _______、_______、_______ 和 _______。

（8）802.1X 认证体系具有典型的 C/S 架构，由 ______、______ 和 ______3 部分组成。

（9）AAA 服务器提供了 ________、________ 和 ________3 种功能。

（10）数据加密一般要实现 ________、________ 和 _______3 个目的。

（11）监测 AP 能够识别的非法设备包括 _______、_______、_______ 和 _______。

（12）启用 WIDS 检测功能可对常见的 _____、_____ 和 _____ 进行检测。

（13）根据网络用途和安全需求的不同，WPA/WPA2 分为 ______ 和 ______ 两种安全规范。

（14）WAPI 由 ___________ 和 ___________ 两部分组成。

3. 简答题

（1）简述 WLAN 主要的安全威胁。

（2）简述 WLAN 中常用的用户接入认证方式。

（3）简述 AAA 服务器提供的 3 种功能。

（4）简述数据加密的主要目的。

（5）简述 WIDS/WIPS 的主要用途。

项目6

校园WLAN可靠性部署

学习目标

【知识目标】

（1）熟悉网络可靠性的基本概念。

（2）掌握几种AC备份方式的特点和区别。

（3）掌握CAPWAP断链逃生的基本概念。

（4）了解CAPWAP断链逃生的策略和典型应用。

【能力目标】

（1）能够说明网络可靠性的基本概念、度量指标和可靠性技术。

（2）能够解释几种AC备份方式的特点和区别。

（3）能够完成AC备份的组网配置和验证。

（4）能够完成CAPWAP断链逃生的组网配置和验证。

【素质目标】

（1）树立强烈的质量意识。

（2）培养一丝不苟的工作态度和精益求精的工匠精神。

（3）提高风险意识。

引例描述

在某次实验中，AC的意外断电让小郭想到了无线网络的可靠性问题。张老师叮嘱小郭，应尽量提高无线网络的可靠性，保障用户能够不间断地使用网络服务，或是在网络出现故障时能够快速解决问题。张老师建议小郭接下来开始这方面的学习和实践。小郭听了张老师的建议后，梳理了一下学习思路，又马不停蹄地进入了新的未知领域……

任务 6.1 提高 WLAN 可靠性

任务陈述

对用户来说，可靠的网络意味着网络能长时间地正常运行，或者能从网络故障中尽快恢复。提高 WLAN 的可靠性旨在延长网络正常运行的时间，在网络出现故障时尽快解决问题并恢复网络正常运行。本任务主要介绍网络可靠性的相关概念，重点关注提高 WLAN 可靠性的 AC 备份机制。

6.1.1 网络可靠性概述

随着计算机网络在社会各行各业的普遍应用，网络可靠性日益成为用户关注的焦点。正如自然灾害引发的道路中断会严重影响交通运输一样，在计算机网络中，有各种各样的不确定因素会导致网络出现故障和服务中断。从小的方面说，网络故障会影响普通用户上网浏览新闻等活动，也可能使企业正在进行的视频会议被迫中断；从大的方面说，严重的网络故障可能会使国计民生受到巨大影响，甚至对国家安全造成威胁。因此，网络可靠性问题是组建网络时必须面对和解决的大问题。

1. 可靠性度量指标

要解决网络可靠性问题，首先要明确的基本概念是如何评价网络可靠性，即确定网络可靠性的度量指标。经常使用的两个度量指标是平均故障间隔时间（Mean Time Between Failures，MTBF）和平均修复时间（Mean Time To Repair，MTTR）。MTBF 表示系统无故障运行的平均时间，通常以小时为单位。MTBF 越大说明系统可靠性越高。MTTR 是指一个系统从故障发生到恢复正常运行所需的平均时间。MTTR 越小说明系统恢复时间越短，对用户的影响也就越小。需要说明的是，MTBF 和 MTTR 是广泛用于各种系统的可靠性度量指标，而非仅适用于本书所讲的计算机网络系统。

2. 网络可靠性实施路径

确定了 MTBF 和 MTTR 两个度量指标后，就可以考虑从增大 MTBF 或减小 MTTR 这两个角度提高网络的可靠性。在实际组建计算机网络时，可以从以下 3 个层面入手。

（1）在网络设备的设计和生产过程中，提高硬件和软件的质量，减少软件和硬件故障。

例如，对网络软件加强可靠性设计和测试，在网络硬件生产过程中提高生产工艺、进行可靠性验证等。

（2）在设计网络架构时，要考虑网络设备和链路的冗余度、实施网络设备倒换策略，提高系统容错能力，目的是当某个网络设备发生故障时，能够通过其他备用设备正常提供服务，使系统功能不受影响。

（3）在网络部署过程中，根据网络架构和业务特点实施故障检测、诊断、隔离和消除，提高网络恢复速度，降低故障对业务的影响。

3. 网络可靠性技术分类

不管网络设备和网络架构有多好，在网络实际运行过程中，仍然无法完全避免因各种意外因素造成的网络故障。因此，更现实的选择是减小 MTTR，使网络能从故障中快速恢复，这也是本书重点关注的可靠性技术。减小 MTTR 的技术有多种，根据其解决网络故障的侧重点不同，可分为故障检测技术和保护倒换技术。

（1）故障检测技术侧重于通过技术手段检测和诊断网络中已发生的故障，或者对可能的网络故障采取相应措施加以避免。常用的故障检测技术有双向转发检测（Bidirectional Forwarding Detection，BFD）和第一英里以太网（Ethernet in the First Mile，EFM）技术。BFD 可提供一种通用的标准化方式对任何介质、任何协议层进行实时检测，能够快速检测和监控网络链路故障及路由连通状态。EFM 全称中的“First Mile”是指用户端到电信运营商端设备的一段连接。从使用者的角度看，这段连接是“第一英里”，而从运营者的角度看，这段连接是“最后一英里”，因此 EFM 有时也被称为“最后一英里以太网”。EFM 工作在数据链路层，为两台直连设备提供链路连通性检测、链路故障监控、远端故障通知和远端环回等功能。

（2）与故障检测技术不同，保护倒换技术侧重于使网络从故障中快速恢复，是故障发生后的补救措施。保护倒换技术的核心是通过冗余和备份提高系统的容错能力，即通过对硬件、链路、路由信息和业务信息等进行冗余备份，当故障发生时快速切换到备用设备继续提供服务，从而保证网络业务的连续性。在 WLAN 领域，常用的保护倒换技术是 AC 备份机制，包括虚拟路由器冗余协议（Virtual Router Redundancy Protocol，VRRP）热备份、双链路热备份、双链路冷备份和 N+1 备份。

本书只讨论 WLAN 中常用的保护倒换技术，即 AC 备份机制。对故障检测技术感兴趣的读者可以查阅相关资料，自行深入学习。

6.1.2　AC 备份基本概念

在 FIT AP+AC 组网模式中，AC 是 WLAN 的核心设备，承担着用户接入控制、数据转发和统计、AP 配置监控、漫游管理、安全控制等功能。一台 AC 可能管理成百上千台 AP。

一旦 AC 或 CAPWAP 隧道发生故障，AC 管理的所有 AP 都可能受到影响。例如，已上线的 AP 无法继续通过 CAPWAP 隧道转发数据，新的 AP 无法上线。因此，AC 很容易成为单点故障源，AC 的可靠性也直接决定了整个 WLAN 的可靠性。

采用 AC 备份机制能够有效提高 WLAN 的可靠性。AC 备份是指为防止 AC 故障影响 AP 和 STA 业务，在 WLAN 中部署两台或多台 AC。一旦一台 AC 出现故障，其他 AC 就可以代替故障 AC 工作，继续管理和维护 AP 业务，确保用户可以正常使用无线网络，或者尽量减轻 AC 故障对用户的影响，如图 6-1 所示。

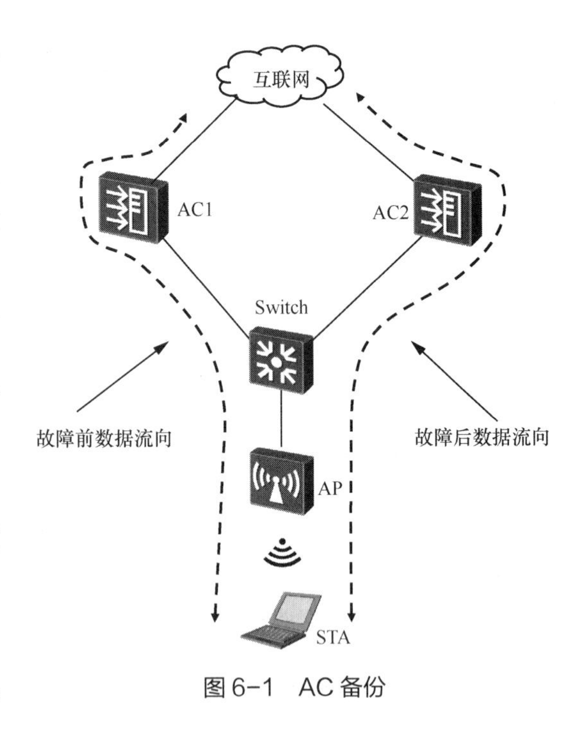

图 6-1　AC 备份

在详细介绍具体的 AC 备份机制之前，需厘清几个和 AC 备份相关的概念。

1. AC 角色

采用 AC 备份机制组建 WLAN 至少需要两台 AC，且 AC 之间有角色之分。AC 的角色分为主和备，即一台是主 AC，另一台是备 AC。主 AC 在网络正常运行时管理和维护 AP。备 AC 是主 AC 的备份，当主 AC 因为网络或设备出现故障时，备 AC 会代替主 AC 管理和维护 AP。

AP 在建立 CAPWAP 隧道的 Discovery 阶段确定 AC 的角色，并分别与主 AC 和备 AC 建立主 CAPWAP 隧道和备 CAPWAP 隧道。启用 AC 备份功能后，AC 回复的 Discovery Response 报文携带有双链路特性开关、负载情况及优先级信息。AP 根据 AC 的优先级、负载及 AC 的源 IP 地址按照以下顺序选择主 AC 和备 AC。

（1）AP 先比较 AC 的优先级，优先级较高的 AC 被选为主 AC，另一台 AC 作为备 AC。

（2）如果 AC 的优先级相同，则比较 AC 的负载能力，即管理 AP 和 STA 的数量。负载小的 AC 作为主 AC，负载大的 AC 作为备 AC。

（3）在 AC 的负载能力相同的情况下，比较 AC 的源 IP 地址。源 IP 地址小的 AC 作为主 AC，源 IP 地址大的 AC 作为备 AC。

只有主 AC 下发完业务配置后，AP 才与备 AC 建立 CAPWAP 隧道。这样做是为了避免主 AC 和备 AC 重复下发业务配置。AP 发送给备 AC 的 Join Request 报文携带有一个自定义的消息类型，用于告知备 AC 不要重复下发业务配置。

2. AC 状态

在 AC 备份机制下，AC 的状态分为工作状态和备份状态两种。

工作状态是指 AC 当前正在管理 AP 并为 AP 和 STA 提供服务。在图 6-1 中，出现故障前 AC1 是工作状态，出现故障后 AC2 是工作状态，故障被消除后 AC1 重新变为工作状态。

备份状态是指 AC 当前不负责管理 AP，也不为 AP 和 STA 提供服务。处于备份状态的备 AC 在网络出现故障时进入工作状态。在图 6-1 中，出现故障前 AC2 是备份状态，出现故障后 AC2 转为工作状态，故障被消除后 AC2 重新变为备份状态。

由此可见，AC 的状态会随着网络故障的出现或被消除而发生变化。不管是主 AC 还是备 AC，都可能处于工作状态或备份状态。

3. AC 备份组网方式

如果对所有的 AP 来说，AC1 是主 AC，AC2 是备 AC，则这种组网方式称为主备（Active/Standby，A/S）方式。在主备方式下，所有的 AP 与 AC1 建立主 CAPWAP 隧道，与 AC2 建立备 CAPWAP 隧道。正常状态下，所有的业务由 AC1 处理，AC2 仅作备份使用。当 AC1 发生故障时，AC2 代替 AC1 处理业务。

在主备方式中，主 AC 处理所有业务，数据压力较大。备 AC 处于备份状态，正常情况下比较空闲，设备资源没有得到充分利用。引入负载分担方式可以解决这一问题。在负载分担方式中，两台 AC 均作为一部分 AP 的主 AC，同时作为另一部分 AP 的备 AC。例如，将 AC1 规划为 AP1 的主 AC 和 AP2 的备 AC，将 AC2 规划为 AP2 的主 AC 和 AP1 的备 AC。网络正常运行时，AC1 和 AC2 分别负责 AP1 和 AP2 的管理及维护工作。对 AP1 来说，AC1 处于工作状态，AC2 处于备份状态。对 AP2 来说，AC2 处于工作状态，AC1 处于备份状态。假设 AC1 出现故障，那么 AC2 会取代 AC1，负责 AC1 之前管理和维护的所有 AP。当 AC2 出现故障时，AC1 也进行类似操作。

4. AC 备份工作流程

不管是主备方式还是负载分担方式，AC 备份的工作流程都包括 4 个阶段，即主备协商、数据备份、主备倒换和主备回切。

（1）主备协商

主备协商是指两台 AC 基于网络配置确定各自的角色和状态。AP 根据上文所述的选举机制确定 AC 角色。根据主、备 AC 间使用协议的不同，AP 可以同时和主、备 AC 建立 CAPWAP 隧道，也可以只和其中一台 AC 建立 CAPWAP 隧道。如果主、备 AC 均能与 AP 正常互通，则经过协商后主 AC 处于工作状态，备 AC 处于备份状态，AP 在主 AC 中上线并接受其管理。如果在该阶段主 AC 出现故障或无法与 AP 通信，则协商后备 AC 处于工作状态。

（2）数据备份

在数据备份阶段，处于工作状态的 AC 将网络运行状态的相关信息备份到处于备份状态的 AC，以保证两台 AC 上数据的一致性。AC 间备份的数据包括 AP 信息、STA 信息和

CAPWAP 隧道信息。当前者发生故障时，后者利用备份的数据可以快速进入工作状态继续提供服务，从而缩短网络恢复时间，降低故障对业务的影响。

（3）主备倒换

正常情况下，主 AC 为工作状态，备 AC 为备份状态。AP 与主、备 AC 之间定期交换控制心跳报文以检测隧道状态。当 AP 检测到其与主 AC 之间的隧道发生故障时，AP 通知备 AC 启动主备倒换，备 AC 升级为主 AC，替代主 AC 为 AP 和 STA 提供服务。主备倒换后，备 AC 处于工作状态。

（4）主备回切

当主 AC 从故障中恢复后，主 AC 取代处于工作状态的备 AC 重新进入工作状态，备 AC 随之进入备份状态。需要说明的是，主 AC 恢复并不意味着主备回切必然发生，这取决于实际的网络配置。为避免网络震荡导致频繁主备倒换，AP 等待 20 个心跳（Echo）周期后再通知 AC 进行主备回切。

在上述 4 个阶段中，主备协商、主备倒换和主备回切均涉及主、备 AC 角色和状态的变化。实际上，AP 并不关心哪个 AC 是主 AC，哪个 AC 是备 AC，对 AP 来说，最重要的是哪个 AC 处于工作状态。

5. HSB

数据备份是通过热备（Hot-Standby Backup，HSB）机制实现的。HSB 的功能主要体现在以下两个方面。

（1）建立主备备份通道

HSB 通过配置本端和对端的主备服务 IP 地址和端口号，在互为备份的设备之间建立 TCP 报文发送通道。利用这个通道，HSB 可提供业务报文的收发及链路状态变化通知服务。

（2）维护备份通道链路状态

HSB 通过特定机制检测主备通道的链路状态，如果链路状态异常，则 HSB 负责通知两端设备并尝试重建主备备份通道。

HSB 支持 3 种数据同步方式，即批量备份、实时备份和定时同步。批量备份是指当有新加入的备份设备时，主 AC 将已有信息一次性地批量同步到备 AC 上，使主、备 AC 保持数据一致。实时备份是指主 AC 正常工作时，将新产生或发生变化的信息实时同步给备 AC。定时同步是指备 AC 定时检查自身的信息是否与主 AC 一致，如果不一致，则要求主 AC 将信息同步到备 AC。

6.1.3 几种 AC 备份方式

不同的业务场景对网络可靠性的要求也不相同，可以根据实际需求选择合适的 AC 备份方式。下面重点介绍几种 AC 备份方式的特点和区别，以及每种备份方式的应用场景。

1. VRRP 热备份

VRRP 将多台路由器虚拟为一台路由器，对外提供统一的 IP 地址作为主机网关。当实际承担流量转发的路由器出现故障时，VRRP 选举出新的设备提供流量转发功能，从而提高网络可靠性。

VRRP 热备份的实现原理如下：主、备 AC 通过 VRRP 对外虚拟为一台 AC，AP 与这台虚拟 AC 建立 CAPWAP 隧道，如图 6-2 所示；同时，主 AC 利用 HSB 将 AP 信息、STA 信息和 CAPWAP 链路信息同步给备 AC；通过配置 VRRP 抢占时间，当主 AC 发生故障时，VRRP 热备份可以快速地将业务处理转移至备 AC，以保障业务的连续性。

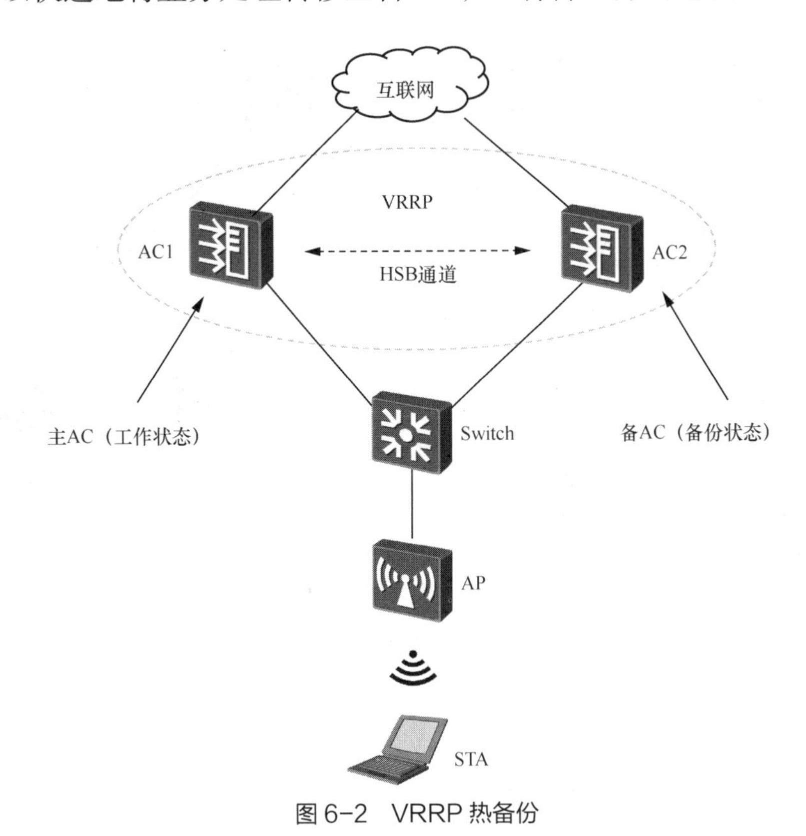

图 6-2　VRRP 热备份

相比于其他 AC 备份方式，VRRP 热备份的主备倒换速度最快，因此对业务的影响最小。VRRP 热备份也有缺点：一方面，VRRP 热备份不支持 AC 负载分担组网；另一方面，VRRP 热备份不支持主、备 AC 异地跨三层部署，即主、备 AC 必须是二层组网。如果不需要异地部署主、备 AC，且业务环境对网络的可靠性要求较高，那么 VRRP 热备份是最佳选择。但如果希望最大化利用主、备 AC 资源，或者主、备 AC 无法实现二层组网，则可以选择双链路热备份。

2. 双链路热备份

在双链路热备份中，AP 与主 AC 建立主 CAPWAP 隧道，与备 AC 建立备 CAPWAP 隧道。主 AC 和备 AC 分别处于工作状态和备份状态。主 AC 通过 HSB 仅将 STA 信息同步给备 AC。当主 AC 发生故障时，备 AC 切换到工作状态，代替主 AC 提供业务服务。

图 6-3（a）和图 6-3（b）所示分别为主备方式和负载分担方式的双链路热备份。

AP 检测到 CAPWAP 主链路断开后才会引发主、备 AC 倒换。双链路热备份的主备倒换速度相比 VRRP 热备份略慢，但比双链路冷备份和 N+1 备份要快。由于备 AC 拥有主 AC 同步过来的 STA 信息，主备倒换后，已上线的 STA 不需要下线重连。

VRRP 热备份和双链路热备份都属于双机热备份，且这两种备份方式都不适用于要求异地容灾的网络环境。

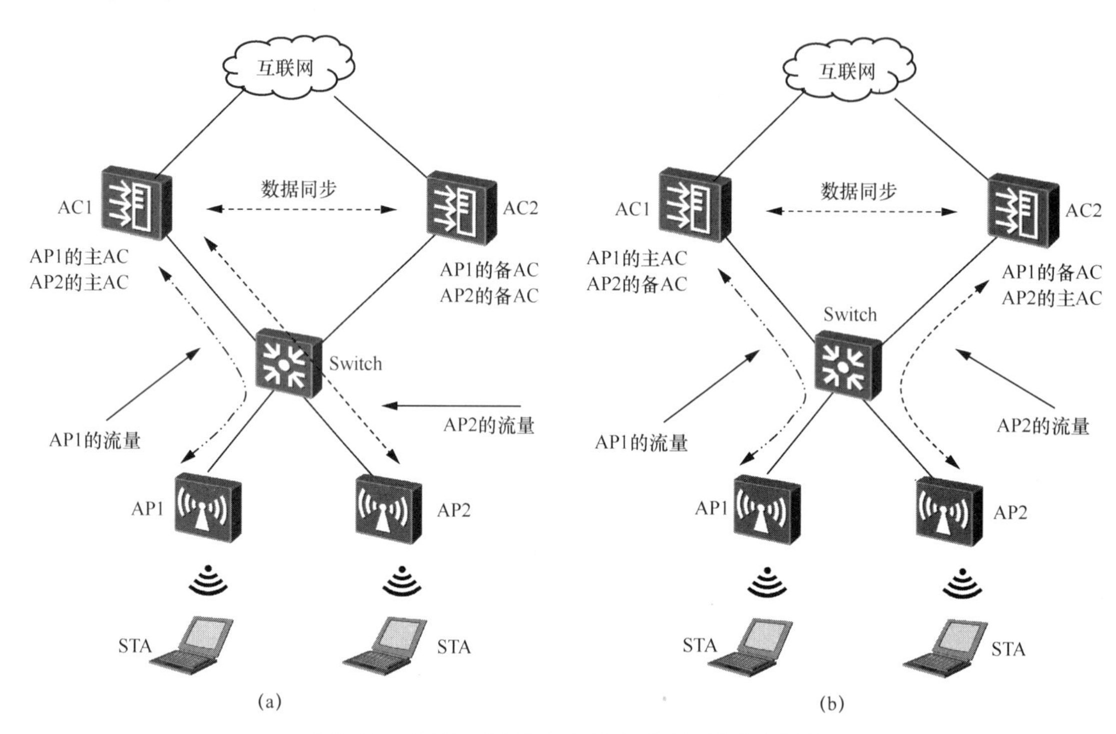

图 6-3　主备方式和负载分担方式的双链路热备份

3．双链路冷备份

双链路冷备份与双链路热备份类似，只是主 AC 不与备 AC 同步信息，如图 6-4 所示。因此，当备 AC 切换为工作状态时，已上线的 STA 需要重新上线，这会导致 STA 出现短暂的业务中断。双链路冷备份的主备切换速度较慢，在可靠性要求较低的网络环境中，可以考虑采用双链路冷备份方式。

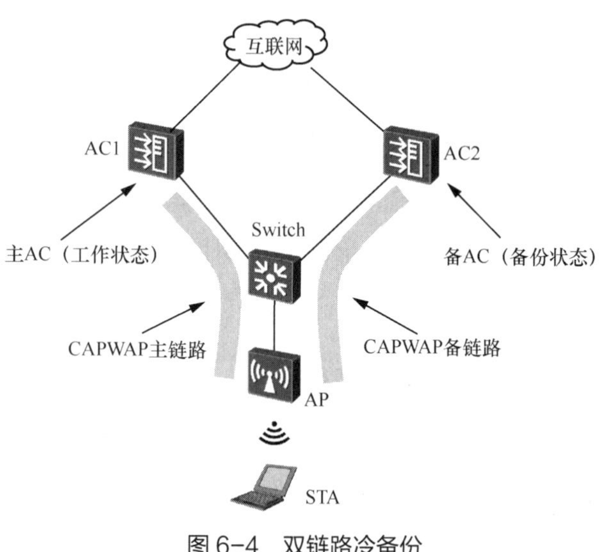

图 6-4　双链路冷备份

4．*N*+1 备份

N +1 备份是指使用一台备 AC 为多台主 AC 提供备份服务，如图 6-5 所示。正常情况下，一台 AP 只和一台主 AC 建立 CAPWAP

隧道。当主 AC 发生故障时，AP 重新与备 AC 建立 CAPWAP 隧道，备 AC 代替主 AC 提供服务。主、备 AC 间不进行信息同步，主备倒换后 AP 与 STA 均需要重新上线。

N +1 备份是这 4 种 AC 备份方式中切换速度最慢的一种，可靠性最低。*N* +1 备份减少了备 AC 的数量，因此它的网络部署成本是最低的。如果希望控制网络部署成本，网络环境的可靠性要求也不高，那么 *N* +1 备份方式是一种理想的选择。

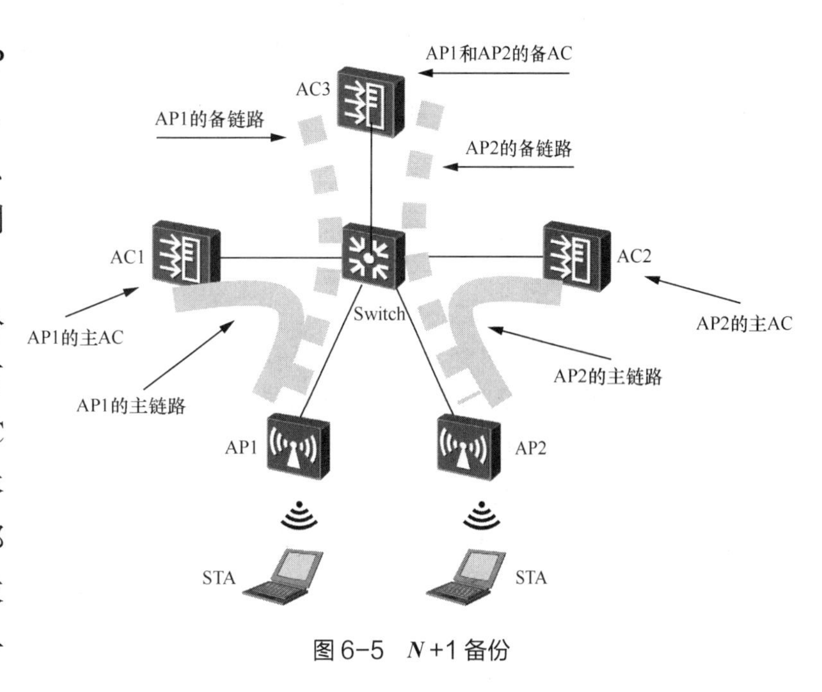

图 6-5 *N* +1 备份

实验 1：配置 VRRP 热备份

【实验背景】 VRRP 热备份的基本原理是使用 VRRP 将两台 AC 虚拟为一台 AC，AP 与虚拟 AC 建立 CAPWAP 隧道。主 AC 利用 HSB 将 AP 信息、STA 信息和 CAPWAP 隧道信息同步给备 AC。VRRP 热备份的主备倒换速度最快，因此对业务的影响最小。但 VRRP 热备份不支持 AC 负载分担方式组网，也不支持主、备 AC 异地跨三层部署，即主、备 AC 必须是二层组网。

【实验设备】 华为 eNSP 网络仿真工具（AP4050，1 台；AC6005，2 台；S5700，1 台；S3700，1 台；Router，1 台；STA，1 台）或华为设备（AirEngine 5760，1 台；AC6508，2 台；S5731S-S24P4X，2 台；AR6140-16G4XG，1 台；PC，Windows 10 操作系统，1 台）。

【实验拓扑】 本实验采用旁挂式二层组网，配置 VRRP 热备份实验拓扑如图 6-6 所示。

【实验要求】 本实验涉及的配置项及其要求如表 6-1 所示，设备 IP 地址参数如表 6-2 所示。

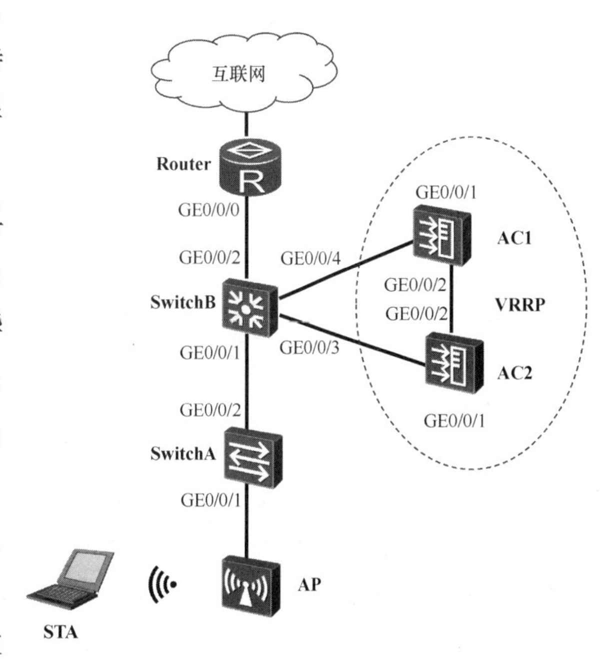

图 6-6 配置 VRRP 热备份实验拓扑

表 6-1 配置项及其要求

配置项	要求	配置项	要求
管理 VLAN	VLAN 100	业务 VLAN	VLAN 101
AC 备份 VLAN	VLAN 102	DHCP 服务器	AC 作为 AP 的 DHCP 服务器，路由器作为 STA 的 DHCP 服务器
AP 地址池	VLAN 100： 10.23.100.4 ～ 10.23.100.254/24。 网关：AC VRRP 虚拟 IP 地址	STA 地址池	VLAN 101： 10.23.101.3 ～ 10.23.101.254/24。 网关：路由器 VLANIF 101 接口
AC1 VRRP 相关配置	接口：VLANIF 100。 VRID：1。 虚拟 IP 地址：10.23.100.3/24。 优先级：120。 抢占时间：1800s。 状态恢复延迟时间：60s	AC1 HSB 主备通道	本地 IP 地址及端口号： 10.23.102.1:10241。 对端 IP 地址及端口号： 10.23.102.2:10241。 HSB 主备服务报文重传次数：3。 HSB 主备服务报文发送间隔：6ms
AC2 HSB 主备通道	本地 IP 地址及端口号： 10.23.102.2:10241。 对端 IP 地址及端口号： 10.23.102.1:10241。 HSB 主备服务报文重传次数：3。 HSB 主备服务报文发送间隔：6ms	AC 源接口	VLANIF 100：10.23.100.3/24
AP 组	名称：group-vrrp。 引用模板：VAP 模板、域管理模板	AP 配置	名称：ap401。 组名称：group-vrrp
域管理模板	名称：default。 国家或地区识别码：CN	SSID 模板	模板名称：wlan-vrrp。 SSID 名称：wlan-vrrp
安全模板	模板名称：sec-vrrp。 安全策略：WPA/WPA2-PSK-AES。 密码：huawei123	VAP 模板	模板名称：vap-vrrp。 转发方式：直接转发。 业务 VLAN：VLAN 101。 引用模板：SSID 模板、安全模板

表 6-2 设备 IP 地址参数

设备	接口	IP 地址或接口类型	备注
SwitchA	GE0/0/1	Trunk	PVID：100。 放通 VLAN：VLAN 100、VLAN 101
	GE0/0/2	Trunk	放通 VLAN：VLAN 100、VLAN 101
SwitchB	GE0/0/1	Trunk	放通 VLAN：VLAN 100、VLAN 101
	GE0/0/2	Trunk	放通 VLAN：VLAN 101
	Eth-trunk 1	Trunk	放通 VLAN：VLAN 100
	GE0/0/3	Eth-trunk	链路聚合
	GE0/0/4	Eth-trunk	链路聚合

续表

设备	接口	IP 地址或接口类型	备注
AC1	GE0/0/1	Trunk	放通 VLAN：VLAN 100
	GE0/0/2	Trunk	放通 VLAN：VLAN 102
	VLANIF 100	10.23.100.1/24	接口地址池
	VLANIF 102	10.23.102.1/24	—
AC2	GE0/0/1	Trunk	放通 VLAN：VLAN 100
	GE0/0/2	Trunk	放通 VLAN：VLAN 102
	VLANIF 100	10.23.100.2/24	接口地址池
	VLANIF 102	10.23.102.2/24	—
Router	GE0/0/0	Trunk	放通 VLAN：VLAN 101
	VLANIF 101	10.23.101.1/24	接口地址池

【实验步骤】下面是本实验的具体步骤。

1. 配置接入交换机

（1）配置要点

- 创建 VLAN 100 和 VLAN 101，并为其分配相关接口。
- 设置接口 GE0/0/1 和 GE0/0/2 类型为 Trunk，放通 VLAN 100 和 VLAN 101。

（2）配置命令

具体配置命令如下。

```
<HUAWEI> system-view
[HUAWEI] sysname  SwitchA
[SwitchA] vlan  batch  100  101
[SwitchA] interface  gi0/0/1
[SwitchA-GigabitEthernet0/0/1] port  link-type  trunk
[SwitchA-GigabitEthernet0/0/1] port  trunk  pvid  vlan  100
[SwitchA-GigabitEthernet0/0/1] port  trunk  allow-pass  vlan  100  101
[SwitchA-GigabitEthernet0/0/1] port-isolate  enable
[SwitchA-GigabitEthernet0/0/1] quit
[SwitchA] interface  gi0/0/2
[SwitchA-GigabitEthernet0/0/2] port  link-type  trunk
[SwitchA-GigabitEthernet0/0/2] port  trunk  allow-pass  vlan  100  101
[SwitchA-GigabitEthernet0/0/2] quit
```

2. 配置汇聚交换机

（1）配置要点

- 创建 VLAN 100 和 VLAN 101，设置接口 GE0/0/1 放通 VLAN 100 和 VLAN 101，接口 GE0/0/2 放通 VLAN 101。
- 对接口 GE0/0/3 和 GE0/0/4 进行链路聚合。

（2）配置命令

具体配置命令如下。

```
<HUAWEI> system-view
[HUAWEI] sysname SwitchB
[SwitchB] vlan batch 100 101
[SwitchB] interface gi0/0/1
[SwitchB-GigabitEthernet0/0/1] port link-type trunk
[SwitchB-GigabitEthernet0/0/1] port trunk allow-pass vlan 100 101
[SwitchB-GigabitEthernet0/0/1] quit
[SwitchB] interface gi0/0/2
[SwitchB-GigabitEthernet0/0/2] port link-type trunk
[SwitchB-GigabitEthernet0/0/2] port trunk allow-pass vlan 101
[SwitchB-GigabitEthernet0/0/2] quit
[SwitchB] interface eth-trunk 1
[SwitchB-Eth-Trunk1] port link-type trunk
[SwitchB-Eth-Trunk1] port trunk allow-pass vlan 101
[SwitchB-Eth-Trunk1] quit
[SwitchB] interface gi0/0/3
[SwitchB-GigabitEthernet0/0/3] eth-trunk 1
[SwitchB-GigabitEthernet0/0/3] quit
[SwitchB] interface gi0/0/4
[SwitchB-GigabitEthernet0/0/4] eth-trunk 1
[SwitchB-GigabitEthernet0/0/4] quit
```

3. 配置 Router

（1）配置要点

- 创建 VLAN 101，将接口 GE0/0/0 切换为二层接口（物理设备上不需要）并加入 VLAN 101。
- 创建接口 VLANIF 101，设置 IP 地址，创建接口地址池，为 STA 提供 DHCP 服务。

```
<Huawei> system-view
[Huawei] sysname Router
[Router] vlan 101
[Router-vlan 101] interface gi0/0/0
[Router-GigabitEthernet0/0/0] portswitch
[Router-GigabitEthernet0/0/0] port link-type trunk
[Router-GigabitEthernet0/0/0] port trunk allow-pass vlan 101
[Router-GigabitEthernet0/0/0] quit
[Router] dhcp enable
[Router] interface vlanif 101
[Router-Vlanif101] ip address 10.23.101.1 24
[Router-Vlanif101] dhcp select interface
[Router-Vlanif101] quit
```

4. 配置 AC1 基础业务参数

（1）配置要点

- 创建 VLAN 100 和 VLAN 102，设置接口 GE0/0/1 放通 VLAN 100，接口 GE0/0/2 放通 VLAN 102。
- 设置 VLANIF 100 和 VLANIF 102 接口的 IP 地址。
- 在 VLANIF 100 上创建接口地址池为 AP 提供 IP 地址。

（2）配置命令

具体配置命令如下。

```
<AC6508> system-view
[AC6508] sysname AC1
[AC1] vlan batch 100 102
[AC1] interface gi0/0/1
[AC1-GigabitEthernet0/0/1] port link-type trunk
[AC1-GigabitEthernet0/0/1] port trunk allow-pass vlan 100
[AC1-GigabitEthernet0/0/1] quit
[AC1] interface gi0/0/2
[AC1-GigabitEthernet0/0/2] port link-type trunk
[AC1-GigabitEthernet0/0/2] port trunk allow-pass vlan 102
[AC1-GigabitEthernet0/0/2] quit
[AC1] interface vlanif 100
[AC1-Vlanif100] ip address 10.23.100.1 24
[AC1-Vlanif100] quit
[AC1] interface vlanif 102
[AC1-Vlanif102] ip address 10.23.102.1 24
[AC1-Vlanif102] quit
[AC1] dhcp enable
[AC1] dhcp server database enable
[AC1] dhcp server database recover
[AC1] interface vlanif 100
[AC1-Vlanif100] dhcp select interface
[AC1-Vlanif100] dhcp server excluded-ip-address 10.23.100.1 10.23.100.3
[AC1-Vlanif100] dhcp server option 43 sub-option 3 ascii 10.23.100.3
[AC1-Vlanif100] quit
```

5. 配置 AC2 基础业务参数

（1）配置要点

- 创建 VLAN 100 和 VLAN 102，设置接口 GE0/0/1 放通 VLAN 100，接口 GE0/0/2 放通 VLAN 102。
- 设置 VLANIF 100 和 VLANIF 102 接口的 IP 地址。
- 在 VLANIF 100 上创建接口地址池为 AP 提供 IP 地址。

（2）配置命令

具体配置命令如下。

```
<AC6508> system-view
[AC6508] sysname AC2
[AC2] vlan batch 100 102
[AC2] interface gi0/0/1
[AC2-GigabitEthernet0/0/1] port link-type trunk
[AC2-GigabitEthernet0/0/1] port trunk allow-pass vlan 100
[AC2-GigabitEthernet0/0/1] quit
[AC2] interface gi0/0/2
[AC2-GigabitEthernet0/0/2] port link-type trunk
[AC2-GigabitEthernet0/0/2] port trunk allow-pass vlan 102
[AC2-GigabitEthernet0/0/2] quit
[AC2] interface vlanif 100
[AC2-Vlanif100] ip address 10.23.100.2 24
[AC2-Vlanif100] quit
[AC2] interface vlanif 102
[AC2-Vlanif102] ip address 10.23.102.2 24
[AC2-Vlanif102] quit
[AC2] dhcp enable
[AC2] dhcp server database enable
[AC2] dhcp server database recover
[AC2] interface vlanif 100
```

```
[AC2-Vlanif100] dhcp select interface
[AC2-Vlanif100] dhcp server excluded-ip-address 10.23.100.1 10.23.100.3
[AC2-Vlanif100] quit
```

注意

（1）10.23.100.1 和 10.23.100.2 已分配给 AC1 和 AC2，而 10.23.100.3 是 VRRP 管理组的虚拟 IP 地址。AC 通过虚拟 IP 地址创建接口地址池，并从中排除这 3 个地址。

（2）在 VRRP 热备份组网中，部署在主备 AC 上的 DHCP 地址池配置要保持一致。例如，主备 AC 上不参与自动分配的 IP 地址范围必须保持一致。

6. 在 AC1 上配置 VRRP 和 HSB

（1）配置要点

- 配置 VRRP 备份组，包括状态恢复延迟时间、优先级、抢占时间。
- 配置 HSB 主备服务，设置主备通道参数、主备服务报文的重传次数和发送间隔。
- 配置 HSB 备份组，绑定 HSB 主备服务、VRRP 备份组、网络接入控制（Network Admission Control，NAC）业务、WLAN 业务和 DHCP 业务。
- 启用双机热备功能。

（2）配置命令

具体配置命令如下。

```
[AC1] vrrp recover-delay 60
[AC1] interface vlanif 100
[AC1-Vlanif100] vrrp vrid 1 virtual-ip 10.23.100.3
[AC1-Vlanif100] vrrp vrid 1 priority 120
[AC1-Vlanif100] vrrp vrid 1 preempt-mode timer delay 1800
[AC1-Vlanif100] admin-vrrp vrid 1
[AC1-Vlanif100] quit
[AC1] hsb-service 0
[AC1-hsb-service-0] service-ip-port local-ip 10.23.102.1 peer-ip 10.23.102.2
local-data-port 10241 peer-data-port 10241
[AC1-hsb-service-0] service-keep-alive detect retransmit 3 interval 6
[AC1-hsb-service-0] quit
[AC1] hsb-group 0
[AC1-hsb-group-0] bind-service 0
[AC1-hsb-group-0] track vrrp vrid 1 interface vlanif 100
[AC1-hsb-group-0] quit
[AC1] hsb-service-type access-user hsb-group 0
[AC1] hsb-service-type ap hsb-group 0
[AC1] hsb-service-type dhcp hsb-group 0
[AC1] hsb-group 0
[AC1-hsb-group-0] hsb enable
[AC1-hsb-group-0] quit
```

注意

VRRP 要在 AC1 与 AC2 已连通的情况下进行配置。

7. 在AC2上配置VRRP和HSB

（1）配置要点

- 暂时不要在AC2上启用双机热备功能，也不要配置优先级和抢占时延，其他配置与AC1相同。

（2）配置命令

具体配置命令如下。

```
[AC2] vrrp recover-delay 60
[AC2] interface vlanif 100
[AC2-Vlanif100] vrrp vrid 1 virtual-ip 10.23.100.3
[AC2-Vlanif100] admin-vrrp vrid 1
[AC2-Vlanif100] quit
[AC2] hsb-service 0
[AC2-hsb-service-0] service-ip-port local-ip 10.23.102.2 peer-ip 10.23.102.1 local-data-port 10241 peer-data-port 10241
[AC2-hsb-service-0] service-keep-alive detect retransmit 3 interval 6
[AC2-hsb-service-0] quit
[AC2] hsb-group 0
[AC2-hsb-group-0] bind-service 0
[AC2-hsb-group-0] track vrrp vrid 1 interface vlanif 100
[AC2-hsb-group-0] quit
[AC2] hsb-service-type access-user hsb-group 0
[AC2] hsb-service-type ap hsb-group 0
[AC2] hsb-service-type dhcp hsb-group 0
```

8. 配置AP上线

（1）配置要点

- 创建域管理模板，配置AC国家或地区识别码；创建AP组，引用域管理模板。
- 配置AC源接口。
- 离线导入AP，配置AP组和AP名称；监控AP上线情况。
- AC1与AC2配置相同。

（2）配置命令

具体配置命令如下。

```
[AC1] wlan
[AC1-wlan-view] regulatory-domain-profile name default
[AC1-wlan-regulate-domain-default] country-code cn
[AC1-wlan-regulate-domain-default] quit
[AC1-wlan-view] ap-group name group-vrrp
[AC1-wlan-ap-group-group-vrrp] regulatory-domain-profile default
[AC1-wlan-ap-group-group-vrrp] quit
[AC1-wlan-view] quit
[AC1] capwap source ip-address 10.23.100.3
[AC1] wlan
[AC1-wlan-view] ap auth-mode mac-auth
[AC1-wlan-view] ap-id 0 ap-mac 00e0-fc4d-6240
[AC1-wlan-ap-0] ap-name ap401
[AC1-wlan-ap-0] ap-group group-vrrp
[AC1-wlan-ap-0] quit
```

9. 配置 WLAN 业务参数

（1）配置要点

- 创建安全模板，设置安全策略。
- 创建 SSID 模板，设置 SSID 名称。
- 创建 VAP 模板，设置业务数据转发方式和业务 VLAN，引用安全模板和 SSID 模板。
- 配置 AP 组引用 VAP 模板，配置 AP 射频的信道和功率。
- AC1 与 AC2 配置相同。

（2）配置命令

具体配置命令如下。

```
[AC1-wlan-view] security-profile name sec-vrrp
[AC1-wlan-sec-prof-sec-vrrp] security wpa-wpa2 psk pass-phrase huawei123 aes
[AC1-wlan-sec-prof-sec-vrrp] quit
[AC1-wlan-view] ssid-profile name wlan-vrrp
[AC1-wlan-ssid-prof-wlan-vrrp] ssid wlan-vrrp
[AC1-wlan-ssid-prof-wlan-vrrp] quit
[AC1-wlan-view] vap-profile name vap-vrrp
[AC1-wlan-vap-prof-vap-vrrp] forward-mode direct-forward
[AC1-wlan-vap-prof-vap-vrrp] service-vlan vlan-id 101
[AC1-wlan-vap-prof-vap-vrrp] security-profile sec-vrrp
[AC1-wlan-vap-prof-vap-vrrp] ssid-profile wlan-vrrp
[AC1-wlan-vap-prof-vap-vrrp] quit
[AC1-wlan-view] ap-group name group-vrrp
[AC1-wlan-ap-group-group-vrrp] vap-profile vap-vrrp wlan 1 radio 0
[AC1-wlan-ap-group-group-vrrp] vap-profile vap-vrrp wlan 1 radio 1
[AC1-wlan-ap-group-group-vrrp] quit
[AC1-wlan-view] quit
```

10. 启用 AC2 双机热备功能

（1）配置要点

- 在 AC2 上启用双机热备功能。

（2）配置命令

具体配置命令如下。

```
[AC2] hsb-group 0
[AC2-hsb-group-0] hsb enable
[AC2-hsb-group-0] quit
```

11. 实验验证

（1）验证要点

- 在 AC1 和 AC2 上分别监控 AP 上线情况，AC1 上 AP 状态为正常（nor），AC2 上状态为备份（stdby）。
- 在 AC1 和 AC2 上分别查看 VRRP 备份组信息，AC1 上 VRRP 备份组显示为“Master”，AC2 上 VRRP 备份组显示为“Backup”，与实验设计一致。
- 在 AC1 和 AC2 上分别查看主备服务的建立情况，“Service State” 字段显示为

"Connected"，说明主备服务通道已经成功建立。

- 在 AC1 和 AC2 上分别查看 HSB 备份组的运行情况。
- 关闭 AC1 的 GE0/0/1 接口或重启 AC1 模拟主 AC 出现故障。AC2 上的 AP 状态由备份（stdby）变为正常（nor）。在 AP 上使用 ping 命令测试 AP 与 AC2 的网络连通性。

（2）验证命令

具体验证命令如下。

```
//////////////////////////////////////////////////////// 监控 AP 上线情况 ////////////////////////////////////////////////////////
[AC1-wlan-view] display  ap  all
ID  MAC            Name   Group       IP             Type          State STA Uptime
---------------------------------------------------------------------------------------
0   00e0-fc4d-6240  ap401  group-vrrp 10.23.100.121 AP3030DN      nor    0   6M:17S

[AC2-wlan-view] display  ap  all
ID  MAC            Name   Group       IP             Type          State  STA  Uptime
---------------------------------------------------------------------------------------
0   00e0-fc4d-6240  ap401  group-vrrp 10.23.100.121 AP3030DN      stdby  0    -

////////////////////////////////////////////////////////查看 VRRP 备份组信息 ////////////////////////////////////////////////////////
[AC1-wlan-view] display vrrp brief
VRID  State        Interface                Type      Virtual IP
---------------------------------------------------------------------------------------
1     Master       Vlanif100                Admin     10.23.100.3

[AC2-wlan-view] display vrrp brief
VRID  State        Interface                Type      Virtual IP
---------------------------------------------------------------------------------------
1     Backup       Vlanif100                Admin     10.23.100.3

//////////////////////////////////////////////////////// 查看主备服务信息 ////////////////////////////////////////////////////////
[AC1-wlan-view] display hsb-service 0
    Local IP Address             : 10.23.102.1
    Peer IP Address              : 10.23.102.2
    Service State                : Connected

[AC2-wlan-view] display hsb-service 0
    Local IP Address             : 10.23.102.2
    Peer IP Address              : 10.23.102.1
    Service State                : Connected

//////////////////////////////////////////////////////// 查看 HSB 备份组信息 ////////////////////////////////////////////////////////
[AC1-wlan-view] display hsb-group 0
    Group Vrrp Status                  : Master
    Group Status                       : Active

[AC2-wlan-view] display hsb-group 0
    Group Vrrp Status                  : Backup
    Group Status                       : Inactive

//////////////////////////////////////////////////////// 模拟主 AC 出现故障 ////////////////////////////////////////////////////////
[AC2-wlan-view] display  ap  all
ID  MAC            Name   Group       IP             Type          State STA  Uptime
---------------------------------------------------------------------------------------
0   00e0-fc4d-6240  ap401  group-vrrp 10.23.100.121 AP3030DN      nor    0   19M:47S

<ap401> ping  10.23.100.3
    PING 10.23.100.3: 56  data bytes, press CTRL_C to break
      Reply from 10.23.100.3: bytes=56 Sequence=1 ttl=255 time=70 ms
      Reply from 10.23.100.3: bytes=56 Sequence=2 ttl=255 time=30 ms
```

注意

重启 AC1 前要使用 save 命令保存 AC1 的配置文件，以免重启后配置丢失。

实验 2：配置主备方式的双链路热备份

【实验背景】 主备方式的双链路热备份是指 AP 与主 AC 建立主 CAPWAP 隧道，与备 AC 建立备 CAPWAP 隧道。主 AC 和备 AC 分别处于工作状态和备份状态。主 AC 通过 HSB 仅将 STA 信息同步至备 AC。正常状态下，所有的业务由主 AC 处理，备 AC 仅作备份使用。当主 AC 出现故障时，备 AC 代替主 AC 处理业务。

【实验设备】 华为 eNSP 网络仿真工具（AP4050，1 台；AC6005，2 台；S5700，1 台；S3700，1 台；Router，1 台；STA，1 台）或华为设备（AirEngine 5760，1 台；AC6508，2 台；S5731S-S24P4X，2 台；AR6140-16G4XG，1 台；PC，Windows 10 操作系统，1 台）。

【实验拓扑】 本实验采用旁挂式二层组网，配置主备方式的双链路热备份实验拓扑如图 6-7 所示。

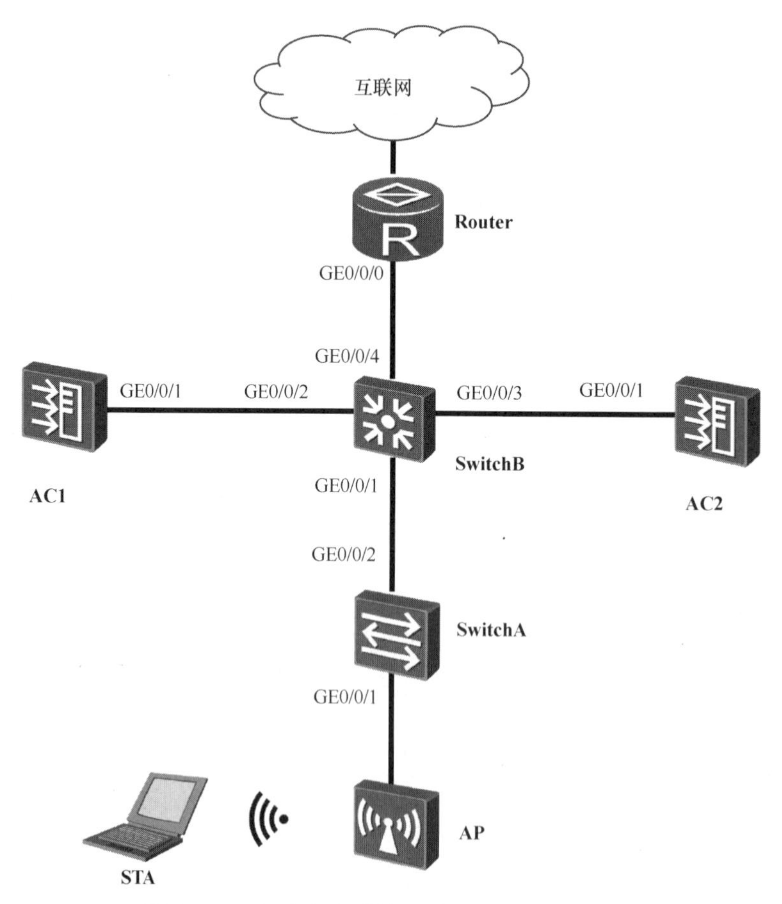

图 6-7　配置主备方式的双链路热备份实验拓扑

【实验要求】本实验涉及的配置项及其要求如表6-3所示，设备IP地址参数如表6-4所示。

表6-3　配置项及其要求

配置项	要求	配置项	要求
管理 VLAN	VLAN 100	业务 VLAN	VLAN 101
AC 备份 VLAN	VLAN 102	DHCP 服务器	路由器作为 AP 和 STA 的 DHCP 服务器
AP 地址池	VLAN 100： 10.45.100.4 ~ 10.45.100.254/24。 网关：路由器 VLANIF 100 接口	STA 地址池	VLAN 101： 10.45.101.2 ~ 10.45.101.254/24。 网关：路由器 VLANIF 101 接口
AC1 源接口	VLANIF 100：10.45.100.2/24	AC2 源接口	VLANIF 100：10.45.100.3/24
AC1 主备通道	VLAN 102：10.45.102.1:10241	AC2 主备通道	VLAN 102：10.45.102.2:10241
AP 组	名称：group-as。 引用模板：VAP 模板、域管理模板、AP 系统模板	AP 配置	名称：ap403。 组名称：group-as
域管理模板	名称：default。 国家或地区识别码：CN	SSID 模板	模板名称：wlan-as。 SSID 名称：wlan-as
安全模板	模板名称：sec-as。 安全策略：WPA/WPA2-PSK-AES。 密码：huawei123	AP 系统模板	模板名称：sys-as。 主 AC：10.45.100.2 备 AC：10.45.100.3
VAP 模板	模板名称：vap-as。 转发方式：直接转发。 业务 VLAN：VLAN 101。 引用模板：SSID 模板、安全模板		

表6-4　设备 IP 地址参数

设备	接口	IP 地址或接口类型	备注
SwitchA	GE0/0/1	Trunk	PVID：100。 放通 VLAN：VLAN 100、VLAN 101
	GE0/0/2	Trunk	放通 VLAN：VLAN 100、VLAN 101
SwitchB	GE0/0/1	Trunk	放通 VLAN：VLAN 100、VLAN 101
	GE0/0/2	Trunk	放通 VLAN：VLAN 100、VLAN 102
	GE0/0/3	Trunk	放通 VLAN：VLAN 100、VLAN 102
	GE0/0/4	Trunk	放通 VLAN：VLAN 100、VLAN 101

续表

设备	接口	IP 地址或接口类型	备注
AC1	GE0/0/1	Trunk	放通 VLAN：VLAN 100、VLAN 102
	VLANIF 100	10.45.100.2/24	—
	VLANIF 102	10.45.102.1/24	—
AC2	GE0/0/1	Trunk	放通 VLAN：VLAN 100、VLAN 102
	VLANIF 100	10.45.100.3/24	—
	VLANIF 102	10.45.102.2/24	—
Router	GE0/0/0	Trunk	放通 VLAN：VLAN 100、VLAN 101
	VLANIF 100	10.45.100.1/24	全局地址池、AP 网关
	VLANIF 101	10.45.101.1/24	全局地址池、无线用户网关

【**实验步骤**】下面是本实验的具体步骤。

1. 配置接入交换机

（1）配置要点

- 创建 VLAN 100 和 VLAN 101，并为其分配相关接口。
- 设置接口 GE0/0/1 和 GE0/0/2 类型为 Trunk，放通 VLAN 100 和 VLAN 101。

（2）配置命令

具体配置命令如下。

```
<HUAWEI> system-view
[HUAWEI] sysname  SwitchA
[SwitchA] vlan  batch  100  101
[SwitchA] interface  gi0/0/1
[SwitchA-GigabitEthernet0/0/1] port  link-type  trunk
[SwitchA-GigabitEthernet0/0/1] port  trunk  allow-pass  vlan  100  101
[SwitchA-GigabitEthernet0/0/1] port-isolate  enable
[SwitchA-GigabitEthernet0/0/1] quit
[SwitchA] interface  gi0/0/2
[SwitchA-GigabitEthernet0/0/2] port  link-type  trunk
[SwitchA-GigabitEthernet0/0/2] port  trunk  allow-pass  vlan  100  101
[SwitchA-GigabitEthernet0/0/2] quit
```

2. 配置汇聚交换机

（1）配置要点

- 创建 VLAN 100、VLAN 101 和 VLAN 102，设置接口 GE0/0/1 和 GE0/0/4 放通 VLAN 100 和 VLAN 101，接口 GE0/0/2 和 GE0/0/3 放通 VLAN 100 和 VLAN 102。

（2）配置命令

具体配置命令如下。

```
<HUAWEI> system-view
[HUAWEI] sysname  SwitchB
```

```
[SwitchB] vlan batch 100 101 102
[SwitchB] interface gi0/0/1
[SwitchB-GigabitEthernet0/0/1] port link-type trunk
[SwitchB-GigabitEthernet0/0/1] port trunk allow-pass vlan 100 101
[SwitchB-GigabitEthernet0/0/1] quit
[SwitchB] interface gi0/0/2
[SwitchB-GigabitEthernet0/0/2] port link-type trunk
[SwitchB-GigabitEthernet0/0/2] port trunk allow-pass vlan 100 102
[SwitchB-GigabitEthernet0/0/2] quit
[SwitchB] interface gi0/0/3
[SwitchB-GigabitEthernet0/0/3] port link-type trunk
[SwitchB-GigabitEthernet0/0/3] port trunk allow-pass vlan 100 102
[SwitchB-GigabitEthernet0/0/3] quit
[SwitchB] interface gi0/0/4
[SwitchB-GigabitEthernet0/0/4] port link-type trunk
[SwitchB-GigabitEthernet0/0/4] port trunk allow-pass vlan 100 101
[SwitchB-GigabitEthernet0/0/4] quit
```

3. 配置 Router

（1）配置要点

- 创建 VLAN 100 和 VLAN 101，将接口 GE0/0/0 切换为二层接口（物理设备上不需要）并放通 VLAN 100 和 VLAN 101。
- 创建接口 VLANIF 100 和 VLANIF 101 并设置 IP 地址。
- 在接口 VLANIF 100 和 VLANIF 101 上配置全局地址池，并分别为 AP 和 STA 提供 DHCP 服务。

（2）配置命令

具体配置命令如下。

```
<Huawei> system-view
[Huawei] sysname Router
[Router] vlan batch 100 101
[Router] interface gi0/0/0
[Router-GigabitEthernet0/0/0] portswitch
[Router-GigabitEthernet0/0/0] port link-type trunk
[Router-GigabitEthernet0/0/0] port trunk allow-pass vlan 100 101
[Router-GigabitEthernet0/0/0] quit
[Router] dhcp enable
[Router] ip pool ap-pool
[Router-ip-pool-ap-pool] network 10.45.100.0 mask 24
[Router-ip-pool-ap-pool] excluded-ip-address 10.45.100.2 10.45.100.3
[Router-ip-pool-ap-pool] gateway-list 10.45.100.1
[Router-ip-pool-ap-pool] quit
[Router] interface vlanif 100
[Router-Vlanif100] ip address 10.45.100.1 24
[Router-Vlanif100] dhcp select global
[Router-Vlanif100] quit
[Router] ip pool sta-pool
[Router-ip-pool-sta-pool] network 10.45.101.0 mask 24
[Router-ip-pool-sta-pool] gateway-list 10.45.101.1
[Router-ip-pool-sta-pool] quit
[Router] interface vlanif 101
[Router-Vlanif101] ip address 10.45.101.1 24
[Router-Vlanif101] dhcp select global
[Router-Vlanif101] quit
```

4. 配置AC1基础业务参数

（1）配置要点

- 创建VLAN 100、VLAN 101和VLAN 102，设置接口GE0/0/1放通VLAN100和VLAN 102。
- 创建接口VLANIF 100和VLANIF 102并设置IP地址。

（2）配置命令

具体配置命令如下。

```
<AC6508> system-view
[AC6508] sysname  AC1
[AC1] vlan  batch 100  to  102
[AC1] interface  gi0/0/1
[AC1-GigabitEthernet0/0/1] port  link-type  trunk
[AC1-GigabitEthernet0/0/1] port  trunk  allow-pass  vlan  100  102
[AC1-GigabitEthernet0/0/1] quit
[AC1] interface  vlanif  100
[AC1-Vlanif100] ip  address  10.45.100.2  24
[AC1-Vlanif100] quit
[AC1] interface  vlanif  102
[AC1-Vlanif102] ip  address  10.45.102.1  24
[AC1-Vlanif102] quit
```

5. 配置AC2基础业务参数

（1）配置要点

- 创建VLAN 100、VLAN 101和VLAN 102，设置接口GE0/0/1放通VLAN100和VLAN 102。
- 创建接口VLANIF 100和VLANIF 102并设置IP地址。

（2）配置命令

具体配置命令如下。

```
<AC6508> system-view
[AC6508] sysname  AC2
[AC1] vlan  batch  100  to  102
[AC2] interface  gi0/0/1
[AC2-GigabitEthernet0/0/1] port  link-type  trunk
[AC2-GigabitEthernet0/0/1] port  trunk  allow-pass  vlan  100 102
[AC2-GigabitEthernet0/0/1] quit
[AC2] interface  vlanif  100
[AC2-Vlanif100] ip  address  10.45.100.3  24
[AC2-Vlanif100] quit
[AC2] interface  vlanif  102
[AC2-Vlanif102] ip  address  10.45.102.2  24
[AC2-Vlanif102] quit
```

6. 配置AP上线

（1）配置要点

- 创建域管理模板，配置AC国家或地区识别码；创建AP组，引用域管理模板。

- 配置 AC 源接口。
- 离线导入 AP，配置 AP 组和 AP 名称；监控 AP 上线情况。
- AC1 与 AC2 配置相同。

（2）配置命令

具体配置命令如下。

```
//////////////////////////////////////// 仅以 AC1 为例，AC2 配置与 AC1 相同 ////////////////////////////////////////
[AC1] wlan
[AC1-wlan-view] regulatory-domain-profile  name  default
[AC1-wlan-regulate-domain-default] country-code  cn
[AC1-wlan-regulate-domain-default] quit
[AC1-wlan-view] ap-group  name  group-as
[AC1-wlan-ap-group-group-as] regulatory-domain-profile  default
[AC1-wlan-ap-group-group-as] quit
[AC1-wlan-view] quit
[AC1] capwap  source  interface  vlanif  100
[AC1] wlan
[AC1-wlan-view] ap  auth-mode  mac-auth
[AC1-wlan-view] ap-id  0  ap-mac  00e0-fc78-3b70
[AC1-wlan-ap-0] ap-name  ap403
[AC1-wlan-ap-0] ap-group  group-as
[AC1-wlan-ap-0] quit
```

7. 配置 WLAN 业务参数

（1）配置要点

- 创建安全模板，设置安全策略。
- 创建 SSID 模板，设置 SSID 名称。
- 创建 VAP 模板，设置业务数据转发方式和业务 VLAN，引用安全模板和 SSID 模板。
- 配置 AP 组引用 VAP 模板，配置 AP 射频的信道和功率。
- AC1 与 AC2 配置相同。

（2）配置命令

具体配置命令如下。

```
//////////////////////////////////////// 仅以 AC1 为例，AC2 配置与 AC1 相同 ////////////////////////////////////////
[AC1-wlan-view] security-profile  name  sec-as
[AC1-wlan-sec-prof-sec-as] security  wpa-wpa2  psk  pass-phrase  huawei123  aes
[AC1-wlan-sec-prof-sec-as] quit
[AC1-wlan-view] ssid-profile  name  wlan-as
[AC1-wlan-ssid-prof-wlan-as] ssid  wlan-as
[AC1-wlan-ssid-prof-wlan-as] quit
[AC1-wlan-view] vap-profile  name  vap-as
[AC1-wlan-vap-prof-vap-as] forward-mode  direct-forward
[AC1-wlan-vap-prof-vap-as] service-vlan  vlan-id  101
[AC1-wlan-vap-prof-vap-as] security-profile  sec-as
[AC1-wlan-vap-prof-vap-as] ssid-profile  wlan-as
[AC1-wlan-vap-prof-vap-as] quit
[AC1-wlan-view] ap-group  name  group-as
[AC1-wlan-ap-group-group-as] vap-profile  vap-as  wlan  1  radio  0
[AC1-wlan-ap-group-group-as] vap-profile  vap-as  wlan  1  radio  1
[AC1-wlan-ap-group-group-as] quit
```

8. 配置双链路备份功能

（1）配置要点

- 创建 AP 系统模板，设置主、备 AC 的 IP 地址；配置 AP 组引用 AP 系统模板。
- 重启 AP，下发双链路备份配置信息至 AP。
- AC1 与 AC2 配置相同。

（2）配置命令

具体配置命令如下。

```
////////////////////////////////////////// 仅以 AC1 为例，AC2 配置与 AC1 相同 //////////////////////////////////////////
[AC1-wlan-view] ap-system-profile  name  sys-as
[AC1-wlan-ap-system-prof-sys-as] primary-access  ip-address  10.45.100.2
[AC1-wlan-ap-system-prof-sys-as] backup-access  ip-address  10.45.100.3
[AC1-wlan-ap-system-prof-sys-as] quit
[AC1-wlan-view] ap-group  name  group-as
[AC1-wlan-ap-group-group-as] ap-system-profile  sys-as
[AC1-wlan-ap-group-group-as] quit
[AC1-wlan-view] ac  protect  enable
[AC1-wlan-view] ap-reset  all
[AC1-wlan-view] quit
```

注意

这一步配置在重启 AP 后才会生效。

9. 配置 AC 双机热备功能

（1）配置要点

- 创建 HSB 主备服务 0，设置主备通道参数，绑定 NAC 业务和 WLAN 业务。
- AC1 与 AC2 主备通道 IP 地址相反。

（2）配置命令

具体配置命令如下。

```
/////////////////////////////////////////////////////////// 以下在 AC1 上配置 ///////////////////////////////////////////////////////////
[AC1] hsb-service  0
[AC1-hsb-service-0] service-ip-port  local-ip  10.45.102.1  peer-ip  10.45.102.2
local-data-port  10241  peer-data-port  10241
[AC1-hsb-service-0] quit
[AC1] hsb-service-type  access-user  hsb-service  0
[AC1] hsb-service-type  ap  hsb-service  0
/////////////////////////////////////////////////////////// 以下在 AC2 上配置 ///////////////////////////////////////////////////////////
[AC2] hsb-service  0
[AC2-hsb-service-0] service-ip-port  local-ip  10.45.102.2  peer-ip  10.45.102.1
local-data-port  10241  peer-data-port  10241
[AC2-hsb-service-0] quit
[AC2] hsb-service-type  access-use r hsb-service  0
[AC2] hsb-service-type  ap  hsb-service  0
```

10. 实验验证

（1）验证要点

- 在 AC1 和 AC2 上监控 AP 上线情况。
- 在 AC1 和 AC2 上分别查看双链路备份的配置信息。
- 在 AC1 和 AC2 上分别查看主备服务运行状态，“Service State”字段显示为“Connected”，说明主备服务通道已经成功建立。
- 将 STA 关联无线网络后在 AC1 上查看 STA 上线信息。
- 重启 AC1（或者拔掉网线）模拟主 AC 出现故障。AC2 上的 AP 状态由“stdby”变为“nor”。在 AP 上使用 ping 命令测试 AP 与 AC2 的网络连通性。

（2）验证命令

具体验证命令如下。

```
//////////////////////////////////////////////////////////// 监控 AP 上线情况 ////////////////////////////////////////////////////////////
[AC1] display ap all
ID   MAC            Name   Group     IP             Type          State STA Uptime
--------------------------------------------------------------------------------------
0    00e0-fc78-3b70 ap403  group-as  10.45.100.254  AP4050DN-E    nor   0   1M:37S

[AC2] display ap all
ID   MAC            Name   Group     IP             Type          State STA Uptime
--------------------------------------------------------------------------------------
0    00e0-fc78-3b70 ap403  group-as  10.45.100.254  AP4050DN-E    stdby 0   -

//////////////////////////////////////////////////////// 查看双链路备份配置信息 ////////////////////////////////////////////////////////
[AC1] display ac protect
---------------------------------------------------------------------------
Protect state              : enable
[AC1] display ap-system-profile name sys-as
---------------------------------------------------------------------------
Primary AC                           : 10.45.100.2
Backup AC                            : 10.45.100.3

[AC2] display ac protect
---------------------------------------------------------------------------
Protect state              : enable
[AC2] display ap-system-profile name sys-as
---------------------------------------------------------------------------
Primary AC                          : 10.45.100.2
Backup AC                           : 10.45.100.3

////////////////////////////////////////////////////// 查看主备服务运行状态 //////////////////////////////////////////////////////
[AC1] display hsb-service 0
Hot Standby Service Information:
---------------------------------------------------------------------------
   Local IP Address                        : 10.45.102.1
   Peer IP Address                         : 10.45.102.2
   Source Port                             : 10241
   Destination Port                        : 10241
   Service State                           : Connected

[AC2] display hsb-service 0
Hot Standby Service Information:
```

```
-----------------------------------------------------------------------------
    Local IP Address                         : 10.45.102.2
    Peer IP Address                          : 10.45.102.1
    Source Port                              : 10241
    Destination Port                         : 10241
    Service State                            : Connected

///////////////////////////////////////////////// 查看 STA 上线信息 /////////////////////////////////////////////////
[AC1] display  station  ssid  wlan-as
STA MAC         AP ID Ap name  Rf/WLAN  Band  Type  Rx/Tx  RSSI  VLAN  IP address
-----------------------------------------------------------------------------
5489-983b-01f4   0    ap403     1/1     5G    11a   0/0     -    101  10.45.101.254

///////////////////////////////////////////////// 模拟主 AC 出现故障 /////////////////////////////////////////////////
[AC2] display  ap  all
ID   MAC            Name   Group      IP              Type         State   STA Uptime
----------------------------------------------------------------------------------------
0    00e0-fc78-3b70  ap403  group-as  10.45.100.254  AP4050DN-E   nor       0   57S

<ap403> ping  10.45.100.3
    PING 10.45.100.3: 56  data bytes, press CTRL_C to break
      Reply from 10.45.100.3: bytes=56 Sequence=1 ttl=255 time=56 ms
      Reply from 10.45.100.3: bytes=56 Sequence=2 ttl=255 time=31 ms
```

AC备份注意事项

在实际配置 AC 备份时，需要考虑 AC 备份的使用限制。下面列举一些配置 AC 备份时的注意事项。

（1）VRRP 热备份、双链路热备份、双链路冷备份和 *N*+1 备份在功能上是互斥的，因此在两台 AC 间只能配置一种备份方式。

（2）在设备型号和软件版本上，VRRP 热备份和双链路热备份要求主、备 AC 的型号和软件版本完全一致，双链路冷备份和 *N*+1 备份允许主、备 AC 型号不同，软件版本配套即可。

（3）主、备 AC 上关联的同一 AP 应该保持相同的 WLAN 业务配置，否则，当主备倒换后无法保证业务的连续性。这些业务配置包括射频模板、安全模板、安全策略和 SSID 等。

（4）配置 AC 热备份时，建议同时配置同步功能，利用同步功能同步网络公共配置信息，减轻主备倒换对业务的影响。

下列几个注意事项和 VRRP 热备份相关。

（1）配置 VRRP 热备份的推荐顺序是先在备 AC 上完成配置，再在主 AC 上进行配置，或者在主、备 AC 上依次完成配置后再启用 HSB 备份功能。如果主 AC 先于备 AC 完成配置，那么主 AC 可能无法将 VAP 表项信息实时同步至备 AC，因为此时备 AC 尚未创建 VAP。当需要新增业务配置时，也按照备 AC 先于主 AC 的顺序进行配置。

（2）配置 VRRP 热备份时，主、备 AC 的业务配置要保持一致。

（3）如果主、备 AC 关联的 AP 同时配置了 IPv4 和 IPv6 地址，那么需要在主、备 AC 上同时创建 VRRP 和 VRRP6 备份组，且两个备份组的主 AC 和备 AC 应分别相同。其中，

VRRP6 备份组是 IPv6 地址使用的备份组。

（4）在主、备 AC 上部署 DHCP 服务器时，IP 地址池必须完全一致，否则会导致主、备 AC 备份失败。另外，需要把 VRRP 虚地址从 IP 地址池中排除。

（5）如果 VRRP 抢占时间太短，则很可能发生主备倒换后主 AC 在短时间内恢复并触发主备回切的情况。在这个时间段内，批量备份可能无法完成，导致主、备 AC 上丢失业务数据。

下列几个注意事项和双链路热备份相关。

（1）双链路热备份支持主备备份方式，也支持负载分担方式。

（2）部署双链路热备份时，不能在主、备 AC 上部署 DHCP 服务器，因为双链路热备份不支持备份 DHCP 信息。

（3）双链路热备份不支持备份 Portal 认证信息。因此，采用 Portal 认证的无线用户在主备倒换后需要重新进行 Portal 认证。

（4）双链路热备份不支持 AC 间漫游。

拓展实训

AC 备份是提高 WLAN 可靠性的主要技术。在不同的网络环境中，通常选择不同的 AC 备份方式以满足差异化的可靠性需求。掌握常用的 AC 备份配置技术有助于组建高可靠的 WLAN。请读者按照要求完成下面的实训内容，深入理解相关知识。

【实训目的】

（1）掌握不同 AC 备份方式的特点、区别和应用场景。

（2）掌握 VRRP 热备份的配置方法。

（3）掌握双链路热备份的配置方法。

【实训内容】

（1）参考本任务实验 1 组建一个 FIT AP+AC WLAN，采用旁挂式二层组网，完成隧道转发方式下的 VRRP 热备份配置。

（2）参考本任务实验 2 组建一个 FIT AP+AC WLAN，采用旁挂式二层组网，完成隧道转发方式下的双链路热备份配置。

任务 6.2　实施 CAPWAP 断链逃生方案

任务陈述

在 FIT AP+AC 组网模式中，AC 通过 CAPWAP 隧道管理和维护 AP。如果 CAPWAP

隧道出现故障，则无线业务会受到影响。为了提高无线网络的可靠性，有必要考虑如何在CAPWAP隧道发生故障的情况下保持业务连续性，即CAPWAP断链逃生。本任务将介绍CAPWAP断链逃生的基本概念和主要策略。

6.2.1 CAPWAP 断链逃生概述

在FIT AP+AC组网模式中，CAPWAP隧道是管理报文的传输通道，无线网络正常运行的前提是CAPWAP隧道不发生故障。如果CAPWAP隧道发生故障，则AP无法通过AC对STA进行认证，新用户无法接入无线网络，原有用户也可能下线。在总部—分支的网络结构中，一般在总部网络中部署AC和认证服务器，分支AP通过广域网连接AC并接受统一管理。相对于局域网，广域网的稳定性要差一些，因此CAPWAP隧道更有可能发生故障。

在无线网络中实施CAPWAP断链逃生方案，可以在一定程度上减轻CAPWAP隧道出现故障时造成的影响。CAPWAP断链逃生方案能够保证在CAPWAP隧道发生故障后，原有用户可以继续访问无线网络，新用户也可以接入无线网络，从而大大提高无线网络的可靠性。实施CAPWAP断链逃生方案需要考虑两个方面的问题。一方面，在FIT AP+AC组网模式中，AC负责对无线用户进行接入认证，因此在CAPWAP隧道出现故障后需要将接入认证功能转移至AP，或者降低接入认证的要求。另一方面，在CAPWAP隧道故障被消除后，AC需要重新接管网络管理。

需要说明的是，CAPWAP断链逃生方案只适用于直接转发方式。这一点是比较容易理解的。在隧道转发方式中，管理报文和业务报文都经由CAPWAP隧道传输至AC，业务报文由AC转发至上行网络。一旦CAPWAP隧道发生故障，整个无线网络便无法运行，已上线用户会被迫下线，新用户也无法上线。

6.2.2 CAPWAP 断链逃生策略

CAPWAP断链逃生有几种不同的策略，每种策略适用的组网方式、工作机制不同，也各有优缺点。下面介绍几种WLAN中使用的CAPWAP断链逃生策略。

1. CAPWAP 断链业务保持

断链业务保持中的“保持”是对已上线用户而言的。断链业务保持是指在直接转发方式下，当CAPWAP隧道发生故障时，AP仍能为用户提供数据转发服务。在CAPWAP隧道发生故障前后，STA上送的业务报文都是在AP上封装并直接转发至上行网络的，不需要经过AC转发，如图6-8所示。因此，CAPWAP隧道故障对已上线用户的业务报文没有影响。对新用户而言，如果配置了允许新用户接入功能，那么AP允许新用户在CAPWAP隧道发生故障后上线，以继续访问CAPWAP断链前的网络资源。

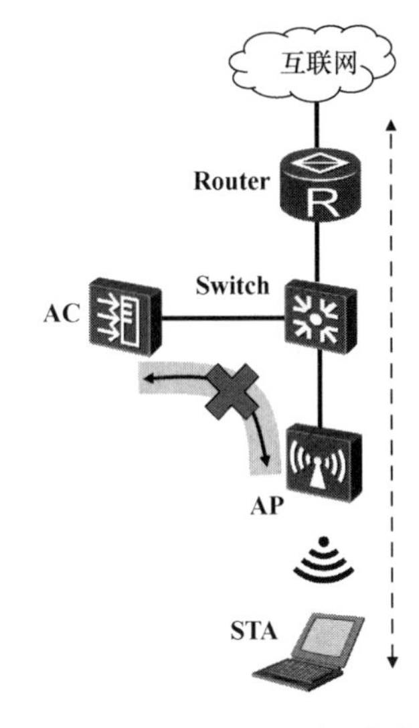

图6-8 CAPWAP断链业务保持

实现新用户上线的关键是调整新用户接入认证方式。CAPWAP隧道发生故障前，关联和密钥协商发生在AC与STA之间。CAPWAP隧道发生故障后，为支持新用户接入，AP代替AC完成STA的认证、与STA的关联及密钥协商等工作。如果原认证方式是开放系统认证、WEP、WPA/WPA2-PSK，那么新用户的认证方式保持不变；如果原认证方式是MAC认证、Portal认证或MAC优先的Portal认证，那么新用户可以免认证接入。这相当于降低了接入认证标准，可能带来一定的安全风险。对于其他认证方式，新用户无法接入，只能对已上线用户做到业务保持。

CAPWAP隧道故障被消除后，需要根据认证方式对已上线用户进行不同的处理。如果认证方式不是开放系统认证，那么所有用户会被AC强制下线后重新上线。如果认证方式是开放系统认证，则要考虑CAPWAP断链期间AP是否重启。如果AP未重启，则只有CAPWAP断链期间新上线的用户会被强制下线；如果AP重启，则所有用户都会被强制下线。

2. 广域认证逃生

广域认证逃生通常应用于总部—分支网络场景。在这种场景中，总部与分支跨越广域网，AC部署在总部，分支网络中的AP通过广域网与AC建立CAPWAP隧道。为了保证分支网络的正常运行，需要总部与分支之间的广域网具有高带宽、低时延和高稳定性。一般来说，只有企业专线才能满足这样的要求。为了减轻广域网带来的影响，可以在分支网络中建立AP组，将用户接入认证等业务转移至分支AP进行处理，以减少分支对总部AC的依赖，如图6-9所示。当分支与总部网络隧道断开时，分支AP使用内置的本地认证方式，在分支网络内部对新上线的用户进行认证，保证网络服务的连续性。

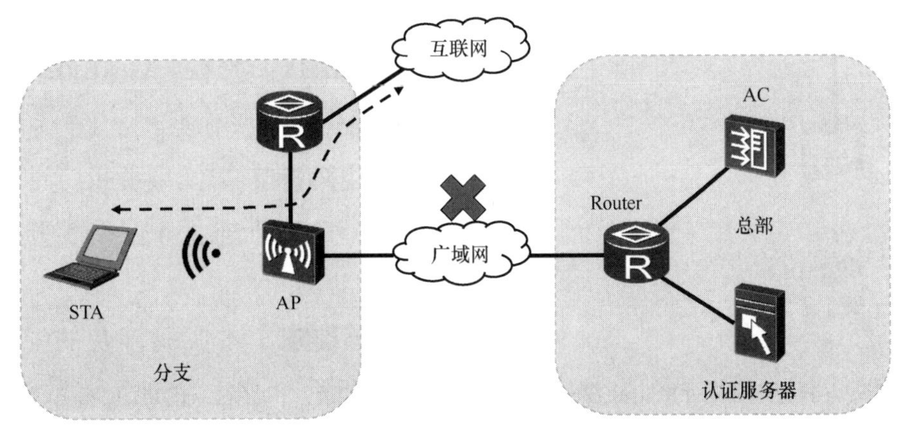

图6-9 广域认证逃生

CAPWAP 隧道故障被消除后，分支 AP 将本地用户信息同步至总部 AC，由总部 AC 重新进行认证。如果用户重新认证成功，则 AC 会根据认证结果确定用户的网络访问权限；如果重新认证失败，则 AC 会强制用户下线。

3. 备份 VAP

备份 VAP 是指在 CAPWAP 隧道发生故障后，使用备份 VAP 代替原有 VAP。用户从原有 VAP 中下线，并手动关联备份 VAP，通过备份 VAP 生成的备份 SSID 临时接入无线网络。备份 VAP 比 CAPWAP 断链业务保持策略的安全性高，配置也相对较简单，不足之处是它要求老用户全部下线。CAPWAP 隧道故障被消除后，所有用户从备份 VAP 中下线，并在原有 VAP 中重新认证并上线。

实验：配置 CAPWAP 断链业务保持

【实验背景】 在 FIT AP+AC 组网模式中，如果 CAPWAP 隧道发生故障，则 AP 无法通过 AC 对 STA 进行认证，新用户无法接入无线网络，原有用户也可能下线。配置 CAPWAP 断链逃生策略，可以在一定程度上减轻 CAPWAP 隧道发生故障造成的影响。CAPWAP 断链业务保持是一种常用的 CAPWAP 断链逃生策略。在直接转发方式下，当 CAPWAP 隧道发生故障时，AP 仍能为用户提供数据转发服务。

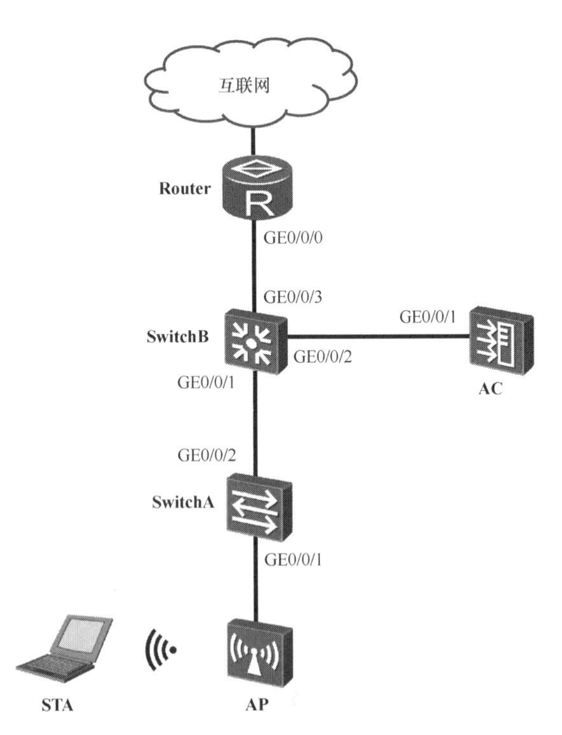

图 6-10 配置 CAPWAP 断链业务保持实验拓扑

【实验设备】 华为 eNSP 网络仿真工具（AP4050，1 台；AC6005，1 台；S5700，1 台；S3700，1 台；Router，1 台；STA，1 台）或华为设备（AirEngine 5760，1 台；AC6508，1 台；S5731S-S24P4X，2 台；AR6140-16G4XG，1 台；PC，Windows 10 操作系统，1 台）。

【实验拓扑】 本实验采用旁挂式二层组网，配置 CAPWAP 断链业务保持实验拓扑如图 6-10 所示。

【实验要求】 本实验涉及的配置项及其要求如表 6-5 所示，设备 IP 地址参数如表 6-6 所示。

表 6-5　配置项及其要求

配置项	要求	配置项	要求
管理 VLAN	VLAN 101	业务 VLAN	VLAN 101
DHCP 服务器	AC 作为 AP 的 DHCP 服务器， 路由器作为 STA 的 DHCP 服务器	AP 地址池	VLAN 100： 10.23.100.3 ~ 10.23.100.254/24。 网关：AC VLANIF 100 接口
STA 地址池	VLAN 101： 10.23.101.3 ~ 10.23.101.254/24。 网关：路由器 VLANIF 101 接口	AC 源接口	VLANIF 100：10.23.100.2/24
AP 组	名称：group-capwap。 引用模板：VAP 模板、域管理模板、AP 系统模板	AP 配置	名称：ap408。 组名称：group-capwap
AP 系统模板	模板名称：sys-capwap。 CAPWAP 断链业务保持功能：启用	域管理模板	名称：default。 国家或地区识别码：CN
SSID 模板	模板名称：wlan-capwap。 SSID 名称：wlan-capwap	安全模板	模板名称：sec-capwap。 安全策略：WPA/WPA2-PSK-AES。 密码：huawei123
VAP 模板	模板名称：vap-capwap。 转发方式：直接转发。 业务 VLAN：VLAN 101。 引用模板：SSID 模板、安全模板		

表 6-6　设备 IP 地址参数

设备	接口	IP 地址或接口类型	备注
SwitchA	GE0/0/1	Trunk	PVID：100。 放通 VLAN：VLAN 100、VLAN 101
	GE0/0/2	Trunk	放通 VLAN：VLAN 100、VLAN 101
SwitchB	GE0/0/1	Trunk	放通 VLAN：VLAN 100、VLAN 101
	GE0/0/2	Trunk	放通 VLAN：VLAN 100
	GE0/0/3	Trunk	放通 VLAN：VLAN 101
AC	GE0/0/1	Trunk	放通 VLAN：VLAN 100
	VLANIF 100	10.23.100.1/24	接口地址池
Router	GE0/0/0	Trunk	放通 VLAN：VLAN 101
	VLANIF 101	10.23.101.1/24	接口地址池

【实验步骤】下面是本实验的具体步骤。

1. 配置接入交换机

（1）配置要点

- 创建 VLAN 100 和 VLAN 101，并为其分配相关接口。
- 设置接口 GE0/0/1 和 GE0/0/2 类型为 Trunk，放通 VLAN 100 和 VLAN 101。

（2）配置命令

具体配置命令如下。

```
<HUAWEI> system-view
[HUAWEI] sysname  SwitchA
[SwitchA] vlan  batch  100  101
[SwitchA] interface  gi0/0/1
[SwitchA-GigabitEthernet0/0/1] port  link-type  trunk
[SwitchA-GigabitEthernet0/0/1] port  trunk  pvid  vlan  100
[SwitchA-GigabitEthernet0/0/1] port  trunk  allow-pass  vlan  100  101
[SwitchA-GigabitEthernet0/0/1] port-isolate  enable
[SwitchA-GigabitEthernet0/0/1] quit
[SwitchA] interface  gi0/0/2
[SwitchA-GigabitEthernet0/0/2] port  link-type  trunk
[SwitchA-GigabitEthernet0/0/2] port  trunk  allow-pass  vlan  100  101
[SwitchA-GigabitEthernet0/0/2] quit
```

2. 配置汇聚交换机

（1）配置要点

- 创建 VLAN 100 和 VLAN 101，并为其分配相关接口。
- 设置接口 GE0/0/1 放通 VLAN 100 和 VLAN 101，接口 GE0/0/2 放通 VLAN 100，接口 GE0/0/3 放通 VLAN 101

（2）配置命令

具体配置命令如下。

```
<HUAWEI> system-view
[HUAWEI] sysname  SwitchB
[SwitchB] vlan  batch  100  101
[SwitchB] interface  gi0/0/1
[SwitchB-GigabitEthernet0/0/1] port  link-type  trunk
[SwitchB-GigabitEthernet0/0/1] port  trunk  allow-pass  vlan  100  101
[SwitchB-GigabitEthernet0/0/1] quit
[SwitchB] interface  gi0/0/2
[SwitchB-GigabitEthernet0/0/2] port  link-type  trunk
[SwitchB-GigabitEthernet0/0/2] port  trunk  allow-pass  vlan  100
[SwitchB-GigabitEthernet0/0/2] quit
[SwitchB] interface  gi0/0/3
[SwitchB-GigabitEthernet0/0/3] port  link-type  trunk
[SwitchB-GigabitEthernet0/0/3] port  trunk  allow-pass  vlan  101
[SwitchB-GigabitEthernet0/0/3] quit
```

3. 配置 Router

（1）配置要点

- 创建 VLAN 101，将接口 GE0/0/0 切换为二层接口（物理设备上不需要）并加入 VLAN 101。

- 创建接口 VLANIF 101，设置 IP 地址，创建接口地址池，为 STA 提供 DHCP 服务。

（2）配置命令

具体配置命令如下。

```
<Huawei> system-view
[Huawei] sysname  Router
[Router] vlan  101
[Router-vlan 101] interface  gi0/0/0
[Router-GigabitEthernet0/0/0] portswitch
[Router-GigabitEthernet0/0/0] port  link-type  trunk
[Router-GigabitEthernet0/0/0] port  trunk  allow-pass  vlan  101
[Router-GigabitEthernet0/0/0] quit
[Router] dhcp  enable
[Router] interface  vlanif  101
[Router-Vlanif101] ip  address  10.23.101.1  24
[Router-Vlanif101] dhcp  select  interface
[Router-Vlanif101] quit
```

4. 配置 AC 基础业务参数

（1）配置要点

- 创建 VLAN 100 和 VLAN 101，将接口 GE0/0/1 加入 VLAN 100。
- 在 VLANIF 100 上创建接口地址池，为 AP 提供 DHCP 服务。

（2）配置命令

具体配置命令如下。

```
<AC6508> system-view
[AC6508] sysname  AC
[AC] vlan  batch  100  101
[AC] interface  gi0/0/1
[AC-GigabitEthernet0/0/1] port  link-type  trunk
[AC-GigabitEthernet0/0/1] port  trunk  allow-pass  vlan  100
[AC-GigabitEthernet0/0/1] quit
[AC] dhcp  enable
[AC] interface  vlanif  100
[AC-Vlanif100] ip  address  10.23.100.1  24
[AC-Vlanif100] dhcp  select  interface
[AC-Vlanif100] quit
```

5. 配置 AP 上线

（1）配置要点

- 创建域管理模板，配置 AC 国家或地区识别码；创建 AP 组，引用域管理模板。
- 配置 AC 源接口。
- 离线导入 AP，配置 AP 组和 AP 名称；监控 AP 上线情况。

（2）配置命令

具体配置命令如下。

```
[AC] wlan
[AC-wlan-view] regulatory-domain-profile  name  default
[AC-wlan-regulate-domain-default] country-code  cn
```

```
[AC-wlan-regulate-domain-default] quit
[AC-wlan-view] ap-group name group-capwap
[AC-wlan-ap-group-group-capwap] regulatory-domain-profile default
[AC-wlan-ap-group-group-capwap] quit
[AC-wlan-view] quit
[AC] capwap source interface vlanif 100
[AC] wlan
[AC-wlan-view] ap auth-mode mac-auth
[AC-wlan-view] ap-id 0 ap-mac 00e0-fcd9-7aa0
[AC-wlan-ap-0] ap-name ap408
[AC-wlan-ap-0] ap-group group-capwap
[AC-wlan-ap-0] quit
[AC-wlan-view] display ap all
ID MAC            Name   Group         IP           Type        State  STA  Uptime
-----------------------------------------------------------------------------------
0  00e0-fcd9-7aa0 ap408  group-capwap  10.23.100.62 AP4050DN-E  nor    0    19S
```

6. 配置 WLAN 业务参数

（1）配置要点

- 创建安全模板，设置安全策略。
- 创建 SSID 模板，设置 SSID 名称。
- 创建 AP 系统模板，设置离线 AP 允许新用户上线。
- 创建 VAP 模板，设置业务数据转发方式和业务 VLAN，引用安全模板和 SSID 模板。
- 配置 AP 组引用 VAP 模板，配置 AP 射频的信道和功率。

（2）配置命令

具体配置命令如下。

```
[AC-wlan-view] security-profile name sec-capwap
[AC-wlan-sec-prof-sec-capwap] security wpa-wpa2 psk pass-phrase huawei123 aes
[AC-wlan-sec-prof-sec-capwap] quit
[AC-wlan-view] ssid-profile name wlan-capwap
[AC-wlan-ssid-prof-wlan-capwap] ssid wlan-capwap
[AC-wlan-ssid-prof-wlan-capwap] quit
[AC-wlan-view] ap-system-profile name sys-capwap
[AC-wlan-ap-system-prof-sys-capwap] keep-service enable allow new-access
[AC-wlan-ap-system-prof-sys-capwap] quit
[AC-wlan-view] vap-profile name vap-capwap
[AC-wlan-vap-prof-vap-capwap] forward-mode direct-forward
[AC-wlan-vap-prof-vap-capwap] service-vlan vlan-id 101
[AC-wlan-vap-prof-vap-capwap] security-profile sec-capwap
[AC-wlan-vap-prof-vap-capwap] ssid-profile wlan-capwap
[AC-wlan-vap-prof-vap-capwap] quit
[AC-wlan-view] ap-group name group-capwap
[AC-wlan-ap-group-group-capwap] ap-system-profile sys-capwap
[AC-wlan-ap-group-group-capwap] vap-profile vap-capwap wlan 1 radio 0
[AC-wlan-ap-group-group-capwap] vap-profile vap-capwap wlan 1 radio 1
[AC-wlan-ap-group-group-capwap] quit
```

7. 实验验证

（1）验证要点

- 检查 VAP 是否创建成功。

- 将 STA 加入无线网络后查看已关联的无线用户。
- 将 AC 断电或直接拔掉 AC 的网线以模拟 AC 出现故障，然后在 STA 上使用 ping 命令测试 STA 与网关的连通性。

（2）验证命令

具体验证命令如下。

```
[AC-wlan-view] display  vap  ssid  wlan-capwap
AP ID AP name RfID WID  BSSID           Status  Auth type      STA SSID
--------------------------------------------------------------------------------
0      ap408    0    1   00E0-FCD9-7AA0  ON      WPA/WPA2-PSK    0  wlan-capwap
0      ap408    1    1   00E0-FCD9-7AB0  ON      WPA/WPA2-PSK    0  wlan-capwap

[AC-wlan-view] display  station  ssid  wlan-capwap
STA MAC         AP ID Ap name  Rf/WLAN  Band  Type  Rx/Tx   RSSI  VLAN  IP address
--------------------------------------------------------------------------------
5489-9817-0124  0   ap408    0/1      2.4G   -     -/-     -    101  10.23.101.254

STA> ping  10.23.101.1
    PING 10.23.101.1: 32  data bytes, press CTRL_C to break
     Reply from 10.23.101.1: bytes=32 Sequence=1 ttl=64 time=157 ms
     Reply from 10.23.101.1: bytes=32 Sequence=2 ttl=64 time=140 ms
     Reply from 10.23.101.1: bytes=32 Sequence=3 ttl=64 time=188 ms
```

拓展知识

CAPWAP断链时的用户接入认证

在 FIT AP+AC 组网模式中，用户接入认证正常情况下在 AC 上进行，所以不需要在 AP 上部署认证相关配置。当广域网出现故障导致 CAPWAP 断链时，AC 无法进行用户认证，只能通过分支 AP 的本地认证功能代替 AC 完成认证工作。为实现这个功能，AC 需要将接入认证相关配置下发到分支 AP。AC 下发的配置包括 VAP 模板绑定的认证模板，以及认证模板绑定的 802.1X 接入模板和 MAC 接入模板。

如果采用 802.1X 认证方式，则需要配置 AP 的内置 RADIUS 服务器用于处理 EAP 认证报文。其原因是手机等无线终端设备不支持 EAP。802.1X 认证方式将 EAP 认证报文交给 AP 内置的 RADIUS 服务器进行处理，这样做的好处是不用在 AP 之外部署认证服务器也能完成无线终端的 802.1X 认证。

拓展实训

在 FIT AP+AC 组网模式中，CAPWAP 隧道承载着管理报文和业务报文。通过配置 CAPWAP 断链逃生策略，在 CAPWAP 隧道出现故障时能够保持业务的连续性，提高无线网络的可靠性。请读者按照要求完成下面的实训内容，深入理解相关知识。

【实训目的】

（1）掌握 CAPWAP 断链逃生的基本概念和策略。

（2）掌握配置 CAPWAP 断链逃生策略的方法和步骤。

【实训内容】

（1）参考本任务的实验组建一个 FIT AP+AC WLAN，采用旁挂式二层组网，完成隧道转发方式下的 CAPWAP 断链业务保持配置。

（2）参考本任务的实验组建一个 FIT AP+AC WLAN，采用旁挂式三层组网，完成直接转发方式下的 CAPWAP 断链业务保持配置。

项目小结

随着 WLAN 在生活和社会生产领域日益广泛的应用，网络故障影响的范围和程度也随之增加，人们越来越重视 WLAN 的可靠性问题。本项目重点讨论了如何组建可靠的 WLAN。任务 6.1 从网络可靠性的基本概念讲起，介绍了网络可靠性的度量指标和实施路径。网络可靠性技术有故障检测和保护倒换两类。其中，AC 备份是典型的保护倒换技术。任务 6.1 还介绍了 WLAN 中 4 种常见的 AC 备份方式，包括 VRRP 热备份、双链路热备份、双链路冷备份和 *N*+1 备份。任务 6.2 重点关注了 FIT AP+AC 组网模式中 CAPWAP 隧道的可靠性问题。在直接转发方式中部署 CAPWAP 断链逃生策略，能够保证 CAPWAP 隧道出现故障后无线网络仍可继续提供服务。为了实现这个目标，CAPWAP 断链逃生策略需要解决 CAPWAP 隧道出现故障后如何进行用户接入认证的问题。任务 6.2 介绍了 3 种断链逃生策略，即 CAPWAP 断链业务保持、广域认证逃生和备份 VAP。本项目介绍的可靠性技术有助于组建稳定可靠的 WLAN，降低网络故障的影响，提升用户上网体验。

项目练习题

1. 选择题

（1）下列关于网络可靠性的说法中，不正确的一项是（　　）。

A. 网络可靠性是组建网络时应该重点考虑的因素之一

B. 网络可靠性着重考虑用户的信息不被窃取

C. 网络故障可能会对人们的日常生活甚至国计民生造成严重影响

D. 没有一个网络是绝对可靠的

（2）下列对网络 MTBF 的理解中正确的一项是（　　）。

A. MTBF 表示从故障发生到恢复正常运行所需的平均时间

B. MTBF 越大说明系统可靠性越低

C. 可以通过减小 MTBF 来提高网络可靠性

D. 提高网络硬件和软件的质量可以增大 MTBF

（3）下列不能提高网络可靠性的是（　　）。

A. 在网络设备的设计和生产过程中，提高网络硬件和软件的质量

B. 在设计网络架构时考虑网络设备和链路的冗余度，并实施网络设备倒换策略

C. 在使用网络过程中，尽量不要执行复杂的操作

D. 在网络部署过程中，根据网络架构和业务特点实施故障检测、诊断、隔离

（4）下列关于网络可靠性技术的描述中，不正确的一项是（　　）。

A. 根据其解决网络故障的侧重点不同，可分为故障检测技术和保护倒换技术

B. 故障检测技术侧重于通过技术手段检测和诊断网络中已发生的故障

C. 保护倒换技术侧重于使网络从故障中快速恢复，是故障发生后的补救措施

D. AC 备份机制是一种典型的故障检测技术

（5）下列网络可靠性技术中，（　　）与其他 3 种不属于同一类。

A. VRRP 热备份　　B. 链路连通性检测

C. 链路故障监控　　D. 远端故障通知

（6）下列关于 AC 备份的描述中，不正确的一项是（　　）。

A. AC 很容易成为单点故障源，因此要对其进行备份

B. AC 备份的基本原理是当主 AC 出现故障时，备 AC 可以代替其继续提供服务

C. AC 备份机制中的两台 AC 不能同时处于工作状态

D. AC 备份无法彻底解决网络的可靠性问题

（7）下列关于 CAPWAP 断链逃生策略的描述中，正确的一项是（　　）。

A. 如果 CAPWAP 隧道发生故障，则可能对已上线用户产生严重影响

B. CAPWAP 断链逃生策略允许原有用户继续使用网络服务，但新用户无法接入无线网络

C. 在总部—分支的网络结构中，更有可能发生 CAPWAP 断链

D. 配置 CAPWAP 断链逃生策略可以在一定程度上减轻 CAPWAP 隧道故障造成的影响

2. 填空题

（1）度量网络可靠性通常使用的两个指标是 ____________ 和 ____________。

（2）____________ 表示系统无故障运行的平均时间，通常以小时为单位。

（3）____________ 指一个系统从故障发生到恢复正常运行所需的平均时间。

（4）可以从 _______ 或 _______ 两个角度提高网络的可靠性。

（5）降低 MTTR 的技术分为 ____________ 和 ____________。

（6）采用 AC 备份机制组建 WLAN 时，AC 有角色之分，分别是 ______ 和 ______。

（7）在 AC 备份机制下，AC 的状态分为 ____________ 和 ____________。

（8）如果对所有 AP 来说，一台 AC 是主 AC，另一台是备 AC，则这种组网方式称为 ______________。

（9）如果两台 AC 均作为一部分 AP 的主 AC，同时作为另一部分 AP 的备 AC，则这种组网方式称为 _______。

（10）AC 备份的工作流程包括 4 个阶段，即 _______、_______、_______ 和 _______。

（11）HSB 支持 3 种数据同步方式，即 _______、_______ 和 _______。

（12）实施 AC 备份时有 4 种常用的方式，即 ______、______、______ 和 _______。

（13）WLAN 中使用的 CAPWAP 断链逃生策略有 _______、_______ 和 _______。

3. 简答题

（1）简述网络可靠性的度量指标。

（2）简述网络可靠性的实施路径。

（3）简述 AC 备份的工作流程。

（4）简述几种 CAPWAP 断链逃生策略的特点。

项目7
校园WLAN规划

学习目标

【知识目标】

（1）了解WLAN规划的重要性和意义。

（2）熟悉WLAN规划的流程。

（3）了解无线地勘的主要内容。

（4）熟悉WLAN Planner的功能和特点。

【能力目标】

（1）能够说明WLAN规划的作用。

（2）能够解释WLAN规划的主要流程。

（3）能够阐述无线地勘的主要内容。

（4）能够使用WLAN Planner进行网络规划。

【素质目标】

（1）树立知行合一、理实结合的观念。

（2）增强大局观和整体意识。

（3）培养热爱劳动、热爱生活的品质。

引例描述

最近，小郭不时流露出毕业后带领团队组建WLAN的想法。张老师告诉小郭，要先从整体上把握网络建设的整个过程，不然容易犯“盲人摸象”的错误。张老师说，组建无线网络要做到计划先行，用计划指导行动。他建议小郭先花一点儿时间学习WLAN规划。小郭意识到自己在这方面确实所知不多，带着必胜的信念，小郭又开始了新的“征程”……

任务 7.1 实施 WLAN 规划

任务陈述

完整的无线网络建设过程包括需求收集、无线地勘、网络规划、安装施工和验收测试等阶段，网络规划是其中的一个关键环节。网络规划要解决包括网络覆盖范围、网络容量、网络服务质量等在内的用户关心的问题。合理的网络规划可以节省网络投资成本和运营成本，网络规划也在很大程度上决定了网络的服务质量和用户满意度。本任务将详细介绍 WLAN 规划的基本概念和流程。

知识准备

7.1.1 WLAN 规划基本概念

1. WLAN 规划的意义

通过前面的学习，相信读者已经认识到 WLAN 和以太网的不同。从传输介质上来说，WLAN 通过在空气中传播的无线信号传输数据。随着传输距离的增加，无线信号的强度会越来越低，无线信号之间还存在相互干扰的问题。这些都会降低无线网络的服务质量，严重时甚至可能导致无线网络无法使用。为提高无线网络的服务质量，满足客户的组网需求，在组建 WLAN 时需要进行网络规划。网络规划是整个无线网络建设过程的关键阶段，决定了网络系统的投资规模、基本架构和服务质量。

2. WLAN 规划的主要内容

用户最关心的问题是 WLAN 所能提供的网络服务质量。影响网络服务质量的因素包括网络覆盖范围、网络容量、网络可靠性和扩展性等。合理的网络规划能够解决用户关心的问题，使 WLAN 在覆盖范围、容量、质量和成本等方面达到平衡。WLAN 规划一般关注以下几个方面的内容。

（1）AP 选型及部署

AP 是 WLAN 的核心组网设备，关系到无线网络的覆盖范围、上网速度和用户体验。在进行 WLAN 规划时要确定 AP 的类型和数量、安装点位和方式、线缆部署方式等内容。如果在网络组建早期不进行网络规划，而是安装完 AP 后再进行网络优化整改，那么很可能需要重新安装 AP、布放线缆。这些返工操作既会增加网络投资和运营成本，又会影响用户体验。

（2）无线信号强度和覆盖范围

WLAN 信号盲区处信号强度低或没有信号，用户上网速度很慢甚至无法接入网络，这会极大地影响用户业务的连续性和用户体验。如果在设计无线网络覆盖范围时没有考虑 AP 的实际发射功率，网络覆盖就很容易出现信号盲区。合理的 WLAN 规划应充分考虑每个 AP 的覆盖范围，最大限度地保障每个区域能够有足够强度的无线信号覆盖。另外，有些 WLAN 存在 VIP 区域，这是规划时应该重点关注的覆盖区域，要保证其上网体验明显优于其他普通区域。

（3）无线信号干扰

相比于以太网，WLAN 面临的一个重要挑战是无线信号容易受到各种形式的干扰，如同频干扰、邻频干扰等。但是 WLAN 漫游技术要求相邻的 AP 之间有重叠覆盖区域，因此，在进行 WLAN 规划时要为相邻 AP 分配不同的信道，或者制定相应的干扰规避措施以避免干扰或降低干扰的影响。

（4）无线上网速度

WLAN 采用 CSMA/CA 机制为无线用户分配信道资源。随着无线用户并发数量的增多，无线报文相互冲突的概率迅速增大，导致上网速度急速下降。在某些 WLAN 场景中，如体育馆或会展中心，无线用户密度大，每个 AP 射频下接入的用户数较多，报文冲突概率大。合理的 WLAN 规划应制定相应的应对措施，如部署三射频 AP 和高密小角度定向天线，以控制每个射频下接入的用户数，减小报文冲突的概率。

7.1.2 无线网络建设流程

完整的无线网络建设流程如图 7-1 所示。WLAN 规划是无线网络建设的关键阶段，对应图 7-1 中的网络规划。

1. 需求收集

需求收集是无线网络建设的第一步，也是后续所有工作的前提。需求收集的目的是获取全面、完整的客户需求，明确无线网络建设的背景、目标、规格和要求，分析目标用户群的规模和行为习惯，掌握用户数量、业务特征等情况。如果在这一阶段无法收集到全面、完整的客户需求，则很可能导致后续的方案设计和安装施工无法顺利进行，可能需要重新设计或返工。

根据网络实施人员的个人经验或组织的相关标准，在需求收集时最好提前制定详细的需求收集清单，明确要收集哪些信息及其详细程度。表 7-1 所示为常见的需求收集清单。

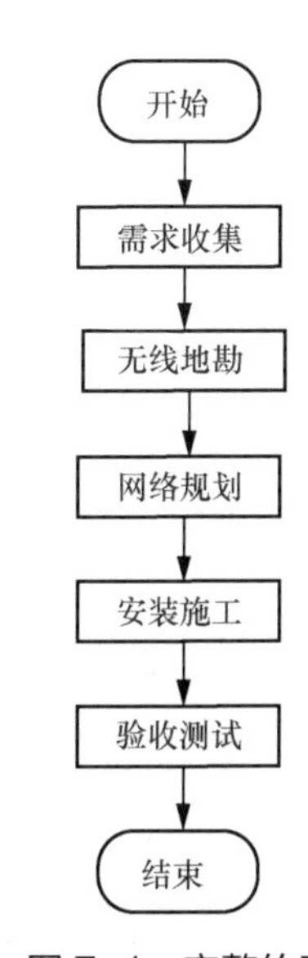

图 7-1 完整的无线网络建设流程

表 7-1　常见的需求收集清单

需求项	说明
法律法规限制	确认国家或地区识别码、网络所在地具体法律法规限制
建筑平面图	可以从客户处获取含比例尺信息的图纸并确认图纸的完整性，或者到现场实际测量后重新绘制带比例尺信息的图纸
无线网络覆盖区域	确认客户要求的 VIP 区域、普通覆盖区域、简单覆盖区域，对难以覆盖的特殊区域需要采取特殊策略
接入用户数	估计当前无线用户数及未来增长趋势
用户密度	明确无线覆盖区域内的用户密度
接入终端类型	确定无线用户常用的无线终端类型，如智能手机、笔记本电脑、扫码枪等
带宽要求	确认无线网络承载的业务类型和带宽要求，评估用户无线上网所需的平均带宽
覆盖方式	确认客户是否明确要求使用室内放装、室内分布系统或室外覆盖
组网方式	根据当前网络情况决定采用 AC 直连式组网方式还是旁挂式组网方式
配电方式	确认现场有哪些可以使用的供电区域和设施
交换机位置	确认 WLAN 上行有线网络交换机的位置

2. 无线地勘

无线网络与有线网络的部署有着明显的区别。有线网络的组网设备是相对固定的，部署时主要关注网络的拓扑结构，根据拓扑结构连接和测试网络设备。无线网络的组网设备具有很强的移动性，可以安装在不同的位置。虽然无线网络具有组网灵活、成本低、扩展性强等特点，但也容易受到环境因素的影响。因此，在部署无线网络之前，需要对无线网络的现场环境进行勘察和评价，这个操作称为无线地勘，也称为现场工勘或现场勘察。7.1.3 小节将详细介绍无线地勘的基本概念、方法和流程。

3. 网络规划

网络规划在需求收集和无线地勘后进行。根据收集到的客户需求和无线地勘的结果，一般从网络覆盖范围、网络容量和 AP 布放等几个方面进行设计。无线网络规划包括 WLAN 组网结构、拓扑设计、IP 地址规划及信道规划与设计等内容。7.1.4 小节将详细介绍无线网络规划的具体过程。

4. 安装施工

安装施工是指根据无线网络的具体设计方案，在规划好的位置安装、配置和调试网络设备。在 WLAN 组网过程中，安装 AP 是这一阶段的主要工作。限于篇幅，本书不展开讨论安装施工的具体规范，感兴趣的读者可以参考相应的工程标准进行深入学习。

5. 验收测试

安装施工完成后即可进行无线网络的验收测试。这一阶段主要验证施工方交付的无线网络是否满足客户的组网需求。验收测试时往往需要借助专业的测试工具，如华为公司的CloudCampus。这是一款手机端应用软件，用于无线网络部署后的实际测试验收，集成了场强检测、干扰测试、一键 Wi-Fi 体检、多点验收、漫游测试等功能。限于篇幅，这里不深入介绍无线网络验收测试的具体方法及相关软件的使用方法，感兴趣的读者可以查阅相关资料进行深入学习。

7.1.3 无线地勘

无线地勘的主要目的是通过各种手段和方法获取无线网络的实际环境信息，如建筑结构、楼层高度、干扰源、障碍物衰减等，然后配合建筑图纸确定 AP 选型、安装位置和方式、配电走线等详细设计。有时也不严格地将图 7-1 中的需求收集作为无线地勘的内容，这一点请读者注意。

1. 无线地勘准备工作

（1）无线地勘计划

勘察人员应提前与勘察站点的业主取得联系，得到业主的勘察许可。在进行无线地勘前，勘察人员需要根据选址原则和设计规范的相关要求制定勘察站点列表和勘察计划。勘察计划应包括实施周期、人员安排、任务安排、保障条件等内容。勘察人员可以从业主处获取勘察站点的建筑设计图，也可以现场测量后手动绘制。若勘察站点设有室内分布系统，则还应提前准备现有室内分布系统施工图纸，以便无线地勘时作为馈入方案的参考。

（2）硬件设备

在进行无线地勘前，勘察人员应准备好勘察所需硬件设备，包括但不限于下列设备。

① 智能移动终端：主要包括便携性较高的智能手机或笔记本电脑等。

② 照相机：为便于了解建筑物结构，勘察时往往需要拍摄现场环境情况。注意：要确认照相机有充足的电量及存储空间，某些情况下还要事先向业主取得拍摄许可。

③ 卷尺或测距仪：主要用于室内场景障碍物及走线距离的测量，或在室外场景测量室外点位挂高，或障碍物之间的距离、场馆长宽等。

④ FAT AP：在室内环境中配合其他工具进行障碍物衰减测试。

⑤ 其他可能需要准备的设备还包括卫星定位仪、增益天线、照明设施及备用电源等。

（3）软件

无线地勘时经常使用专业的测试软件配合完成现场环境测试。借助这些软件不仅可以测试信号强度及信道使用情况、无线网络稳定程度、模拟多 AP 覆盖效果，还可以记录测试点位置及相关测试数据等。下面列举一些常用的软件测试工具。

① 流量带宽测试软件，如 NetIQ Chariot 等。

② 无线信号扫描软件，如 WirelessMon、NetStumbler 等。

③ 无线测量和分析软件，如 AirMagnet 等。

④ 无线网络抓包软件，如 WildPackets、AiroPeek 等。

2. 实施无线地勘

在具体的无线地勘实施过程中，勘察人员一般要完成以下工作。

（1）如果没有现成的建筑平面图，则勘察人员需要根据现场测量结果绘制覆盖区域平面图。

（2）对照建筑平面图标明楼宇的内部结构、材质等信息。

（3）依据建筑平面图与客户确认无线网络覆盖区域，将需要覆盖的区域用不同的颜色标记出来，并将该区域的特殊要求标记在图纸的相应位置。覆盖区域的长度及宽度信息应该在图纸中明确显示。

（4）使用不同颜色标识不同类型的障碍物，着重显示重点障碍物。

（5）确定覆盖区域存在的干扰源。

（6）根据现场情况确定 AP 的可用安装位置，并在图纸中加以标记。

（7）根据现场情况确定天线类型、增益、安装位置、安装方式及天线朝向。选择天线安装位置时应充分考虑覆盖目标区域、减少信号传播阻挡、避开干扰源。应特别注意天线安装所要求的位置与高度是否有安装条件。采用合路馈入现有室内分布系统时，应现场核实现有室内分布系统的天线是否能够满足 WLAN 覆盖要求。如果不能满足，则需要拟定天线迁移方案并确定新增天线的安装位置和数量。

（8）确定连接 AP 的线缆类型和走线方向。

（9）根据 AP 的安装位置和数量初步确定交换机的安装位置和数量。勘查人员应现场确定连接 AP 和交换机的线缆布放路径。

（10）现场确认其他配套设施信息，如电源系统，防雷、防水、防尘设备等。

为避免勘察人员遗漏信息，在无线地勘前最好制定一张信息采集表供勘察人员参考。以企业办公场景为例，表 7-2 所示为室内场景的常用无线地勘信息采集项。

表 7-2 室内场景的常用无线地勘信息采集项

信息采集项	说明
楼层高度	如存在镂空区域、大厅或者报告厅，则需要使用测距仪测量层高信息并记录
建筑材质及衰减	获取现场建筑材质的厚度及衰减值，如有条件可现场测试衰减
干扰源	检测现场是否有干扰，包括手机热点、非 Wi-Fi 干扰（如蓝牙设备、微波炉等）

续表

信息采集项	说明
新增障碍物	确认现场的结构是否与建筑图纸完全一致，对于不一致的区域要重点标注，并拍摄照片记录
现场照片	全面拍摄现场照片，用于记录勘测信息
AP 选型	根据场景选用室内放装 AP 或室内分布式 AP
AP 安装方式和位置	确定是否能吸顶安装。无法吸顶安装时，考虑挂墙安装或面板安装
弱电井位置	在图纸上标注弱电井位置，用于放置交换机
供电走线	在图纸上标注供电走线
特殊要求	记录客户的特殊要求
其他	如有其他信息，则一并收集并记录

3. 无线地勘结果整理

下面是勘察人员整理勘察结果时的部分注意事项。

（1）对于纸质的勘察结果应尽快电子化，以方便保存、传输和交流。电子文件的命名最好能体现勘察时间、地点和人员。

（2）在现场拍摄的照片应及时导入计算机，并按照统一的规则为照片命名。

（3）使用专门的文件夹保管勘察记录表、勘察照片和建筑图纸。文件夹的命名最好包含勘察时间和地点。

（4）定期汇总整理各个阶段的勘察成果。

7.1.4 网络规划设计

根据收集到的客户需求和无线地勘结果，一般可从网络覆盖、网络容量和 AP 布放等几个方面进行网络规划设计。下面分别介绍每个方面涉及的设计要点。

1. 网络覆盖设计

网络覆盖设计是指针对无线网络覆盖的普通区域、简单区域或 VIP 区域进行设计，以保证每个覆盖区域内的信号强度满足特定的用户要求，并解决相邻 AP 间的同频干扰问题。

（1）路径损耗

网络覆盖设计涉及规划网络覆盖范围和信号强度。AP 通过天线发射无线信号，在天线周围产生无线网络覆盖，信号传输距离越远，信号强度就越低。通常把天线周边信号强度高于特定阈值的范围称为无线网络覆盖范围。单个 AP 无线信号覆盖范围有限，往往需要部署多个 AP 才能实现完整的网络覆盖。每个 AP 的覆盖范围可以通过数学计算和工具仿真的方式得出合适的结果。在不考虑干扰、线路损耗等因素时，接收信号强度可按照下面的公式计算得出。

```
接收信号强度 = 射频发射功率 + 发射端天线增益 - 路径损耗 - 障碍物衰减 + 接收端天线增益
```

表 7-3 所示为两种场景下路径损耗与信号传输距离的关系。

表 7-3　两种场景下路径损耗与信号传输距离的关系

室内半开放场景			室外覆盖场景		
传输距离 /m	2.4GHz 路径损耗 /dB	5GHz 路径损耗 /dB	传输距离 /m	2.4GHz 路径损耗 /dB	5GHz 路径损耗 /dB
1	50	57	50	76.4	84
2	57.5	66	100	84.2	91.9
5	67.5	78	200	92	99.7
10	75	87	300	96.6	104.2
15	79.4	92.3	500	102.4	110
20	82.5	96	800	107.7	115.4
40	90.1	105.1	1000	110.2	117.9

（2）覆盖设计

从接收信号强度的计算公式可以看出，提高射频发射功率、发射端天线增益，减少障碍物衰减均能有效提高接收信号强度。但是射频发射功率、发射端天线增益受限于硬件设备和国家或地区法律法规要求，不能无限提升，其取值只能在特定硬件设备和国家或地区法律法规允许的范围内变化。因此，更加切实可行的措施是布放 AP 时尽量避免或减少障碍物的遮挡，以减少障碍物引起的信号衰减。路径损耗则会直接影响 AP 的覆盖范围。

推荐使用华为公司的 WLAN 规划工具 WLAN Planner 进行网络覆盖设计。WLAN Planner 能够根据设定的覆盖区域、网络终端容量等信息设计网络规划方案、模拟覆盖区域内的信号强度、输出信号仿真示意图。有关 WLAN Planner 的具体使用方法将在任务 7.2 中详细介绍。

（3）信道规划

一个 AP 的覆盖范围有限，往往需要部署多个 AP 实现完整的网络覆盖。为避免无线网络出现覆盖盲区，保证用户漫游体验，相邻 AP 间一般需要保留单个 AP 总覆盖范围的 15% ～ 25% 的重叠覆盖区域。为减少重叠区域内的同频干扰，需要为 AP 规划互不干扰的信道或频段。下面从室外和室内两个角度讨论 AP 信道规划的方法。

室外环境一般采用移动蜂窝网络的组网思路规划 AP 信道。蜂窝网络把覆盖区域划分为若干小区域，在每个区域中安装一台 AP，形成形状类似“蜂窝”的结构。蜂窝组网结构不仅可以扩大网络的覆盖范围，还可以提高频谱利用率。使用 2.4G 频段时，只要两个信道的编号间隔大于等于 5，即可保证彼此之间没有频谱交叠。通常使用 2.4G 频段的 1、6、11 信道，如图 7-2（a）所示。5G 频段提供了 13 个互不交叠的信道供用户选择，如图 7-2（b）所示。

需要说明的是，图 7-2（b）中并未显示全部的 5G 频段信道，其他几个信道仅用于室内环境。

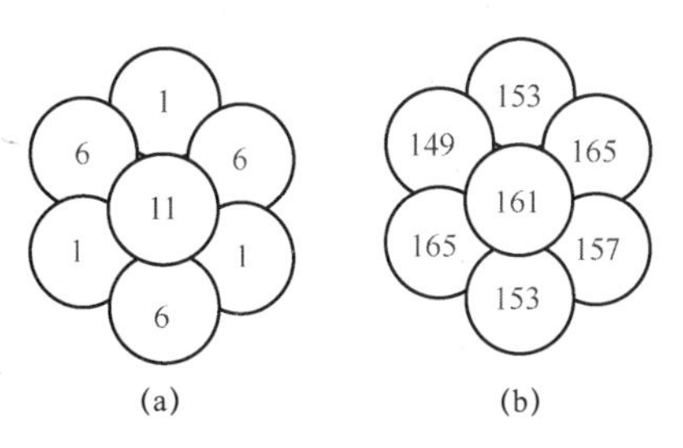

图 7-2 室外组网信道规划

室内环境的信道规划要同时考虑水平方向（同楼层）和垂直方向（上下楼层）的相邻 AP 信道冲突。规划信道时应充分利用楼层建筑结构和自然隔断提高空间损耗、降低干扰。2.4G 频段和 5G 频段的室内组网信道规划分别如图 7-3（a）和图 7-3（b）所示。

楼层	规划信道		
三楼	1	6	11
二楼	11	1	6
一楼	6	11	1

(a)

楼层	规划信道		
三楼	149	153	165
二楼	165	161	157
一楼	153	149	153

(b)

图 7-3 2.4G 频段和 5G 频段的室内组网信道规划

2. 网络容量设计

网络覆盖设计主要关注信号强度和同频干扰的问题，而网络容量设计关注的则是用户体验问题。网络容量设计是指根据不同应用的带宽要求、终端数目、并发率、AP 带点数等数据来设计部署网络所需的 AP 数量，确保无线网络性能可以满足所有终端的上网业务需求。

不同的应用对带宽的要求不一样，如高清视频的带宽要求大于网页浏览。网络容量设计需要根据终端的业务类型合理规划出足够使用的带宽，以免出现带宽不够用或者浪费的情况。必须通过实际调查了解用户常见的应用带宽要求，同时应确认特殊应用和未知应用的带宽要求。表 7-4 所示为典型应用的带宽要求。

表 7-4 典型应用的带宽要求

应用类型	带宽要求
网页浏览	400kbit/s
网页游戏	100kbit/s
在线音乐	400kbit/s
P2P 相关应用（下载）	500kbit/s
P2P 流媒体	200kbit/s
视频服务（标清）	1Mbit/s
视频服务（高清）	2Mbit/s

终端数量是无线网络计划容纳的终端总数，需要用户根据其网络规划提供相对准确的数目。在估算终端数量时，一般以满载人数的 60% ～ 70% 进行估算。估算终端数量时还要考虑终端的并发使用情况，即并发率。通常使用终端数量和并发率一起计算同一时间使用网络的平均终端数。针对不同的应用场景，可以使用一些简单的经验方法进行估算。例如，对于教室、图书馆、礼堂等场景，可以基于座位数进行估算，座位数即满载人数；对于学生宿舍等场景，可以按照一个床位 2 台终端（手机 + 笔记本电脑）进行估算，满载数量即床位数的 2 倍。

3. AP 布放设计

确定网络覆盖和网络容量后，就可以初步确定 AP 的数目和布放位置了，但是还要根据实际情况对 AP 的实际布放位置、布放方式和供电走线进行调整及确认。总体来说，WLAN 可以分为室内覆盖场景和室外覆盖场景。室内覆盖场景布放 AP 有室内放装和室内分布系统两种方式。室外覆盖场景一般只有室外放装方式。

室内放装是指在目标覆盖区域或其附近直接部署 AP，通过 AP 自带天线实现 WLAN 覆盖。室内放装的特点是 AP 部署位置比较灵活、网络容量较大，缺点是工程量较大，后期维护相对复杂。室内放装适用于覆盖区域面积不大，单个 AP 或少量几个 AP 即可覆盖整个区域的场景，如办公室、会议室、咖啡馆等。

室内分布系统主要采用 2.4GHz 室内合路型大功率 AP，通过合路器将 WLAN 信号馈入现有移动通信室内分布系统的支路末端，各系统信号共用天馈系统（天线向周围空间辐射电磁波的系统）进行覆盖。这种建设方式可使移动通信和 WLAN 共用室内分布系统基础设施，综合建设投资较小，建设周期短，适用于室内覆盖面积较大，已有或未来需要建设室内分布系统的场景，如宿舍楼、教学楼、写字楼等。

室外放装的 AP 覆盖方式主要采用 2.4GHz 的室外型大功率 AP，将 AP 或定向天线安装在目标覆盖区域附近的较高位置，如灯杆、建筑物顶端等，向下覆盖目标区域或室内。该方式的特点是部署简单、成本较低，缺点是系统容量较小，一般以信号覆盖为主。室外放装适用于用户较为分散、环境简单的区域，如广场、公园等。安装时应该选择视野开阔的区域，还要做好室外设施的防护措施，包括防水、防雷、防尘等。如果通过室外放装 AP 覆盖室内环境，则一般考虑只穿透一堵墙体为宜。

各场景下 AP 布放原则基本一致，都需要考虑以下几点。

（1）减少无线信号穿越的障碍物数目。如果不能避免穿越，则应尽量垂直穿越墙壁、天花板等障碍物，尤其要注意避免金属障碍物遮挡。

（2）AP 远离干扰源，正面面对网络覆盖区域。

（3）安装美观。对美观性要求较高的区域，可以增加美化罩或安装在非金属天花板内部。

实验：WLAN 场景化设计——教室

【实验背景】教育行业是信息技术应用的重点领域。教育场景是指学生密集的场所，如教室、报告厅、图书馆、实验室等。该类场景的特点是用户密度大、并发用户数高、突发流量大，用户对网络服务质量比较敏感。本实验以教育场景中最常见的教室为例，简单介绍如何为普通教室和阶梯教室部署 WLAN。

【业务需求】收集到的普通教室和阶梯教室的环境及业务需求如下。

（1）从学校基建办公室获得一张学校建筑平面图。普通教室面积为 40m^2，高为 3m。阶梯教室面积为 350m^2，高为 4m。

（2）要求实现教室内无线信号全覆盖，无信号死角，满足教师和学生的网络需求。

（3）对覆盖区域内的信号场强要求如下：普通教室 -65 ～ -40dBm，阶梯教室大于 -75dBm。

（4）按座位估算普通教室满载人数为 50，阶梯教室满载人数为 150。

（5）普通教室和阶梯教室的墙体均为钢筋混凝土材质，厚度为 240mm，内部无隔断。普通教室无吊顶，阶梯教室有吊顶。

（6）普通教室和阶梯教室内部无干扰源。

（7）网络应用以网页浏览、高清视频、电子白板、即时通信为主。普通教室和阶梯教室的单用户带宽要求分别为 2Mbit/s 和 1Mbit/s。

【网络规划】经过无线地勘并结合前期收集到的客户需求，确定该场景对信号覆盖要求高，用户容量大。考虑到安装美观性、隐蔽性及施工便捷性，建议采用室内放装型 AP。该 AP 需支持 2.4G 和 5G 双频段。其中，5G 频段主要用于分摊流量，增加系统总带宽。下面是具体的设计方案。

（1）普通教室

① 按照每台 AP 覆盖 80 人计算，选择一台挂壁式 AP，安装在教室前侧墙壁上侧。

② 规划使用 2.4G 频段的 1、6、11 信道，5G 频段的 149、153、157、161 和 165 等信道，规划方式如图 7-3 所示。

③ AP 点位示意及信道规划如图 7-4（a）所示。

（2）阶梯教室

① 按照每台 AP 覆盖 80 人计算，选择 2 台吸顶式 AP，安装在天花板下方，间距为 15m。

② 规划使用 2.4G 频段的 1、6、11 信道，5G 频段的 149、153、157、161 和 165 等信道，规划方式如图 7-3 所示。

③ AP 点位示意及信道规划如图 7-4（b）所示。

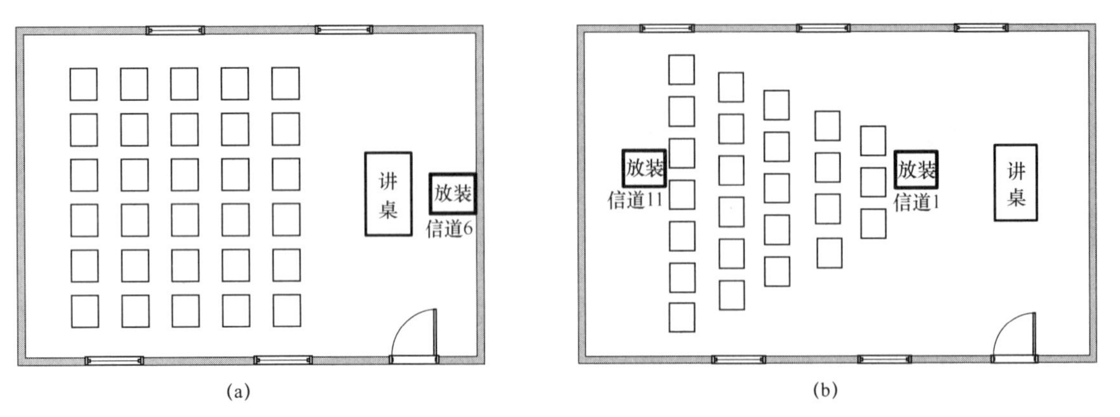

图 7-4 AP 点位示意及信道规划

常见障碍物信号衰减值

无线网络环境中的障碍物会导致无线信号强度降低，影响无线网络的覆盖范围。在进行无线网络规划时应考虑障碍物的影响。表 7-5 所示为不同障碍物衰减值的经验数据，准确的衰减值建议以无线地勘的测试结果为准。

表 7-5 不同障碍物衰减值的经验数据

障碍物类型	厚度 /mm	2.4GHz 信号衰减 /dB	5GHz 信号衰减 /dB
普通砖墙	120	10	20
加厚砖墙	240	15	25
混凝土	240	25	30
石棉	8	3	4
泡沫板	8	3	4
空心木门	20	2	3
普通木门	40	3	4
实木门	40	10	15
普通玻璃	8	4	7
加厚玻璃	12	8	10
防弹玻璃	30	25	35
承重柱	500	25	30
卷帘门	10	15	20
钢板	80	30	35
电梯	80	30	35
绝缘边界	1000	100	100

拓展实训

WLAN 规划是指根据用户需求和无线地勘结果制定网络设计方案，包括网络覆盖设计、网络容量设计和 AP 布放设计等内容。WLAN 规划是 WLAN 建设过程的关键阶段。请读者按照要求完成下面的实训内容，深入理解相关知识。

【实训目的】

（1）了解 WLAN 建设流程。

（2）熟悉 WLAN 规划的主要内容。

（3）熟悉无线地勘的主要内容和流程。

（4）熟悉 WLAN 规划的基本原则和方法。

【实训内容】

（1）通过查阅资料了解教育场景中 WLAN 的常见业务类型及挑战。

（2）收集教育场景中图书馆的无线网络业务需求。

（3）通过无线地勘确定图书馆某一楼层的具体环境。

（4）确定某图书馆的网络覆盖区域、容量和信号强度要求。

（5）根据客户需求和无线地勘结果确定 AP 选型、数量和覆盖方式。

（6）确定 AP 点位、走线和供电方式等。

任务 7.2 使用 WLAN 规划工具

任务陈述

为了解决 WLAN 建设过程中覆盖设备数量计算困难、效率低下、准确性差、前期投入及后期维护成本高等问题，华为公司推出了一款网页版 WLAN 规划工具——WLAN Planner。借助 WLAN Planner 提供的现场环境规划、AP 布放、网络信号仿真和报告管理等功能，网络工程人员能够提高 WLAN 规划的准确性，提高工作效率。本任务重点介绍 WLAN Planner 的主要功能和使用方法。

知识准备

7.2.1 WLAN Planner 简介

随着 WLAN 技术的日益普及，政府、企业、金融、教育等行业不断加大对 WLAN 建设的投入，以满足用户随时随地高质量移动上网的需求。虽然 WLAN 相对于有线网络具有移动性好、覆盖范围广和扩展性强等特点，但 WLAN 的建设环境更加复杂，建设难度更大。这给 WLAN 建设者提出了一定的挑战。

“工欲善其事，必先利其器”。WLAN Planner 具有以下几个特点。

① 免安装、免升级。WLAN Planner 承载于华为 ServiceTurbo Cloud 企业服务工具云平台，用户在浏览器中登录特定网页即可使用该工具，可节省下载、安装及升级软件的时间。

② 免许可。WLAN Planner 是一款免费的在线网络规划工具，无须向华为公司支付任何许可费用，注册一个华为 Uniportal 账号即可登录使用。

③ 全场景。WLAN Planner 支持全场景的 WLAN 规划，包括室内、室外及其他各种高密度 WLAN 环境。

④ 高质量。WLAN Planner 依托 ServiceTurbo Cloud 平台的强大能力，可支持上万个 WLAN 规划项目，具有极高的交付成功率。

⑤ 高效率。相比于传统单机版网络规划工具，WLAN Planner 在仿真效率上提升了约 1 倍，制图效率提升了约 3 倍。

WLAN Planner 能够有力支撑 WLAN 规划任务。下面先简单介绍 WLAN Planner 的主要功能，具体使用方法在本任务的“任务实施”部分将会详细演示。

① 网络环境绘制。网络工程人员可以在 WLAN Planner 中绘制建筑物平面图及各种障碍物，包括墙体和门窗等，还可以指定信号覆盖区域和盲区。

② AP 布放。根据建筑平面图和信号覆盖要求，WLAN Planner 能够自动计算 AP 的数量和点位，也可以根据需要手动选择 AP 点位以调整信号覆盖范围。

③ 无线信号仿真。WLAN Planner 能够根据 AP 点位进行无线信号仿真，方便网络工程人员了解不同区域的信号强度。

④ 报告管理。WLAN Planner 能够检查网络规划结果，警示低级的网络规划问题，导出各种网络规划报告。

7.2.2 WLAN Planner 使用流程

首次使用 WLAN Planner 时需要在 ServiceTurbo Cloud 平台注册一个华为 Uniportal 账号。如果已有华为 Uniportal 账号，则输入账号和密码即可进入 ServiceTurbo Cloud 平台。登录 ServiceTurbo Cloud 平台的界面如图 7-5 所示。

图 7-5 登录 ServiceTurbo Cloud 平台的界面

登录成功后，在工具应用市场中搜索“WLAN Planner”，如图 7-6（a）所示。图 7-6（b）所示为搜索结果。

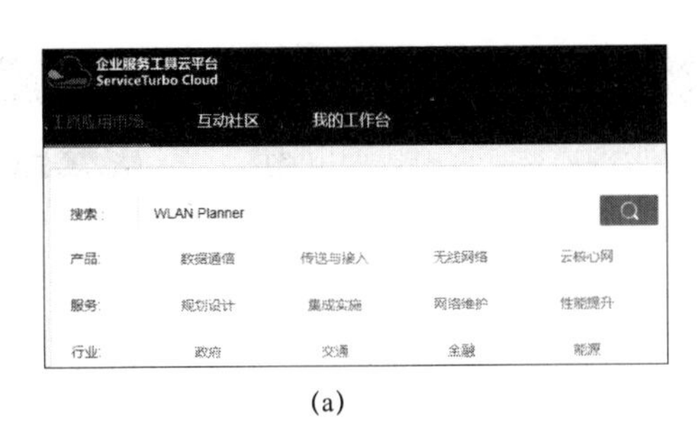

(a)

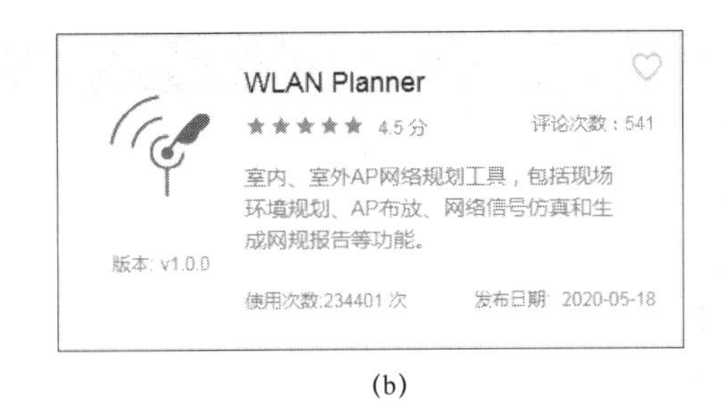

(b)

图 7-6　搜索 WLAN Planner

单击工具链接进入 WLAN Planner 入口页面，如图 7-7 所示。单击“运行”按钮，在弹出的信息提示页面中选择同意“客户网络数据安全管理规范”，即可进入 WLAN Planner 工作环境，如图 7-8 所示。

图 7-7　WLAN Planner 入口页面

图 7-8　WLAN Planner 工作环境

使用 WLAN Planner 规划无线网络时必须以项目或工程的形式进行。在图 7-8 所示的页面中输入必要的项目信息，包括项目名称、项目经理和国家 / 地区等，单击“确认”按钮后开始进行 WLAN 规划，WLAN Planner 工作页面如图 7-9 所示。在 WLAN Planner 中进行网络规划时基本按照环境设置、区域设置、设备布放、信号仿真和导出报告的顺序进行。在本任务的“任务实施”部分将通过一个实际案例演示 WLAN Planner 的使用方法。

图 7-9　WLAN Planner 工作页面

实验：使用 WLAN Planner 网络规划工具

【实验背景】某企业为了改善员工的办公环境，准备对办公区进行无线网络覆盖。对于部分已安装有线网络的办公室要在原有线网络基础上部署无线网络，要求在使用有线网络的同时能够使用无线网络。该企业要求实现除洗手间外的办公区域无线网络全覆盖。

【业务需求】

（1）建筑平面图

该企业楼层的建筑平面图如图 7-10 所示。

（2）建筑现场情况

① 该楼层的楼宇无吊顶，原有室内外强电布线均采用 PVC 线槽敷设。

② 内墙净高为 300cm，梁高为 50cm。

③ 门宽度为 90cm，高度为 200cm。

④ 窗户宽度为 90cm，高度为 150cm。

（3）办公室情况

部分办公室之前已部署有线网络，有线网络全部采用暗埋方式施工，有线网络信息点位置如图 7-10 所示（见办公室 102、103、110 和 111）。企业允许本次项目实施利用有线网络信息点部署无线网络。如果要新安装线槽或线管，则要求工程施工不能破坏原有室内装饰。

（4）建筑物弱电井情况

该楼层目前没有独立的弱电井，从管理处得知，弱电井的安装位置位于技术部 107 外侧（走廊），安装方式为壁挂式。

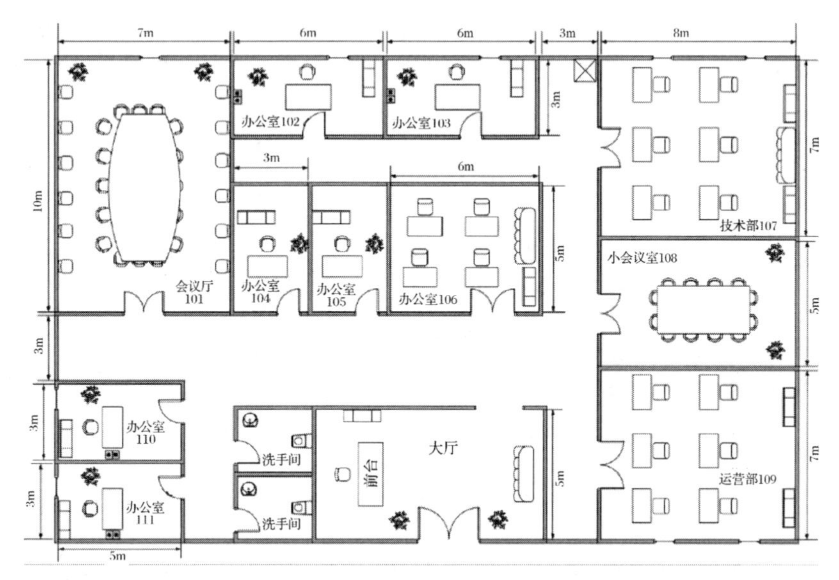

图 7-10　该企业楼层的建筑平面图

【实验要求】根据提供的建筑平面图和业务需求进行 AP 的规划与设计，通过 WLAN Planner 工具进行 AP 点位设计和无线信号仿真，确保重点覆盖办公室、会议室。进一步进行无线信道规划，并输出无线 AP 点位示意图、无线热图和网络设备清单。

【实验步骤】下面是本实验的具体步骤。

第 1 步，进入工程后默认位于“环境设置”工作区。单击其左上角的“新增楼栋”按钮，选择“室内”场景，输入楼栋名称并导入建筑平面图，如图 7-11 所示。单击“确定”按钮，完成楼栋新增操作。

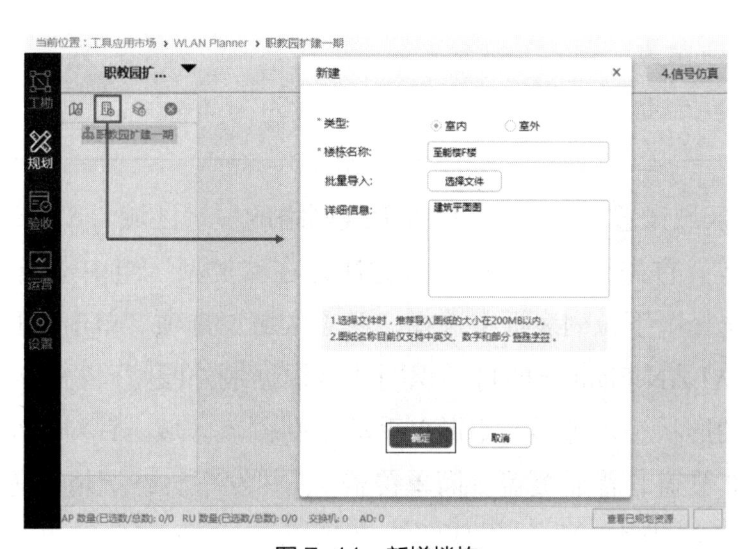

图 7-11　新增楼栋

第 2 步，设置建筑平面图比例尺。在平面图中选择一定长度的墙体，在弹出的“设置比例尺”对话框中设置实际长度并指定单位，如图 7-12 所示。单击“确定”按钮，完成比例尺设置。

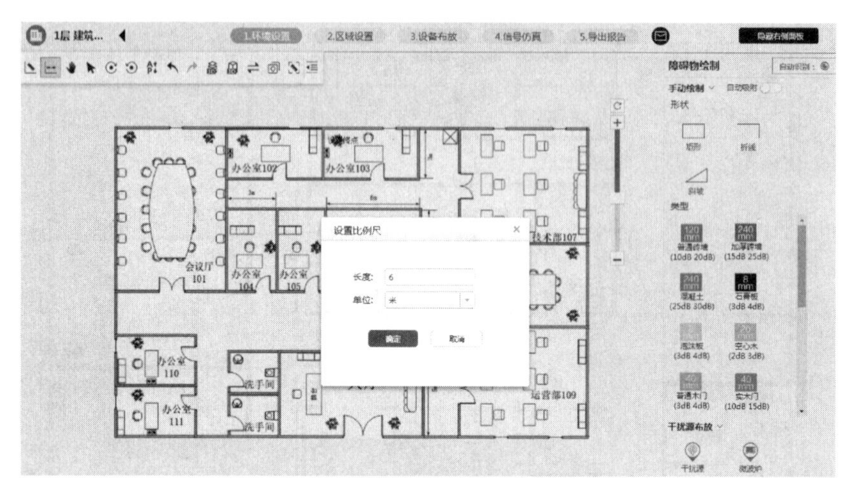

图 7-12　设置建筑平面图比例尺

第 3 步，在图 7-12 所示的页面中，单击其右上角的“自动识别”按钮，WLAN Planner 会自动识别建筑平面图中的障碍物。如果自动识别的结果不准确，则可以手动调整。本实验中，自动识别障碍物的结果如图 7-13 所示。如果事先没有建筑平面图，则可以在这里选择各种类型的障碍物手动进行绘制。

注意

手动绘制障碍物时可以通过一些小技巧来提高绘制效率。

① 滚动鼠标滚轮可放大或缩小图纸。

② 按住 Space 键并拖动鼠标可移动图纸。

③ 按住 Shift 键可画出直线。

④ 按 Ctrl+Z 组合键可撤销操作。

第 4 步，选择“区域设置”标签页，设置无线网络的覆盖区域、AP 布放范围、信号强度、业务需求和并发率等。首先绘制覆盖区域，方法是在“类型”组中选择“覆盖区域”选项，或者在“区域类型选择”下拉列表框中选择“覆盖区域”选项。单击该页面右上角的“自动识别”按钮，利用 WLAN Planner 的自动识别功能根据最外圈障碍物自动绘制闭合区域。也可以根据覆盖区域的形状（多边形或矩形）手动绘制覆盖区域。针对每个覆盖区域，可以设置其覆盖类型（VIP 覆盖、普通覆盖、简单覆盖）、并发率、终端情况等信息。使用同样的方法绘制 AP 布放区域。区域绘制结果如图 7-14 所示。

图 7-13　自动识别障碍物的结果

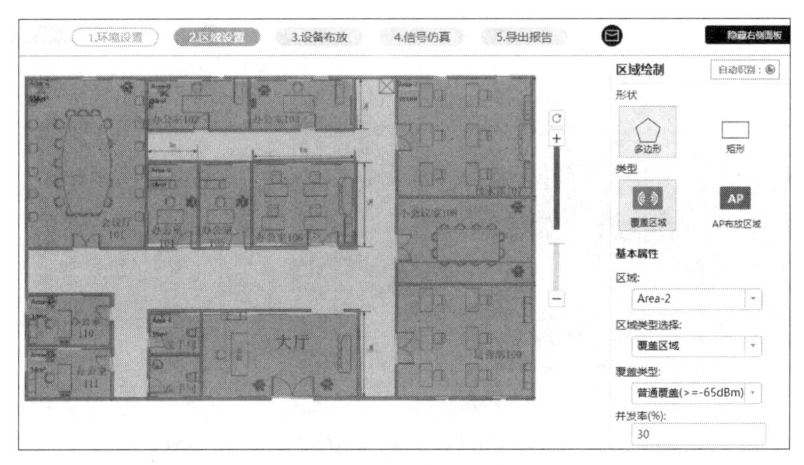

图 7-14　区域绘制结果

第 5 步，选择“设备布放”标签页，设置 AP 点位、信道和功率。完成覆盖区域和 AP 布放区域的设置后，可以选择“布放方式”组中的“自动布放 AP”选项，以自动布放 AP，并按照自动布放配置步骤逐步操作，如图 7-15 所示。自动布放 AP 包括区域选择、AP 选型、信道设置和功率设置 4 个步骤。可以对自动布放的结果进行调整，如选择其他类型的 AP、重新设置 AP 点位、计算信道和优化功率等。图 7-16 所示为对自动布放结果进行调整之后的 AP 点位图。

注意

双击 AP 图标或者右击 AP 图标并选择“属性”命令，弹出“AP 属性”对话框，可以在其中编辑 AP 属性，如款型、图标颜色、天线、信道和功率等。

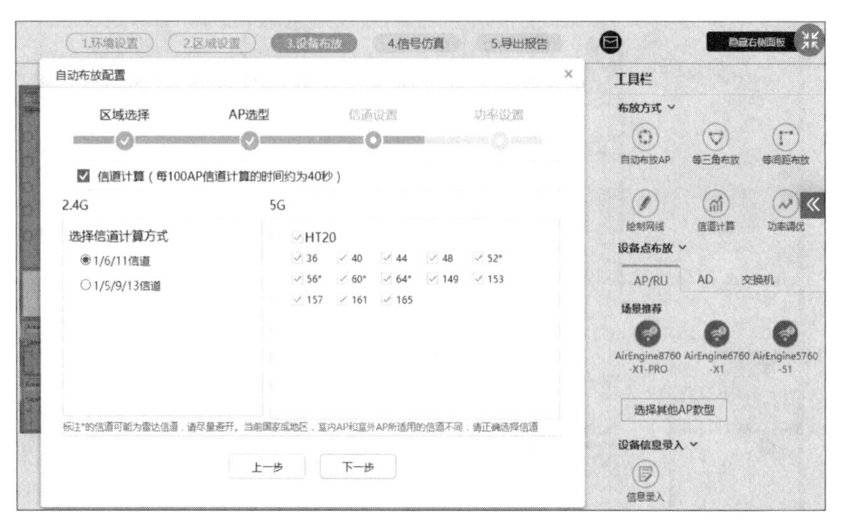

图 7-15　自动布放 AP

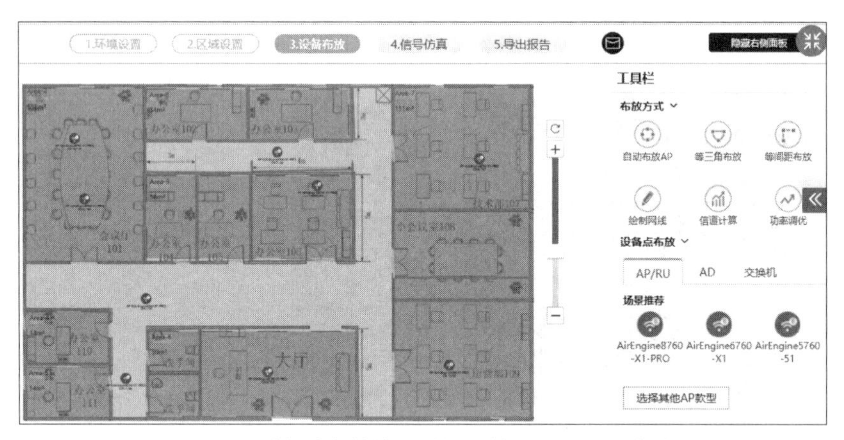

图 7-16　对自动布放结果进行调整之后的 AP 点位图

第 6 步，选择“信号仿真”标签页，单击右侧工具栏中的“打开仿真图”按钮进行无线信号仿真，如图 7-17 所示。WLAN Planner 支持射线追踪和自由衰减两种仿真算法，前者的运算耗时更长。拖动工具栏下方的信号强度条可以调整信号仿真图显示的数据范围。

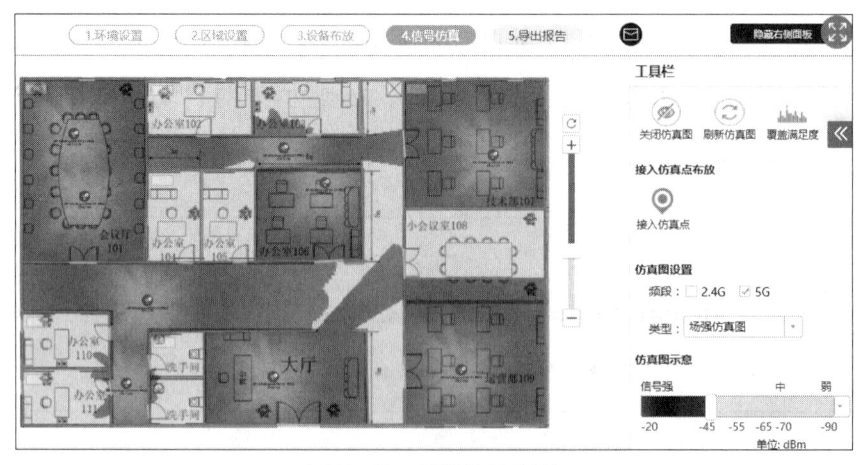

图 7-17　无线信号仿真

> **注意**
>
> 可以选择一个或多个 AP 并右击，在弹出的快捷菜单中选择“仿真”命令，进行局部仿真。

第 7 步，选择“导出报告”标签页，可以导出网规报告、物料清单和漫游报告，如图 7-18 所示。

WLAN Planner 还支持 3D 仿真功能，使用该功能可以评估网络规划是否合理及模拟漫游效果。3D 仿真功能的具体用法这里不做演示。

图 7-18 导出报告

WLAN Planner工具常见问题及其处理方法

WLAN Planner 是一款功能强大的 WLAN 规划工具，可以提高网络工程人员的工作效率。下面列举一些 WLAN Planner 的常见问题及其处理方法。

（1）问题：导入 CAD 图纸后线条很粗。

解答：WLAN Planner 默认读取 CAD 图纸内部的比例尺进行设置。出现这个问题通常是因为图纸内部的比例尺设置得太大，需要通过“调整清晰度”功能进行手动调整。

（2）问题：无法自动识别 CAD 图纸中的障碍物。

解答：只有在 CAD 图纸解析后的界面中才可以进行障碍物识别，图纸上传后只能进行手动绘制。

（3）问题：绘制障碍物、区域时不知道如何操作图纸。

解答：滚动鼠标滚轮可以放大或缩小图像。长按 Space 键并拖动鼠标可移动图纸。

（4）问题：无法导出 CAD 格式的报告。

解答：只有当导入图纸是 CAD 图纸时，才可以导出 CAD 格式的报告。

（5）问题：不能自动布放 AP。

解答：自动布放 AP 需要满足几个条件，即在室内场景中、选择室内全向天线型的 AP，并且覆盖区域或楼层中存在多个障碍物。

（6）问题：新建项目后不能马上进行网络规划。

解答：新建项目后需要新增楼栋和楼层、导入图纸，此后才可以进行网络规划。

拓展实训

WLAN Planner 是一款功能强大的网页版 WLAN 规划工具，使用 WLAN Planner 可以提高网络规划的准确性及网络工程人员的工作效率。请读者按照要求完成下面的实训内容，深入理解相关知识。

【实训目的】

（1）了解 WLAN 规划的流程。

（2）了解 WLAN Planner 的功能和特点。

（3）熟悉 WLAN Planner 的使用方法。

【实训内容】

（1）在 WLAN Planner 中新建一个工程项目，设置必要的项目信息。

（2）为项目添加楼栋，导入工程图纸，设置图纸比例尺。

（3）自动识别图纸中的障碍物，根据图纸的标识符添加相应的门、窗等障碍物。

（4）设置无线网络覆盖区域和 AP 布放区域。

（5）手动布放 AP，设置 AP 信道和功率。

（6）进行无线信号仿真，调整仿真示意图的数据显示范围。

（7）导出信号仿真报告。

项目小结

网络规划是无线网络建设过程的关键阶段。本项目重点介绍了如何进行 WLAN 规划。首先，任务 7.1 介绍了 WLAN 规划的基本概念及流程。WLAN 规划重点解决的是网络覆盖范围、网络容量、网络服务质量等问题，目标是在覆盖范围、容量、质量和成本等方面达到平衡。其次，任务 7.1 详细介绍了无线地勘的实施流程。无线地勘的主要目的是获取无线网络的实际环境信息以方便后续的网络设计。最后，任务 7.1 详细介绍了 WLAN 规划的主要内容，包括网络覆盖设计、网络容量设计和 AP 布放设计。任务 7.2 主要讲述了 WLAN Planner 工具的功能和特点，以及使用 WLAN Planner 进行网络规划的方法和步骤。WLAN Planner 是一款功能强大的网络规划工具，能够提高 WLAN 规划的准确性和网络工程人员的工作效率。在实施 WLAN 规划时，网络工程人员应学会使用 WLAN Planner 或其他类似工具辅助工作。

项目练习题

1. 选择题

（1）下列不属于无线网络建设流程的是（　　）。

A. 需求收集　　B. 网络规划　　C. 安装施工　　D. 安装应用

（2）下列关于 WLAN 规划的说法中，不正确的一项是（　　）。

A. 网络规划是网络建设过程的关键阶段

B. 网络规划主要关注网络设备的配置和调试

C. 网络规划在很大程度上决定了网络的服务质量和用户满意度

D. 合理的网络规划可以节约网络投资成本和网络建成后的运营成本

（3）（　　）不是网络规划的关注点。

A. 无线地勘　　B. AP 选型及部署

C. 信号强度和覆盖范围　　D. 无线信号干扰

（4）下列关于无线地勘的说法中，不正确的一项是（　　）。

A. 无线地勘的主要目的是获取无线网络的实际环境信息

B. 无线地勘为网络规划提供了必要的基础环境信息

C. 可以不受限制地拍摄勘察现场的照片

D. 无线地勘一般要借助特定的软件和硬件

（5）（　　）不是无线地勘的内容。

A. 获取环境现场建筑平面图　　B. 确定障碍物的类型和位置

C. 确定覆盖区域存在的干扰源　　D. 确定 AP 的信道和功率

（6）（　　）不是 WLAN Planner 的特点。

A. 免安装、免升级　　B. 收费

C. 全场景　　D. 高质量、高效率

2. 填空题

（1）无线网络建设包括 ________、________、________、________ 和 ________ 等阶段。

（2）________ 决定了网络系统的投资规模、基本架构和服务质量。

（3）网络建设需求收集的内容包括 ________、________、________ 和 ________ 等。

（4）在部署无线网络之前对无线网络的现场环境进行勘察和评价，称为 ________。

（5）网络规划一般从 ________、________ 和 ________ 等几个 方面进行设计。

（6）无线地勘采集的信息包括 ______、______、______ 和 ______ 等。

（7）在 2.4G 频段中规划 AP 信道时，一般使用 ______、_____ 和 ______ 这 3 个信道。

（8）在室外环境中一般采用 ___________ 的组网思路规划 AP 信道。

（9）网络覆盖设计主要关注 _____ 和 _____ 问题，而网络容量设计关注的则是 ______ 问题。

（10）WLAN 可以分为 ______ 和 ______ 两种覆盖场景。

（11）在 WLAN 室内覆盖场景中布放 AP 有 ______ 和 ______ 两种方式。

（12）WLAN Planner 的特点包括 ______、______、______ 和 ______。

3. 简答题

（1）简述 WLAN 规划的主要内容。

（2）简述无线网络的建设流程。

（3）简述无线地勘的主要内容。

（4）简述 AP 布放的基本原则。

（5）简述 WLAN Planner 的主要功能。